高等学校计算机基础教育课程“十二五”规划教材

计算机应用基础实验教程

（Windows 7+Office 2010）（第三版）

谢建全　主编
廖明华　李　博　副主编

中国铁道出版社有限公司
CHINA RAILWAY PUBLISHING HOUSE CO., LTD.

内 容 简 介

本书是长期工作在计算机教学第一线的教师编写的实验指导教程。全书由计算机基础知识、中文操作系统 Windows 7、文字处理软件 Word 2010、电子表格处理软件 Excel 2010、演示文稿制作软件 PowerPoint 2010、计算机网络基础与 Internet、电子邮件处理软件 Outlook 2010 共 7 章组成。本书精心设计了 18 个实验单元，所选实验内容均是编者在多年教学实践中总结、提炼得到的具有代表性的实验内容。通过本书的学习，能使学生快速掌握办公软件的高级应用，全面提升学生的计算机综合应用能力。

本书是“计算机应用基础教程（Windows 7+Office 2010）（第三版）（刘红冰 主编）”的配套教材，也可单独作为培养学生计算机基本操作技能的实训教材或培训教材。

图书在版编目（CIP）数据

计算机应用基础实验教程：Windows 7+Office 2010 / 谢建全主编. —3 版. —北京：中国铁道出版社，2015.9 (2020.8 重印)
高等学校计算机基础教育课程“十二五”规划教材
ISBN 978-7-113-20894-3

Ⅰ. ①计… Ⅱ. ①谢… Ⅲ. ①电子计算机－高等学校－教材 Ⅳ. ①TP3

中国版本图书馆 CIP 数据核字（2015）第 198501 号

书　　名：计算机应用基础实验教程（Windows 7+Office 2010）（第三版）
作　　者：谢健全

策　　划：曹莉群
责任编辑：曹莉群　贾　星
封面设计：付　巍
封面制作：白　雪
责任校对：王　杰
责任印制：樊启鹏

出版发行：中国铁道出版社有限公司（100054，北京市西城区右安门西街 8 号）
网　　址：http://www.tdpress.com/51eds/
印　　刷：三河市宏盛印务有限公司
版　　次：2008 年 7 月第 1 版　2010 年 9 月第 2 版　2015 年 9 月第 3 版　2020 年 8 月第 7 次印刷
开　　本：787mm×1092mm　1/16　**印张**：13.5　**字数**：325 千
印　　数：12 501~16 500 册
书　　号：ISBN 978-7-113-20894-3
定　　价：29.00 元

前　言

为了培养创新型、应用型人才，强调实践环节和加强对学生进行计算机应用能力的培养和训练，采用“任务驱动式”教学法是一种行之有效的方法。本书就是我们组织长期工作在计算机教学第一线的教师根据此教学法编写的实验指导教程。

随着计算机信息技术的迅速发展，计算机应用基础知识也在不断更新，根据这个特点和要求，本书对旧版本做了修订、更新和版本升级。新版继承了第二版的特点和优点，内容更加成熟和完善。全书由计算机基础知识、中文操作系统 Windows 7、文字处理软件 Word 2010、电子表格处理软件 Excel 2010、演示文稿制作软件 PowerPoint 2010、计算机网络基础与 Internet、Outlook 2010 等内容组成，精心设计了 18 个实验单元，所选实验内容均是在多年教学实践中总结、提炼得到的有代表性的实验内容。其中，标注“*”号的为选做实验。每个实验单元由“实验目的”“预备知识”“实验内容”和“实验步骤”四部分组成，有些章节还有课后实验内容，每个实验都能做到目的明确、任务清楚，既有操作要领，又有操作指导。

为了与“计算机应用基础教程（Windows 7+Office 2010）（第三版）（刘红冰 主编）”配套，作为辅导教材使用，本书在每一章的后面还给出了相应的习题供读者练习。考虑到不同的读者在使用本教程时起点的差别，本书还在附录中给出了汉字输入的相关知识，供相关读者选读。本书适合作为“计算机应用基础教程”的配套辅助教材，也可单独作为培养学生计算机基本操作技能的实训教材或培训教材。

本书由谢建全教授担任主编，廖明华、李博担任副主编。具体的编写分工如下：第 1、3 章由谢建全编写，第 2、4 章由廖明华编写，第 5、6、7 章由李博编写，全书由谢建全统稿和定稿。

由于时间仓促，加上编者水平有限，书中难免有不当之处，敬请读者不吝指正。

编　者

2015 年 6 月

前言

目　录

第 1 章　计算机基础知识

实验　微型计算机的基本操作

一、实验目的

1. 了解微型机硬件系统的基本配置和各部件之间的连接。
2. 掌握微型计算机的启动与关闭。
3. 熟悉键盘布局、了解基准键位、掌握基本指法。
4. 掌握常用的汉字输入方法。
5. 能用正确的指法进行键盘输入。
6. 能熟练地用一种汉字输入法输入汉字。

二、预备知识

1. 键盘分区

（1）打字键盘区

打字键盘区也称主键盘区或字符键区，具有标准英文打字机键盘的格式。共有 58 个键，包括基本字符键和部分系统控制键。

（2）功能键区

功能键区在键盘上方，包括 F1～F12 和<Esc>、<PrintScreen>、<ScrollLock>、<Pause/Break>键。它们在不同的软件中代表的功能不同。

（3）数字小键盘区

数字小键盘区在键盘右部，共 17 个键，包括数字键、光标键和部分控制键。其中<NumLock>键为数字锁定键，用于切换方向键与数字键的功能，主要便于操作者单手输入数据。

（4）编辑区

编辑区位于主键盘区和小键盘区的中间，用于光标定位和编辑操作。

键盘除了四个分区外，右上方还有三个指示灯：Caps Lock 指示灯、Num Lock 指示灯和 Scroll Lock 指示灯。当<CapsLock>键、<NumLock>键和<ScrollLock>键按下时，就分别置亮或熄灭相应的指示灯。

键盘各分区的主要键的功能如表 1-1 所示。

表 1-1 键盘各分区的主要键及其功能

类　　型	键　　名	符号及功能
字符键	字母键	输入英文字母（A～Z 共 26 个）
	数字键	输入数字（0～9 共 10 个），每个数字键和一个特殊字符共用一个键
编辑键	删除键<Del>	删除光标所在处的字符，右侧字符自动向左移动
	退格键	标有“←”或“Backspace”，删去光标左边的一个字符，光标左移
	空格键	位于键盘下方的一个长键，用于输入空格。常用<Space>表示
	制表键	标有“Tab”。每按一次，光标向右移动一个制表位（制表位长度由软件定义）
	回车键	键上标有“Enter”或“Return”。通常用来表示确认的意思，如确认一段文字输入的结束或命令输入的结束
	箭头（光标）键	根据箭头的标记方向，分别将光标上移或下移一行，左移或右移一个字符的位置
	<Home>键	将光标移到本行首字符
	<End>键	将光标移到本行最后一个字符的右侧
	<PgUp>和<PgDn>键	可上移一屏和下移一屏
	插入键<Ins>	插入编辑方式的开关键，按一下处于插入状态；再按一下，解除插入状态
	（小键盘区的）数字／光标键	小键盘区的光标键具有两种功能，既能输入数字，又能移动光标，当“NumLock”指示灯亮，表明小键盘处于数字输入状态；“NumLock”指示灯灭，表明小键盘为编辑状态
控制键	<NumLock>键	用来切换小键盘区是作数字键还是作光标键使用
	<Ctrl>	此键必须和其他键配合使用才起作用。如：<Ctrl>+<Break>中断或取消当前命令的执行，<Ctrl>+<Space>在 Windows 环境下用来在中/英文输入法之间转换。
	<Alt>	此键必须和其他键配合使用才起作用。一般用于控制程序菜单、转换汉字输入方式等
	上挡键	标有“Shift”。此键一般用于输入上挡键字符或字母大小写转换
	<Esc>键	用于退出当前状态，或进入另一状态，或返回系统
	<CapsLock>键	大写或小写字母的切换键
	<PrintScreen>键	将当前屏幕信息直接输出到打印机上或复制屏幕
	<Pause>键	用于暂停命令的执行，按任意键继续执行命令
	<ScrollLock>键	滚动锁定键，按一次该键后，光标上移键和光标下移键可将屏幕上的内容上移一行或下移一行
	<PrintScreen>键	屏幕复制键。在 Windows 中则把当前屏幕的显示内容作为一个图像复制到剪贴板上
功能键	<F1>～<F12>键	其功能随操作系统或应用程序的不同而不同，如在 Windows 系统中按<F1>键可进入系统帮助窗口

2. 标准打字指法

要熟练操作键盘，高速准确地输入文字、数据和程序等，需要掌握正确的指法并通过反复练习才能奏效。

（1）打字姿势

正确的打字姿势有利于提高打字的准确率和速度。正确的姿势包括两个方面的要求：

- 正确的坐姿：腰背挺直，两脚平放，肩部放松，上臂自然下垂，小臂和手腕自然平抬，前臂与键盘成水平线。将屏幕调整到适当位置，视线投注到屏幕上如图 1-1（a）所示。

- 正确的手指姿势：手指略弯屈，左右食指、中指、无名指、小指轻放在基本键盘上。具体地说，左手的食指、中指、无名指和小指分别放在“F”“D”“S”“A”键上，右手的食指、中指、无名指和小指分别放在“J”“K”“L”“;”键上，左右拇指指端的下侧面轻放在空格键上如图 1-1（b）所示。

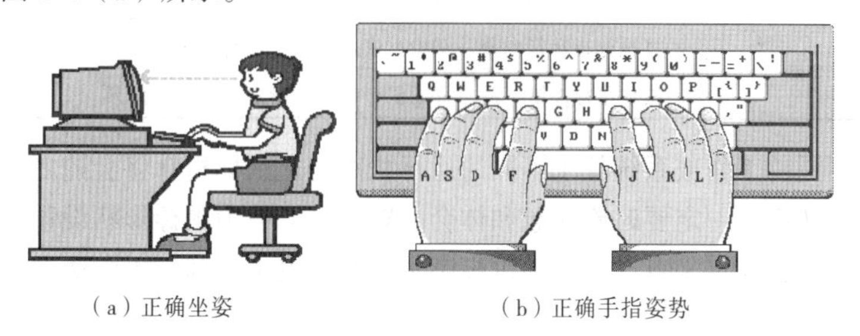

（a）正确坐姿　　（b）正确手指姿势

图 1-1　打字的正确坐姿与手指姿势

（2）指法分区

指法规定每个手指负责敲击键盘上固定的某些键，如图 1-2 所示。严格地按照既定的指法进行练习，首先建立深刻的键位印象，通过反复训练，就能准确自如地击键。

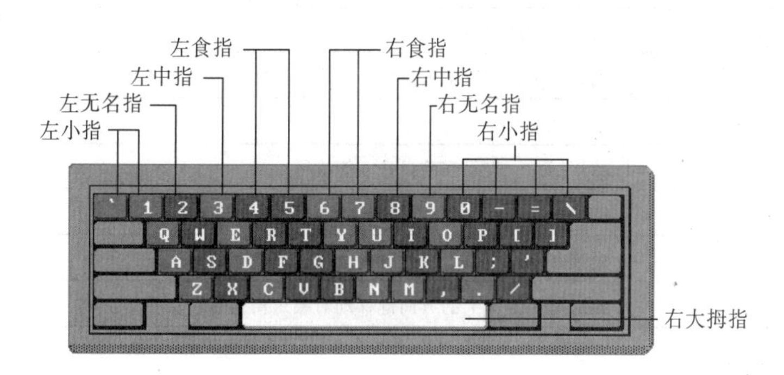

图 1-2　键盘键位图

（3）击键方法

手腕放平，从手腕到指尖的手指形态成弧形，指端的第一关节与键盘成垂直角度。击键时需击键的手指可伸出，以指端垂直向键使用冲击力，瞬间发力，并立即反弹，注意要短促而有节奏感。基准键又叫“导出回归键”，其含义是击基准键以外的键时，手指均从基准键“导出”，击键后又要迅速“回归”到基准键。基准键“F”和“J”的下方各有一凸起短线，就是供“回归”时触摸定位用的。

（4）盲打

键盘操作时，文稿放在显示器的左侧或右侧，眼睛看文稿和屏幕，手指熟练、快速、准确地击键，形成视觉与手指的条件反射，谓之“盲打”。

3. 鼠标的基本操作

虽然大多数操作仍可以用键盘完成，Windows 7 主要使用鼠标操作。鼠标控制着屏幕上的一个指针光标（ ）。当鼠标移动时，鼠标光标就会随着鼠标的移动在屏幕上移动。鼠标有五种基本操作，可以用来实现不同的功能，如表 1-2 所示。

表 1-2　鼠标的基本操作

操　作　名	操　作　方　法
指向	移动鼠标，将鼠标指针放到某一对象上
单击	将鼠标指针指向某一对象，快速按一下鼠标左键
右击	将鼠标指针指向某一对象，快速按一下鼠标右键
双击	将鼠标指针指向某一对象，快速按两次左键后松开
拖动	按住鼠标左键不放，移动鼠标指针到指定位置后再松开

当用户进行不同的工作或系统处于不同的运行状态时，鼠标指针将会随之变为不同的形状，这一点对于初学者来说，一定要时刻注意和体会。Windows 7 为鼠标形状设置了多种方案，用户可以通过控制面板设置或定义自己喜欢的鼠标图案方案，表 1-3 列出了默认方案中几种常见的鼠标形状及它们代表的含义。

表 1-3　常见鼠标指针形状及意义

形　　状	代表的含义
	鼠标指针的基本选择形状
	系统正在执行操作，要求用户等待
	选择帮助的对象
	编辑光标，此时单击鼠标，可以输入文本
	手写状态
	禁用标志，表示当前操作不能执行
	链接选择，此时单击鼠标，将出现进一步的信息
	出现在窗口边框上，此时拖动鼠标可改变窗口大小
	此时可用键盘上的方向键移动对象（窗口）

4．汉字常用输入法

键盘汉字输入法可分类为音码、形码、音形码和序号码四类，各种输入法各有各的特点。目前比较常用的输入方法有智能 ABC、搜狗拼音、微软拼音和五笔字型等几种，为适应不同的输入要求，应熟悉至少一种音码输入法满足那些只知读音但不知具体笔画的汉字输入要求，熟悉一种形码输入法满足那些只知具体笔画但不知读音的汉字输入要求。

三、实验内容

1．观察微机的主要组成部件及连接。

2．熟悉键盘、了解基准键位、掌握基本指法。

3．指法练习。

4．汉字输入练习。

四、实验步骤

1．观察微机的主要组成部件及连接并开机

观察你面前的微机，指出它的基本配置：主机、显示器、键盘、打印机，并了解它们的连接

情况。然后启动计算机，注意屏幕上显示的信息。

2. 熟悉键盘

［操作 1］观察你面前的键盘，指出主键盘区、功能键区、数字键区及编辑键的位置，每个区域中包含了哪些键。

［操作 2］启动记事本程序，准备进行键盘录入。

单击“开始”按钮（左下方）→“附件”→“记事本”命令打开记事本程序，如图 1-3 所示。

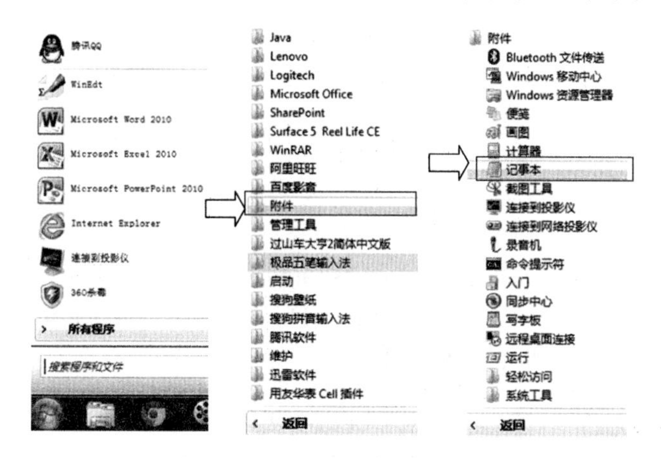

图 1-3　记事本程序的启动

［操作 3］完成以下操作。

① 输入小写字母 a、b、c……z，同时按<Shift>键和一个字母键，输入大写字母 A、B、C……Z；

② 输入数字 0、1、2……9；

③ 输入符号 ~`!@#$%^*()_-+={}[]\|:;"'<>,.?/;

④ 按下<Caps Lock>键，当键盘右上方的“Caps Lock”指示灯亮时，输入 A、B、C……Z，同时按<Shift>键和一个字母键，输入小写 a、b、c……z；

⑤ 输入空格，使用<Space Bar>向右输入空格，使用<Backspace>向左输入空格，即退格；

⑥ 按制表键<Tab>和<Shift>+<Tab>使光标向右或向左移动一个制表位。

3. 指法练习

（1）字母键 A、S、D、F、J、K、L 及；键的练习

这 8 个键中，A、S、D、F 对应于左手的小指、无名指、中指和食指，J、K、L、; 对应于右手的食指、中指、无名指和小指，如图 1-1 所示。练习时可以从左手小指开始。例如用左手小指击一次 A，屏幕上就会出现一个 A，击三次 A，屏幕就会出现三个 A，边击边记忆；接着用左手无名指依此方法练习，使屏幕出现 SSS；余下类推，直到 8 个字符均击过一遍。最后眼睛不看键盘，手下盲打，可以从左到右，从右到左或交叉反复练习，直到 8 个字符都能正确输入为止。

［操作］输入以下内容：

aaa sss ddd fff jjj kkk lll ;;; aaa ddd jjj lll sss fff kkk ;;; fff jjj ddd kkk sss lll aaa ;;; asdf jkl; jkl; asdf; jka; fdsa askl sjj; df; dk; lsa aaa kkk ddd jjj ;;; aaa ddd sss lll jjj kkk ;;; adkf adfl; kjdsa; fdk sdf kdfkda; dsfjdl; adfjdla;

aaa; ass; sad; sad; ask;; ask; sad; sad salad; salad dad; dad fall fall;; kaka kaka lad; ; lad lass l; ass la;;

ssjak; jak ladk kall; sdak kdal;; asdks skd; a sadk; ksla; adkad kkdasl fall; jadk kasdl dsadfk kdsla dka; df adka; d ladls dfdka dfkad ksadla saddk; adkfad dksl;

（2）字母键 G、H 的练习

G、H 字母键夹在基准键的中央，如图 1-2 所示。G 字母由左手食指控制，H 键由右手食指控制。输入 G 时，用原放在 F 键上的左手食指向右方伸一个键位的距离击 G 键，击毕要立即回复原位；相应地，输入 H 键时，用原放在 J 键上的右手食指向左方伸一个键位的距离击 H 键，击毕也应立即回复原位。

在击键过程中，一手指击键，其余手指必须停驻在基准键上处于预备输入状态；击键的手指除要击的那个手指可以伸屈外，其余手指只能随手起落，不得任意散开，更不可以敲击任何一个键，这样才能防止输入错误和手指回归基准键位上时引起的偏差。

［操作］输入以下内容：

fgf gff gfg fgg jhj hjf jhl; had had; dag gadh glass kafl; fglh hask; afhk klas sadg hagkl; ladga fgk; a sfhls afhk; kadg; jgdla asdfg hjkl;; sfgk jlgs; ghfsl ghshjd hgdksl ghdksl ghsla; jdadl hadgfh gskda; dhgda; dfigs dghgd ghddal dghd dghadk hgdalg ghda; ghadl;

fgf fgf jhj jhj fgf jhj had had glad gald glass glass jhj faf had glass had fgf; had;; glass; had; jhjk; fghs;; hkgsa; ghdka; dksal;; kdfha ghsla; ghdksa; djfdal sdkf; agh; ghsalf ghdla; dghdadl hgda; dhgsla dhfglsa dldak; hjda; ghald; hghscdk; ghd;a

（3）字母键 R、T、Y、U 的练习

R、T、Y、U 这几个键位于基准键的上方（见图 1-2）。R 与 T 由左手的食指控制，Y 与 U 由右手的食指控制。在输入 R 时，用原放在 F 键上的左手食指向上（微左偏移）伸出击 R 键，击毕立即复位；若用此手指向上（微偏向右方）伸出击 T 键，则输入字母 T，击完也应立即回归基准键 F 上。同样，输入 Y 时，用右手食指向上（微偏向左）伸出击 Y 键得到字母 Y；向上（微偏向右方）就得到字母 U。键位 T 与 Y 因为位于基准键 F 与 J 的上行且错位，在练习时应特别体会出手的距离控制感，以免按错键。

［操作］输入以下内容：

ftfrg ftftg grftg grftg tfrgt tfrgt jyjuh jyjuh hujyu hujyu jyjuj jujyj ftjyg ftjyg ally ally salt salt shut shut star star star star stay stay dark dark drug drug dual dual stay stay dark dark drug krug dual dual stay stay dark dark drug gult gult halt lalt duyf kuyf dart yurt dual stay stay dark dark drug drug gult gult lalt lalt duyf

dusk dusk flay flag dust dust duty duty full full fury fury jury jry flat flat flass guard guard atsyu guard atsyu atsyu fjdty tyjfdk tyghdk tyald tyduask; sdyt dkfhg tyald tyduask; sdyt dkfhg atydk tydlss gjdytur ruty ruty grtud grtud yhjkd ytjkdfs gtydls dtydfh tyrudk tyugd tghdlu lult yuht

（4）字母键 Q、W、O、P 的练习

Q、W、O、P 这四个键的键位如图 1-2 所示。在输入 Q 时，用原放在基准键 A 上的左手小指向上（微偏向左方）击 Q 键就可得到；输入 W 时，用原放在基准键 S 上的无名指向上（微偏向左方）击 W 键即可，击毕应立即复位。

同样，在输入 P 时，用右手的小指向上（微偏向左方）击 P 键；输入 O 时，用右手的无名指向上（微偏向左方）击 O 键即可，击毕立即复位。

[操作] 输入以下内容：

aqa qaq wsw sws lol olo p;p ;p; rfr frf tgt gtg yhy hyh uju juj wsw lol kuk frt jyu fgr jhy jyj cosy wrotf worlf world word worf wprf qurt quart drfghd ska; t tydkd aldtd ghyuw qqwudhg sjdkftydsk tywlagd tyqwopdlk; pqytdghs worf quart quart drfghd skag dfhtypqworu

hold hold pass pass quty quty look look; park park; pull pull; swoop; swoop quaty quaty world world qrksy qrskp; ; pdkadl tyqwoa urjghdp;dhgtyqw wughalsd ghdka; owpqadk owqpsldk asldjpqwo woqpakdfj tyqpeoals ghtypqowaldf; ghtypqlsajfg ghtyqpsladf ; adkfhtyqpsw

（5）字母键 E、I 的练习

E、I 这两个键的键位如图 1-2 所示。输入 E 时，用原放在基准键 D 上的左手中指向上（微偏向左方）击 E 键即可；输入 I 时，用原放在基准键 K 上的右手中指向上（微偏向左方）击 I 键即可，击毕应立即复位。

[操作] 输入以下内容：

fed fed equal equal ill ill; lid lid; ask ask; sail sail; kill kill; desk desk; jail jail; file file; quit quit; jade jade; jail jailed; lake lakes; cake cade; made make; help helped; assaly assaly; jade jail lake cake made helped; equal eidksal eialdkfj type type; eisdldk eiwoqpald dktyei mit

jell jell; less little less; little; like liked; sell sell; aeal; deal deal; all alike; sell jade; a safe idea; a good idea; a skiff like a leaf; a lad said; a lad is safe; a faded leaf; gulf; hilt opear; eoapr dkawpq dlrity gult dlrity gult dirty dirty; wear waro; would would wojpqdj gheudka ties tie grl

（6）字母键 B、M、N 的练习

B、M、N 这三个键的键位如图 1-2 所示。输入 B 时，左手食指向下方移动一个键位的距离（微移向右方），击中 B 键；输入 M 时，右手食指向下（微移向右方）屈伸击 M 键；输入 N 时，右手食指向下（微移向左方）屈伸击 N 键即可，击毕立即复位。

[操作] 输入以下内容：

jmj jmj jnj njn hmj jmh hnk knh hmn njm mhn mjn humjn gylma sgbke time time; mult mult; opeace milk; milk bank; bak band; band fbf bfm dednj build build; build bguqr rqpnu enbed; enbed yild yilyu ghdkbm time; time yuld yuld; bty nispe fhtie bmytei teidl gthty

imkdg qwell qwomt yuhal; ball balk bult opmowell gibe salt salt; gibfl hiskp piwhb muttfd dhufk uwess bumas gieidl girl sall tomes eropbmy efgiuby ghdkeiepq fjkiey bmseiwa gjtyeipq gthtyopqd hgbeig beight boroeugh bnmytoep kdjal teypq ghuei bmhtye gheial ppq pops mould

（7）字母键 V、C、X、Z 的练习

V、C、X、Z 这四个键的键位如图 1-2 所示。输入 V 时，用原放在 F 键上的左手食指向下（微偏向右方）屈伸击 V 键；输入 C 时，用原击 D 键的左手中指向下（微偏向右方）屈伸击 C 键；同样，输入 X 时，用左手无名指向下屈伸击中 X 键；输入 Z 时，用左手小指向下击中 Z 键，每次击毕均应回归原位键。

[操作] 输入以下内容：

aza sxs dcd fvf zaz xsx cdc vfv jmj fbf jnj dcd kmlc car six car; ; six size size; cold ; cold fox zoo fox;

zoo zela kik taxes zeal shall adler could centze signs zare from time made the next car; a dozen eggs; size six; much too aquza lide strong this dog is very strong; the red

exit ; exit seize ; seize who is speaking; below table; tax; taxes how old are you;one boy is standing on the door; example a bood is on the desk; the girl is a student; swsxs oll; dedod serve reservepreserve object quotation jacket; american today is very mice; good morning; after

（8）字符键 ，. / 〈 〉？ 的练习

这是几个常用的字符键，其中“,”与“<”“.”与“>”“/”与“?”共用一个键，其键盘位置如图 1-2 所示。

,（逗号），输入时用基准键位 K 字键上的右手中指向下（微移向右方）击中此键.。

.（点号），输入时用右手无名指向下（微移向右方）击中此键。

?（问号），输入时用右手小指按住左边的<Shift>键，右手击一次</>键即可得到一个问号(？)。

同样，输入>（大于号）时，左手小指按住左边的<Shift>键，右手的动作与输入点号的方法一样。

输入<（小于号）时，左手小指按住左边的<Shift>键，右手的动作与输入逗号的方法相同。

在计算机键盘上，左右两边均有一个<Shift>键，这个键通常用于控制符号的输入，例如英文字母的大写、各字键上方的各种符号的输入。如果想输入由左手控制的字键上的符号时，可以用右手小指按住右边的<Shift>键，左手相应的手指去按动所要输入的符号即可；反之，如果要输入由右手控制的符号，用左手小指按住左边的<Shift>键即可。特别要注意的是，按<Shift>键的手指要稍提前些，并且要等到另一手指击过所要的符号键后方可缩回。

[操作] 输入以下内容：

;;; … ,,, >>> <<< . , < > ??? ? >. , ; ? a ?? < ?? > ? < ABK> <YcF < , ; ? VqP? < , .? > , > : < > , ? > < ? . , / , . > < / > /< . , ? ; : / > , . > MouhHeT : ? . , ; . , ; . , < > / ? : : , > / > ? : ; , . < . ? ; : / > , / ? < MN , ; / > , / ? < MN , ; ? ty < , . / P . < / ; PL > ? > , l : jdETtH , . < > . > ? / ; l , > fje .

（9）最上排数字和各种符号的练习

最上排数字及一些符号在键盘上的位置如图 1-2 所示。按最上排数字键时，即可输入相应的数字；若按<Shift>键的同时按最上排数字键，则可输入相应的各种符号，如@、$、%等。

[操作] 输入以下内容：

1234567890-=31415914417282389906547382014637873258491949301763209841960198-31=673241086491376509492-198430-565831532723598345610273459871-2824737583857639002367531296784923558968340259247612905

~!@#$%^&*()-+-+(*&@#$%!*&^--)(&^+-)(@#$$%#~-+*@#!%!*~-)*&#~$#!~)@#()^&!#@$(-+*&%#^!)^#*@(-@*&#&!~-++*$#%@*#*$^!-+^@#!)~-#^@*~*@()!+~@#*&^-~-@*$^@$!)@-~+$*&@)~+~$^@~--&~)-#&$$%@(!~-^%^$#()

12&^38#$ · 10(*~2!89&15%^178@(@#89%3^4129)(!#-)!0~8#6-3+91&3%2(8)2^7$(2*71#8&4)5+1&3^58&49()45*2*5&1*4^3)75*3(2~)353*3#2)6*32^$7*6$2@!@7!4(43$4^5$4^5%@*6*$6732-057&83#4$‘$3*6&2-!#2)6*32^$7*6$2@!@7!4(4*35$4^5%@*6*$7^32-057&83#4$$3*6*2-!(8^7%4#6@2!7~9-0+7=4`!43#@$

（10）盲打练习

① 顺序盲打26个英文字母（不计时间）；

② 20 s内顺序盲打26个英文字母。

（11）键盘综合练习

自己找一段英文文章，按正确指法准确输入文章全文（包括标点符号）。

4．汉字输入练习

[操作1] 启动记事本程序

[操作2] 选择输入法

单击输入法按钮（任务栏右下方），打开输入法菜单，选择其中的一种音码输入法，比如“智能ABC输入法”，如图1-4所示。

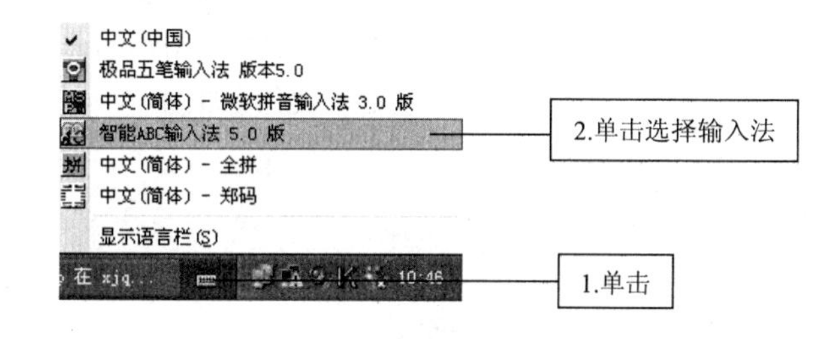

图1-4　选择输入法

[操作3] 录入文字

在本教材中任选一页作为样本用音码准确输入相应的汉字（包括中文标点符号）。

[操作4] 选择输入法

单击输入法按钮（任务栏右下方），打开输入法菜单，选择其中的一种形码输入法，比如“极品五笔输入法”。

[操作5] 录入文字

在本教材中任选一页作为样本用形码准确输入相应的汉字（包括中文标点符号）。

习题1　计算机基础知识选择题

1. 在计算机中常用的数制是（　　）。

   A. 二进制　　B. 十六进制　　C. 八进制　　D. 十进制

2. 软磁盘和硬磁盘都是（　　）。

   A. 计算机的外存储器　　B. 备用存储器　　C. 计算机的内存储器　　D. 海量存储器

3. 在微型计算机系统中中央处理器又称为（　　）。

   A. RAM　　B. ROM　　C. CPU　　D. VGA

4. 下面4个数中最小的是（　　）。

   A. $(217)_{10}$　　B. $(332)_8$　　C. $(DB)_{16}$　　D. $(11011100)_2$

5. 对一片处于写保护状态的SD卡（　　）。

   A. 只能进行存数操作而不能进行取数操作　　B. 不能将其格式化

   C. 可以清除其中的计算机病毒　　D. 可删除其中的文件但不能更改文件名

6. 操作系统是（　　）。
   A. 计算软件　　B. 应用软件　　C. 系统软件　　D. 字表处理软件
7. 在计算机内部用来传送、存储、加工处理的数据或指令都是以（　　）形式来进行的。
   A. BASIC　　B. 二进制　　C. 五笔字型　　D. 十进制
8. 在微型计算机中，将运算器和控制器集成在一块大规模或超大规模集成电路芯片上，称之为（　　）。
   A. 运算处理单元　　B. 微型计算机系统　　C. 主机　　D. 微处理器
9. 在计算机中信息的最小单位是（　　）。
   A. 位　　B. 字节　　C. 字　　D. 字长
10. 操作系统是对计算机系统的硬件和软件资源进行管理和控制的程序，它是（　　）的接口。
   A. 主机与外设　　B. 源程序和目标程序
   C. 用户和计算机　　D. 硬件和软件
11. 计算机的硬件系统由（　　）各部分组成。
   A. 控制器、显示器、打印机、主机、键盘
   B. 控制器、运算器、存储器、输入输出设备
   C. CPU、主机、显示器、打印机、硬盘、键盘
   D. 主机箱、集成块、显示器、电源、键盘
12. 下列软件中，属于应用软件的是（　　）。
   A. Word 2000　　B. DOS
   C. Windows 2000　　D. UNIX
13. 在微型计算机系统中，鼠标是属于（　　）。
   A. 控制器　　B. 存储设备　　C. 输出设备　　D. 输入设备
14. 在计算机术语中经常用 RAM 表示（　　）。
   A. 随机存取存储器　　B. 可编程只读存储器
   C. 动态随机存储器　　D. 只读存储
15. 通常用后缀字母来标识某数的进位制，字母 B 代表（　　）。
   A. 十六进制　　B. 十进制　　C. 八进制　　D. 二进制
16. 从 1946 年第一台计算机诞生算起，计算机的发展至今已经历了（　　）四个时代。
   A. 组装机、兼容机、品牌机、原装机
   B. 低档计算机、中档计算机、高档计算机、手提计算机
   C. 微型计算机、小型计算机、中型计算机、大型计算机
   D. 电子管计算机、晶体管计算机、集成电路计算机、大规模和超大规模集成电路计算机
17. 在微型计算机系统中，视频适配器为（　　）。
   A. CPU　　B. ROM　　C. VGA　　D. RAM
18. 计算机辅助教学，简称是（　　）。
   A. CAI　　B. CAD　　C. CAS　　D. CAM
19. 无论在显示器上显示的是文字、数字还是图形，显示器总是用（　　）来构成其内容。
   A. 圆点　　B. 栅格　　C. 像素　　D. 块

20. 扩展键盘上小键盘区既可当光标键移动光标，也可作为数字输入键，在二者之间切换的命令键是（　　）。

A. Ctrl　　B. KeyLock　　C. NumLock　　D. CapsLock

21. 计算机从其诞生至今已经经历了 4 个时代，这种对计算机划代的原则是根据（　　）。

A. 计算机的存储量　　B. 计算机的运算速度

C. 程序设计语言　　D. 计算机所采用的电子元件

22. CPU 主要技术性能指标有（　　）。

A. 字长、运算速度和时钟主频　　B. 可靠性和精度

C. 耗电量和效率　　D. 冷却效率

23. 计算机术语中 IT 表示（　　）。

A. 信息技术　　B. 计算机辅助设计　　C. 因特网　　D. 网络

24. 下列哪项不属于计算机内部采用二进制的好处（　　）。

A. 便于硬件的物理实现　　B. 运算规则简单

C. 可用较少的位数表示大数　　D. 可简化计算机结构

25. 要输入双字符键的上半部字符，操作是（　　）。

A. 先按住<Ctrl>键，再按该双字符键　　B. 先按住<Alt>键，再按该双字符键

C. 先按住<Shift>键，再按该双字符键　　D. 先按住<CapsLock>键，再按该双字符键

26. 计算机最初的发明是为了（　　）。

A. 过程控制　　B. 信息处理　　C. 计算机辅助制造　　D. 科学计算

27. 世界上公认的第一台计算机是（　　）年诞生的。

A. 1846 年　　B. 1864 年　　C. 1946 年　　D. 1964 年

28. 下列设备中输出效果最好的设备是（　　）。

A. 针式打印机　　B. 激光打印机　　C. 喷墨打印机　　D. 行式打印机

29. 计算机中指令的执行主要由（　　）完成的。

A. 存储器　　B. 控制器　　C. CPU　　D. 总线

30. 具有多媒体功能的微型计算机系统中，常用的 CD-ROM 是（　　）。

A. 只读型大容量软盘　　B. 只读型光盘

C. 只读型硬盘　　D. 半导体只读存储器

31. 第 3 代电子计算机使用的电子元件是（　　）。

A. 晶体管　　B. 电子管

C. 中、小规模集成电路　　D. 大规模和超大规模集成电路

32. 微型计算机最常用的输入设备和输出设备是（　　）。

A. 显示器和打印机　　B. 键盘和鼠标　　C. 打印机和鼠标　　D. 键盘和显示器

33. 汉字国标码规定的汉字编码每个汉字用（　　）个字节表示。

A. 1　　B. 2　　C. 3　　D. 4

34. ROM 是计算机的（　　）。

A. 高速存储器　　B. 随机存储器　　C. 外部存储器　　D. 只读存储器

35. 计算机网络的应用越来越普遍，它的最大好处在于（　　）。

A. 节省人力　　B. 存储容量扩大

C. 可实现资源共享　　D. 使信息存取速度提高

36. 下列关于硬件系统的说法，错误的是（　　）。

A. 键盘、鼠标、显示器等都是硬件

B. 硬件系统不包括存储器

C. 硬件是指物理上存在的机器部件

D. 硬件系统包括运算器、控制器、存储器、输入设备和输出设备

37. 目前，国际上广泛采用的字符编码是（　　）。

A. 五笔字型码　　B. 区位码　　C. 国际码　　D. ASCII 码

38. 下列叙述中，正确的是（　　）。

A. 把数据从硬盘上传送到内存的操作称为输出

B. WPS Office 2003 是一个国产的系统软件

C. 扫描仪属于输出设备

D. 将高级语言编写的源程序转换成为机器语言的程序叫编译程序

39. 人们常说的个人计算机简称为（　　）。

A. PC　　B. IT　　C. Windows　　D. MS

40. 硬盘是（　　）的一种。

A. 内存储器　　B. 外存储器　　C. 主机　　D. 接口电路

41. 1983 年，我国第一台亿次巨型电子计算机诞生了，它的名称是（　　）。

A. 东方红　　B. 神威　　C. 曙光　　D. 银河

42. 下列关于 USB 移动硬盘优点的说法有误的一项是（　　）。

A. 存取速度快

B. 容量大、体积小

C. 盘片的使用寿命比软盘的长

D. 在 Windows 2000 下，需要驱动程序，不可以直接热插拔

43. 下列关于计算机病毒的叙述中，正确的选项是（　　）。

A. 计算机病毒只感染.exe 或.com 文件

B. 计算机病毒可以通过读写 U 盘、光盘或 Internet 进行传播

C. 计算机病毒是通过电力网进行传播的

D. 计算机病毒是由于软盘片表面不清洁而造成的

44. 光盘属于（　　）。

A. 内部存储器　　B. 外部存储器　　C. 只读存储器　　D. 高速缓冲存储器

45. 下列术语中，属于显示器性能指标的是（　　）。

A. 速度　　B. 可靠性　　C. 分辨率　　D. 精度

46. 计算机向使用者传递计算、处理结果的设备称为（　　）。

A. 输入设备　　B. 输出设备　　C. 存储设备　　D. 微处理器

47. 下列关于软件的叙述中，错误的是（　　）。

A. 计算机软件系统由程序和相应的文档资料组成

B. Windows 操作系统是最常用的系统软件之一

C. Word 2000 就是应用软件之一

D. 软件具有知识产权，不可以随便复制使用

48. 通常所说的 300 GB 硬盘，这 300 GB 指的是（　　）。

A. 厂家代号　　B. 商标号　　C. 磁盘编号　　D. 磁盘容量

49. 1 MB 等于（　　）KB。

A. 1 024　　B. 1 000　　C. 10×10　　D. 10

50. 计算机的应用领域可大致分为 6 个方面，下列选项中属于这几项的是（　　）。

A. 计算机辅助教学、专家系统、人工智能

B. 工程计算机、数据结构、文字处理

C. 实时控制、科学计算、数据处理

D. 数值处理、人工智能、操作系统

第 2 章 中文操作系统 Windows 7

实验 2-1　Windows 7 的基本操作

一、实验目的

1. 掌握 Windows 7 的启动和退出。
2. 掌握应用程序的启动、关闭和切换。
3. 掌握“开始”菜单的使用。
4. 掌握文件和文件夹的搜索。
5. 了解“帮助”菜单的使用。

二、预备知识

1. Windows 的启动和退出

用户可以在开机后，让计算机自动引导完成。当系统出现故障时，用户可以在系统自检完成后按<F8>键，进入“高级启动选项”，根据需要选择不同的模式进行系统修复或正常启动。如果 Windows 7 设置了多个账户，在启动的过程中，可以使用不同的账户登录。正常关闭 Windows 7 必须执行关机命令，在“开始”菜单中选择“关机”命令，也可以根据需要在“关机”下拉选项中选择“切换用户”“注销”“锁定”“重新启动”和“睡眠”选项。

2. Windows 7 的桌面

Windows 7 的桌面由桌面工作区、应用程序图标、任务栏和“开始”菜单 4 个部分组成，如图 2-1 所示。

（1）桌面上的图标

一般来讲，系统安装完成后，桌面上只会显示“回收站”和 Internet Explorer 图标，我们可以通过对“个性化”的设置（设置方法将在实验 2-3 中学习），将 Windows 的几个主要系统图标显示出来：

Administrator：是用户文件夹，很多情况下是作为用户文件存储的默认文件夹。

计算机：可以访问计算机中的所有驱动器、库、收藏夹等，还可以通过工具栏进入系统属性查看、卸载或更改、映射网络驱动和打开控制面板等。

网络：用户的计算机如果配置了网络，就可以通过“网络”访问各种网络资源，通过窗口上的工具栏，可以进入“网络和共享中心”进行网络设置，可以“添加无线设备”。

回收站：Windows 7 将用户删除的文件暂时存放在回收站中，用户可以从回收站恢复文件。

Internet Explorer：浏览器应用程序。

图 2–1　Windows 7 桌面

（2）任务栏

桌面的最下一行是任务栏，任务栏中由“开始”按钮、程序图标区、通知区域和“显示桌面”按钮组成，如图 2–2 所示。

图 2–2　任务栏

3. Windows 的“开始”菜单

图 2–3　Windows 7 的“开始”菜单

单击工具栏上的“开始”按钮可弹出“开始”菜单，如图 2–3 所示。Windows 7 的所有功能都可以在“开始”菜单中找到。“开始”菜单的主要功能有：

- 启动程序。
- 打开常用的文件夹。
- 搜索文件、文件夹和程序。
- 调整计算机设置。
- 获取有关 Windows 操作系统的帮助信息。
- 关闭计算机。
- 注销 Windows 或切换到其他用户账户。

“开始”菜单分为三个基本部分：

左边的大窗格显示计算机上程序的一个短列表。计算机制造商可以自定义此列表，所以其外观会有所不同。单击“所有程序”可显示程序的完整列表。

左边窗格的底部是搜索框，通过输入搜索项可在计算机上查找程序和文件。

右边窗格提供对常用文件夹、文件、设置和功能的访问。在这里还可注销 Windows 或关闭计算机。

（1）“开始”菜单程序列表

如果看不到所需的程序，可单击左边窗格底部的“所有程序”选项，左边窗格会立即按字母顺序显示程序的列表和文件夹列表。单击某个程序的图标可启动该程序，文件夹中有更多程序。随着时间的推移，“开始”菜单中的程序列表也会发生变化。出现这种情况有两种原因。首先，安装新程序时，新程序会添加到“所有程序”列表中。其次，“开始”菜单会检测最常用的程序，并将其置于左边窗格中以便快速访问。

（2）搜索框

搜索框是在计算机上查找项目的最便捷的方法之一。搜索框将遍历计算机上的程序以及个人文件夹（包括“文档”“图片”“音乐”“桌面”以及其他常见位置）中的所有文件夹，因此是否提供项目的确切位置并不重要。它还将搜索电子邮件、已保存的即时消息、约会和联系人。

（3）右边窗格的使用

右窗格包括：个人文件夹、文档、图片、音乐、游戏、计算机、控制面板、设备和打印机、默认程序、帮助和支持，通过这些访问链接可以快速访问相关的资源。

右窗格的底部是“关机”按钮。单击“关机”按钮可关闭计算机。

4．窗口组成

Windows 7 的窗口中包含的元素如图 2-4 所示。

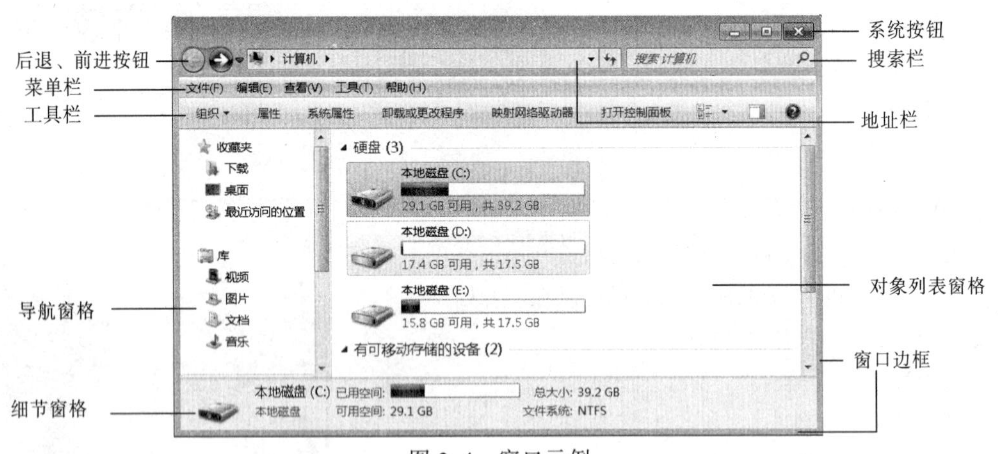

图 2-4　窗口示例

5．窗口类型

Windows 7 的窗口可以分成三种类型：应用程序窗口、文档窗口和对话框。文档窗口是由应用程序为某个文档创建的，它是应用程序打开的信息窗口。

6．窗口的操作

（1）最大化

方法一：单击窗口左上角，在下拉菜单中选择“最大化”菜单命令。

方法二：单击窗口右上角的系统按钮▭。

（2）最小化

方法一：单击窗口左上角，在下拉菜单中选择“最小化”菜单命令。

方法二：单击窗口右上角的系统按钮。

（3）关闭窗口

方法一：单击窗口左上角，在下拉菜单中选择“关闭”菜单命令。

方法二：单击窗口右上角的系统按钮。

方法三：当窗口为活动窗口时，按组合键<Alt>+<F4>。

方法四：退出应用程序时，该应用程序的窗口会关闭。

（4）还原窗口

方法一：单击窗口左上角，在下拉菜单中选择“还原”菜单命令。

方法二：单击窗口右上角的系统按钮。

（5）移动窗口

方法一：将鼠标光标置于窗口标题栏，按下鼠标左键拖动。

方法二：单击窗口左上角，在下拉菜单中选择“移动”菜单命令，鼠标形状变成“✥”时，按下左键拖动。

（6）改变窗口大小

方法一：将鼠标光标移动到窗口边框附近，当鼠标光标变为“⟷”形状时，拖动窗口边框，可改变窗口大小。

方法二：单击标题栏的系统控制图标，在下拉菜单中选择“大小”菜单命令，鼠标移至窗口边框，按下左键拖动。

（7）排列窗口

右击任务栏空白处，在快捷菜单中选择“层叠窗口”（“堆叠显示窗口”“并排显示窗口”）等方式。

（8）窗口设置操作

通过窗口菜单或工具栏可以进行窗口的设置操作，如通过窗口的组织▾或“查看”菜单下的相关菜单项可进行窗口显示风格的设置。

7．对话框

当用户执行后面带有“…”的菜单命令或单击了带有“…”的命令按钮时，就将打开一个对话框，打开的对话框一般不能最大化和最小化，并且用户只有关闭该应用程序的对话框后才能在该应用程序中进行其他操作。

8．Windows 7 的菜单

Windows 7 中有四类菜单：水平菜单、下拉式菜单（纵向菜单）、系统菜单（控制菜单）和快捷菜单。

- 当菜单带省略号（…）时，表示选中该菜单项时，将弹出一个对话框。
- 当菜单带“▸”时，表示该菜单项还有下一级菜单，选中该菜单项将自动弹出子菜单。
- 当菜单呈灰色显示时，表示该菜单项目前不能使用。
- 在有的菜单左侧有“✔”和“●”时表示选中，在使用时要注意他们的区别。

在操作时还可以用菜单名后的热键及菜单命令中的快捷键来提高操作速度。

9．工具栏

Windows 7 窗口上有一些工具栏按钮（见图 2-5），通过这些按钮可以完成相应的操作。

10．输入法的选择与切换

单击任务栏中的图标，显示系统所安装的输入法，如图 2-6 所示，用鼠标单击所需输入法即可。也可以通过按<Ctrl>+<Shift>组合键的方式在不同的输入法之间切换。注意：当选定了输入法后，在接下来的操作中如果要在中文和英文之间切换，可以按<Ctrl>+<Space>键或直接按<Shift>键。

图 2-5　Windows 7 工具栏按钮

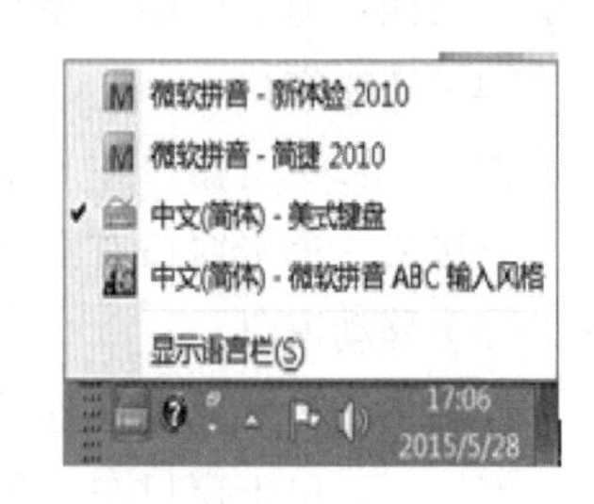

图 2-6　输入法选择

11．搜索的使用

搜索文件可以直接在“开始”菜单底部的“搜索程序和文件”框中输入文件名，也可以在“计算机”窗口的搜索栏中输入文件名。

12．Windows 7 的帮助系统

选择“开始”→“帮助和支持”菜单，可打开 Windows 7 的帮助系统。该系统主要是帮助用户了解、学习使用 Windows 7。

三、实验内容

1．启动 Windows 7，注意观察 Windows 7 的启动过程。

2．进入 Windows 7，并打开“计算机”窗口，然后进行下列窗口操作：

（1）移动窗口。

（2）适当调整窗口的大小。

（3）先最小化窗口，然后再将窗口复原。

（4）先最大化窗口，然后再将窗口复原。

（5）关闭窗口。

3．打开“计算机”窗口和 Administrator 窗口，然后进行下列操作：

（1）通过任务栏和快捷键切换当前窗口。

（2）以不同方式排列已打开的窗口（层叠、堆叠显示、并排显示）。

4．打开 C 盘。

（1）显示窗口的菜单栏，然后再隐藏菜单栏。

（2）将文件夹的浏览方式改为“在不同的窗口中打开不同的文件夹(W)”。

（3）用键盘打开和关闭“编辑”菜单。

（4）选定 C 盘所有对象。

5. 分别通过以下方法启动“记事本”程序（程序文件为 C:\Windows\Notepad.exe），然后退出该程序：

（1）通过“开始”→“所有程序”→“附件”菜单命令。

（2）通过“计算机”窗口。

6. 选择输入法，在“记事本”窗口中输入“操作系统 Windows 的使用”。

7. 在 C 盘查找名为 calc.exe 的文件。

8. 通过“开始”菜单的“帮助和支持”，查找关于“网上邻居”的介绍。

9. 安全退出 Windows 7。

四、实验步骤

1. 启动 Windows 7，注意观察 Windows 7 的启动过程。

打开主机电源，开机硬件检测后，会自动进入 Windows 7 系统。

在启动过程中如果出现了登录对话框，单击相应的用户图标，输入密码后单击“确定”按钮，如果没有密码，则可单击“确定”按钮或“取消”按钮。

2. 进入 Windows 7，并打开“计算机”窗口，然后进行下列窗口操作：

双击桌面上的“计算机”图标，打开“计算机”窗口。窗口的组成元素如图 2-4 所示。

（1）移动窗口。

将鼠标置于标题栏，按下左键拖动，达到目标区域后松开左键。

（2）适当调整窗口的大小。

将鼠标置于窗口边框上，当鼠标形状变成双向箭头时，按下左键拖动，达到合适大小后松开左键。

（3）先最小化窗口，然后再将窗口复原。

[操作 1] 最小化窗口。

单击标题栏的系统按钮。

[操作 2] 复原窗口。

右击任务栏上的图标，如果任务栏显示计算机，则直接单击此图标。

（4）先最大化窗口，然后再将窗口复原。

[操作 1] 最大化窗口。

单击标题栏的系统按钮。

[操作 2] 复原窗口。

单击标题栏的系统按钮。

（5）关闭窗口。

单击标题栏的系统按钮。

3. 打开“计算机”窗口和 Administrator 窗口，然后进行下列操作：

（1）通过任务栏和快捷键切换当前窗口。

单击任务栏上的图标，然后选择相应的窗口，如果任务栏有计算机和Administra... 图标，则可直接单击相应的图标进行切换。或者按<Alt>+<Tab>键。

（2）以不同方式排列已打开的窗口（层叠、堆叠显示、并排显示）。

右击任务栏的空白处，在弹出的快捷菜单中，从“层叠窗口”“堆叠显示窗口”和“并排显示窗口”中，单击其中一项。

4．打开 C 盘。

在“计算机”窗口中单击“本地磁盘(C:)”图标（注意：有的系统可能将“本地磁盘”改成了别的名称，但是名称后一定有“(C:)”）。

（1）显示窗口的菜单栏，然后再隐藏菜单栏。

［操作 1］显示菜单栏

单击工具栏上的组织▾按钮，将鼠标移至下拉菜单中的“布局”命令，选中下一级菜单中的“菜单栏”菜单命令，如图 2-7 所示。

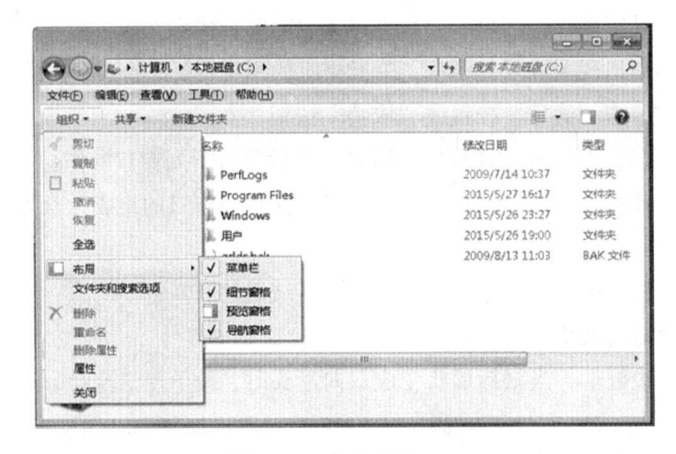

图 2-7 本地磁盘(C:)

［操作 2］隐藏菜单栏

重复［操作 1］即可。

（2）将文件夹的浏览方式改为“在不同的窗口中打开不同的文件夹(W)”。

［操作］如图 2-7 所示，单击“组织”工具栏，然后在下拉菜单中单击“文件夹和搜索选项”菜单命令。在打开的“文件夹选项”对话框中，单击“常规”选项卡，在“浏览文件夹”选项组中选中“在不同的窗口中打开不同的文件夹(W)”单选按钮”。其他的常规设置可根据需要设置。

（3）用键盘打开和关闭“编辑”菜单。

［操作 1］打开“编辑”菜单

在键盘上按下组合键<Alt>+<E>，可打开“编辑”菜单。

［操作 2］关闭刚打开的“编辑”菜单。

按<Esc>键可关闭刚打开的“编辑”菜单。

（4）选定 C 盘所有对象。

［操作］先用鼠标左键单击窗口工作区任意区域，然后按下组合键<Ctrl>+<A>。

5．分别通过以下方法启动“记事本”程序（程序文件为 C:\Windows\Notepad.exe），然后退出该程序：

（1）通过“开始”→“所有程序”→“附件”→“记事本”。

［操作］单击“开始”→“所有程序”命令，在程序列表中选择“附件”选项，最后在“附件”列表中单击“记事本”命令。

（2）通过“计算机”窗口。

［操作］在“计算机”窗口中双击“本地磁盘(C:)”，在打开的“本地磁盘(C:)”窗口中双击 Windows 文件夹，最后在打开的 Windows 文件夹窗口中双击 Notepad.exe 即可。

6. 选择输入法，在“记事本”窗口中输入“操作系统 Windows 的使用”。

［操作］单击任务栏上的图标，在弹出的列表中选一种中文输入法（见图 2-6），进行中文输入，也可在输入法工具栏上单击相应的按钮进行输入法的设置，如图 2-8 所示。单击图标（注：输入法不同，图标会不一样），在列表中选择“中文（简体）-美式键盘”选项回到英文输入状态，进行英文输入。

技巧：按<Shift>键可在中、英文输入法间切换。可通过<Ctrl>+<Shift>组合键进行输入法选择。在选定的中、英文输入法间切换还可通过按<Ctrl>+<Space>组合键进行。

7. 在 C 盘查找名为 calc.exe 的文件。

［操作］单击“开始”按钮，在“开始”菜单的“搜索程序和文件”框中输入 calc.exe，程序自动搜索并显示搜索结果。或在“计算机”窗口中双击“本地磁盘(C：)”，然后在窗口搜索栏输入 calc.exe，进入搜索，如图 2-9 所示。

图 2-8　微软拼音-2010 新体验输入法

图 2-9　搜索结果窗口

在搜索时，单击搜索栏，然后在下拉列表中还可以设置“修改日期”和“大小”，加强搜索条件，如图 2-10 所示。

8. 通过“开始”菜单的“帮助和支持”，查找关于“网上邻居”的介绍。

［操作］单击“开始”按钮，然后在打开的“开始”菜单中单击“帮助和支持”选项，弹出“Windows 帮助和支持”窗口，在“搜索”后的文本框中输入“网上邻居”，单击按钮，如图 2-11 所示，然后根据需要单击相应选项进入帮助文档。

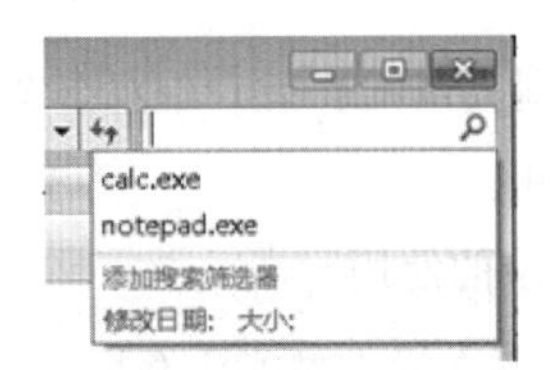

图 2-10 搜索条件设置

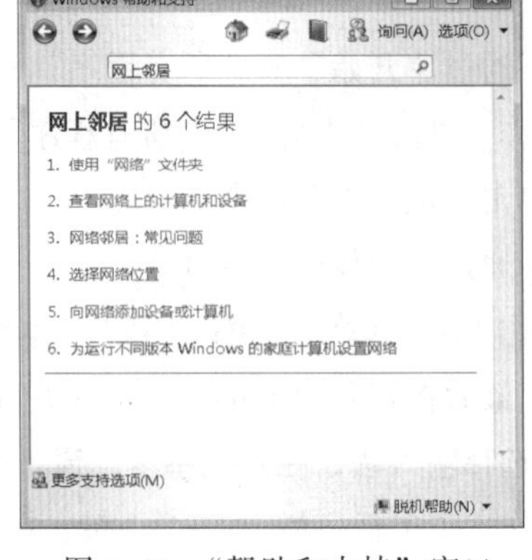

图 2-11 "帮助和支持"窗口

9．安全退出 Windows 7。

［操作］单击"开始"按钮，然后在打开的"开始"菜单中单击"关机"选项右边的▸，在下拉列表中选择相应的选项，如图 2-12 所示，如果单击"关机"选项即可以关闭计算机。

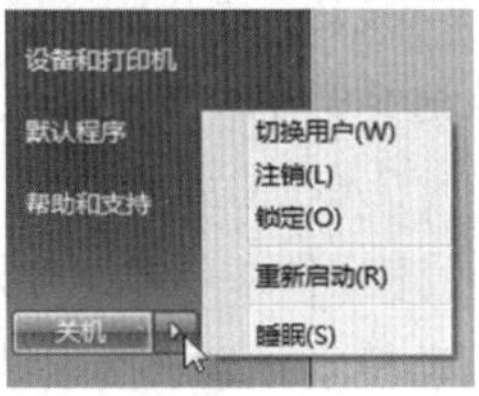

图 2-12 "关机"选项

五、课后实验

1．搜索 C 盘中所有文件名以"D"字符开头的文件。

2．将桌面上的图标按名称重新排列。

3．用不同的方式启动附件中的"计算器"（C:\Windows\system32\calc.exe）。

4．将文件的打开方式改为"单击打开"。

实验 2-2 文件管理操作

一、实验目的

1．掌握文件夹和文件的新建、复制、移动、删除、改名。

2．掌握文件或文件夹属性的设置。

3．掌握"库"的操作和快捷方式的建立。

4．掌握文件夹选项的设置。

二、预备知识

1．"资源管理器"的使用

资源管理器的打开：

方法一：在"开始"按钮上右击，选择快捷菜单中的"资源管理器"命令。

方法二：选择"开始"→"所有程序"→"附件"→"Windows 资源管理器"命令。

2．窗口对象的操作

选中窗口导航窗格中的某个驱动器或文件夹后，该驱动器或文件夹的所有文件和文件夹都会出现在右侧文件列表窗格中。

（1）文件或文件夹的显示方式

方法一：单击“查看”菜单，在下拉菜单中选择相应的显示方式。

方法二：单击工具栏图标的下拉列表，选择相应的显示方式，如图 2–13 所示。

方法三：右击右窗格空白处，然后在弹出的菜单中选择“查看”命令，在“查看”下拉列表中选择相应的显示方式。

（2）文件或文件夹的显示顺序

方法一：选择“查看”→“排序方式”→“名称”（“修改日起）、“类型”、“大小”、“递增”和“递减”等）命令。

方法二：右击右窗格空白处，在快捷菜单中选择“排序方式”→“名称”（“修改日期）、“类型”、“大小”、“递增”和“递减”等）命令。

图 2–13　文件和文件夹显示方式

（3）修改文件和文件夹的查看方式

选择“工具”→“文件夹选项”菜单命令，或者单击“组织”工具栏，在下拉列表中单击“文件及和搜索”选项，弹出“文件夹选项”对话框，选择其中的“查看”标签，根据需要进行文件和文件夹的查看方式的设置。

3．文件与文件夹操作

文件与文件夹操作必须先选定对象，然后再选择操作命令。

（1）文件与文件夹的选定

① 单个文件与文件夹的选定：

单击该文件夹或文件。

② 多个连续文件与文件夹的选定：

方法一：先单击第一个文件，然后按住<Shift>键再单击另一个文件。

方法二：将鼠标置于选择区域的左上角，按下左键拖动至右下角。

③ 多个不连续文件与文件夹的选定：

单击第一个要选定的文件，然后按住<Ctrl>键，再用鼠标分别单击其他要选定的文件。

（2）移动

方法一：选择“编辑”→“剪切”菜单命令，然后粘贴。

方法二：按组合键<Ctrl>+<X>，然后粘贴。

方法三：右击任何一个已被选中的文件，在快捷菜单中选择“剪切”命令，然后粘贴。

方法四：在同一个驱动器中移动时还可用鼠标直接拖动到目标文件夹。

（3）复制

方法一：选择“编辑”→“复制”菜单命令，然后粘贴。

方法二：按组合键<Ctrl>+<C>，然后粘贴。

方法三：右击任何一个已被选中的文件的图标，在快捷菜单中选择“复制”命令，然后粘贴。

方法四：在同一个驱动器中复制时，先按住<Ctrl>键，再用鼠标直接拖动到目标文件夹。

（4）粘贴

粘贴前一定要先复制或剪切。

方法一：选择“编辑”→“粘贴”菜单命令。

方法二：按组合键<Ctrl>+<V>。

方法三：右击右窗格空白处，在快捷菜单中选择“粘贴”命令。

（5）删除

方法一：按<Delete>键。

方法二：拖动文件或文件夹至回收站。

注意：按组合键<Shift>+<Delete>，则直接将文件彻底从磁盘中删除。

（6）重命名

方法一：右击该对象，在快捷菜单中选择“重命名”命令，然后输入新名称，按<Enter>键。

方法二：选中该对象后，再用鼠标左键单击对象的名称，然后输入新名称，按<Enter>键。

（7）创建文件夹

方法一：选择“文件”→“新建”→“文件夹”菜单命令。

方法二：在右窗格空白处单击右键选择“新建”→“文件夹”命令。

（8）文件或文件夹的命名

用户在新建文件或文件夹时可以给其命名，也可对已有的文件或文件夹重新命名。命名时要注意在同一个父文件夹中的两个文件或文件夹不能同名，同时，命名时要满足命名规则。

（9）设置文件或文件夹属性

选择“文件”→“属性”菜单命令。

4. 快捷方式的建立

（1）桌面快捷方式的建立

右击要创建快捷方式的文件，在弹出的快捷菜单中选择“发送到”→“桌面快捷方式”命令，如图 2-14 所示。

（2）快捷方式的建立

右击需要创建快捷方式窗口的空白处，弹出创建快捷方式对话框，如图 2-15 所示，输入对象位置，按照向导操作完成快捷方式的创建。

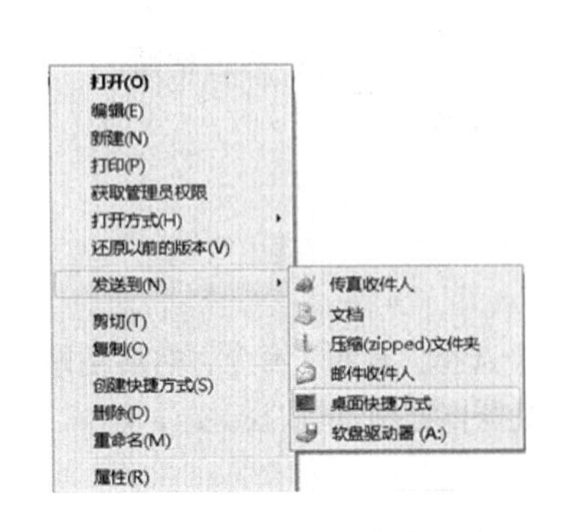

图 2-14　桌面快捷方式的建立

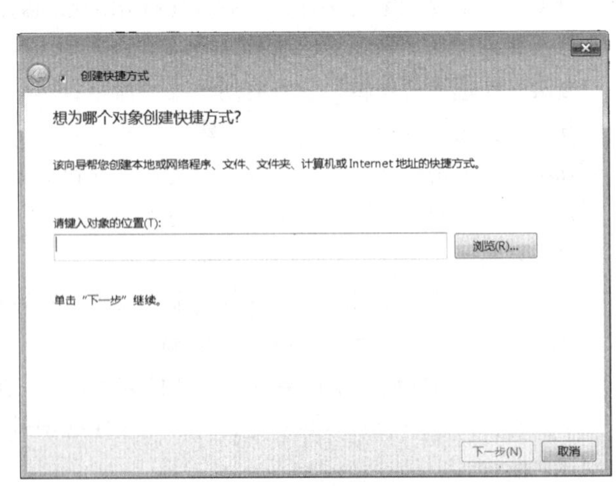

图 2-15　创建快捷方式

5. 任务栏的操作

任务栏能改变大小，可以在不需要的时候隐藏起来，也可以通过“任务栏和「开始」菜单属性”对话框对“开始”菜单进行设置。打开“任务栏和「开始」菜单属性”对话框有两种方法：

方法一：右击任务栏的空白处（注意不能在任何应用程序图标上右击），在快捷菜单中选择“属性”命令。

方法二：选择“开始”→“控制面板”→“外观和个性化”→“任务栏和开始菜单”菜单命令。

三、实验内容

1. 对“Windows 资源管理器”窗口或“计算机”窗口进行下列操作：

（1）显示 C 盘中 Windows 文件夹中所有文件和文件夹。

（2）用“详细信息”方式显示文件和文件夹。

（3）按修改日期的顺序排列文件。

2. 显示所有文件及文件的扩展名（包括隐藏文件和系统文件）。

3. 在 C 盘上创建一个名为 File 的文件夹，再在 File 文件夹下创建一个名为 MyFile 的子文件夹。

4. 对 File 文件夹及 MyFile 文件夹进行下列操作：

（1）在 C:\Windows 文件夹中同时选择 3 个扩展名为 exe 的文件，将它们复制到 C:\File 文件夹。

（2）在 C:\File 文件夹中创建一个类型为“文本文档”的空文件，文件名为 Mytxt.txt。

（3）将文件 Mytxt 移动到 MyFile 子文件夹中。

（4）删除文件 Mytxt，然后再将其恢复。

（5）将文件的打开方式改为用“写字板”打开。

（6）将文件的属性改为“只读”“隐藏”。

5. 在 Windows 7 系统中创建一个库名为“计算机应用基础”的新库。

6. 将 C 盘根目录下的 File 文件夹添加到“计算机应用基础”库中。

7. 从“计算机应用基础”库中删除 File 文件夹。

8. 格式化可移动磁盘（注意：请先确定可移动磁盘上没有有用资料），然后将 C:\File 文件夹复制到可移动磁盘。

9. 在 C:\Windows 中找到 Notepad.exe（记事本）文件，建立其快捷方式。

10. 任务栏的操作。

（1）调整任务栏的高度。

（2）自动隐藏任务栏。

（3）将“网络”加入到“开始”菜单。

（4）将记事本加入“开始”菜单，然后再将其从“开始”菜单删除。

四、实验步骤

1. 对“Windows 资源管理器”窗口或“计算机”窗口进行下列操作：

（1）显示 C 盘中 Windows 文件夹中所有文件和文件夹。

[操作] 在“Windows 资源管理器”窗口或“计算机”窗口的导航窗格中单击“本地磁盘(C:)”，

在右窗格中双击 Windows 文件夹。

或

［操作］单击“本地磁盘(C:)”前的▷，展开“本地磁盘(C:)”，然后选中 Windows 文件夹。

（2）用“详细信息”方式显示文件和文件夹。

［操作］右击右窗格，在快捷菜单中选择“查看”选项，然后再在下拉菜单中选择“详细信息”选项。

（3）按修改日期的顺序排列文件。

［操作］右击右窗格，在快捷菜单中选择“排序方式”选项，然后再在下拉菜单中选择“修改日期”。

2. 显示所有文件及文件的扩展名（包括隐藏文件和系统文件）。

［操作 1］打开“计算机”窗口。

［操作 2］选择“工具”→“文件夹选项”菜单命令，在弹出的“文件夹选项”对话框单击“查看”选项卡，在“高级设置”选项组中选中“显示隐藏的文件、文件夹和驱动器”单选按钮，取消“隐藏已知文件类型的扩展名”和“隐藏受保护的操作系统文件（推荐）”复选框的勾选，如图 2-16 所示。

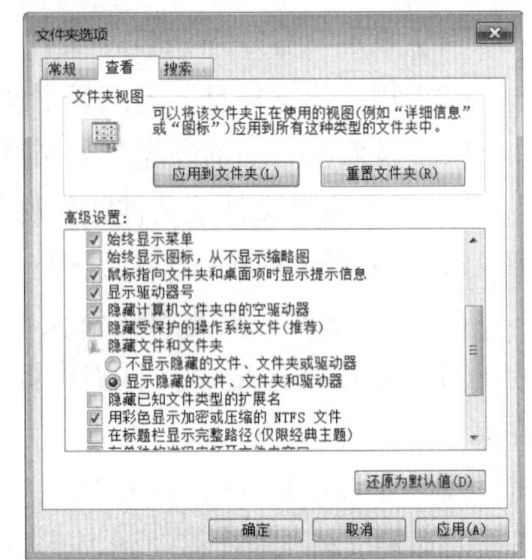

图 2-16 “文件夹选项”对话框

3. 在 C 盘上创建一个名为 File 的文件夹，再在 File 文件夹下创建一个名为 MyFile 的子文件夹。

［操作 1］打开“计算机”窗口，选择 C 盘。

［操作 2］右击右窗格空白处，在快捷菜单中选择“新建”→“文件夹”命令，在文件夹下的名称框中输入 File 后按<Enter>键。

［操作 3］在左窗格选中 File 文件夹（或在右窗格双击 File 文件夹），然后按［操作 2］的步骤建立 MyFile 文件夹。

其中，［操作 2］的操作方式也可通过菜单来实现：

单击“文件”→“新建”→“文件夹”命令，在右窗格的文件列表底部会出现一个名为“新建文件夹”的文件夹，如图标 新建文件夹 ，输入 File，按<Enter>键。

4. 对 File 文件夹及 MyFile 文件夹进行下列操作：

（1）在 C:\Windows 文件夹中同时选择 3 个扩展名为 exe 的文件，将它们复制到 C:\File 文件夹。

［操作 1］在“计算机”窗口中选中 Windows 文件夹，在右窗格中单击某个扩展名为 exe 的文件，然后按住<Ctrl>键，再分别单击另外两个，松开<Ctrl>键。

［操作 2］按组合键<Ctrl>+<C>。

［操作 3］在“计算机”导航窗格展开“本地磁盘(C:)”，选中 File 文件夹。

［操作 4］按组合键<Ctrl>+<V>。

（2）在 C:\File 文件夹中创建一个类型为“文本文档”的空文件，文件名为 Mytxt.txt。

［操作 1］按前述方法选中 File 文件夹。

［操作 2］右击右窗格空白处，在快捷菜单中选择“新建”→“文本文档”命令。

［操作 3］在名称框中输入 Mytxt.Txt，按<Enter>键。

（3）将文件 Mytxt 移动到 MyFile 子文件夹中。

［操作 1］选中 Mytxt.Txt 文件。

［操作 2］按组合键<Ctrl>+<X>。

［操作 3］在“计算机”窗口导航窗格中选中 C 盘的 MyFile 文件夹。

［操作 4］按组合键<Ctrl>+<V>。

（4）删除文件 Mytxt，然后再将其恢复。

［操作 1］选中 Mytxt.txt 文件。

［操作 2］按<Delete>键。

［操作 3］在“确认文件删除” 对话框中单击“是”按钮。

［操作 4］双击桌面上的“回收站”图标，在打开的“回收站”窗口中选中 Mytxt.Txt 文件。

［操作 5］单击工具栏上的 还原此项目 按钮，或选择“文件”→“还原”菜单命令。

（5）将文件的打开方式改为用“写字板”打开。

［操作 1］右击 Mytxt.Txt 文件，在快捷菜单中选择“打开方式”→“选择默认程序”命令。

［操作 2］在“打开方式”对话框中，从“程序”列表框中选择“写字板”选项，单击“确定”按钮。

注意：如果要一直改为此方式打开，则勾选“打开方式”对话框下方的“始终使用选择的程序打开这种文件（A）”复选框。

（6）将文件的属性改为“只读”“隐藏”。

［操作 1］右击 Mytxt.Txt 文件，在快捷菜单中选择“属性”命令。

［操作 2］在弹出的“属性”对话框中选中“常规”选项卡，勾选“只读”和“隐藏”复选框，单击“确定”按钮。

5. 在 Windows 7 系统中创建一个库名为“计算机应用基础”的新库。

［操作 1］右击“开始”按钮，单击“打开 Windows 资源管理器(P)”命令，打开“库”窗口。

［操作 2］在“库”窗口中的工具栏上单击“新建库”按钮，输入“计算机应用基础”，然后按<Enter>键确认，如图 2-17 所示。

图 2-17　“库”窗口

6. 将 C 盘根目录下的 File 文件夹添加到“计算机应用基础”库中。

［操作 1］在“库”窗口的导航窗格中选中“本地磁盘(C:)”。

［操作 2］右击右窗格中的 File 文件夹，选择“包含到库中”→“计算机应用基础”命令，如图 2-18 所示。

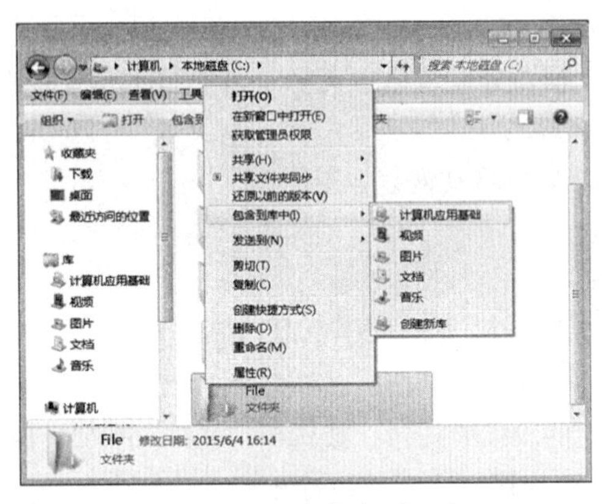

图 2-18　添加文件夹到“库”

7. 从“计算机应用基础”库中删除 File 文件夹。

［操作 1］在库窗格（文件列表上方）中，单击“包括”旁边的“1 个位置”命令，如图 2-19 所示。

［操作 2］在显示的对话框中单击 File 文件夹，如图 2-20 所示，单击“删除”按钮，然后单击“确定”按钮。

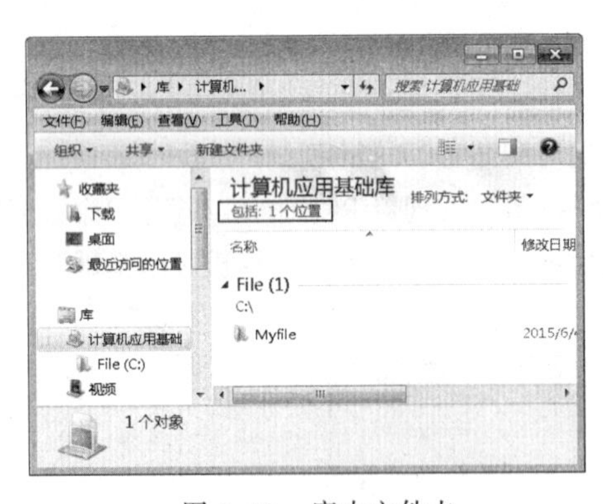

图 2-19　库中文件夹

图 2-20　删除库中文件夹

8. 格式化可移动磁盘（注意：请先确定可移动磁盘上没有有用资料），然后将 C:\File 文件夹复制到可移动磁盘。

［操作 1］将可移动磁盘插入 USB 接口。

［操作 2］右击资源管理器中的“可移动磁盘”图标（也有可能是其他显示名称），在快捷菜单中选择“格式化”命令，如图 2-21 所示。

［操作 3］在“格式化可移动磁盘”对话框中可输入卷标，单击“开始”按钮。

［操作 4］格式化完毕后单击“确定”按钮，再单击“格式化可移动磁盘”对话框中的“关闭”

按钮。

［操作 5］右击 File 文件夹图标，在快捷菜单中选择“发送到”→“可移动磁盘”命令。

9. 在 C:\Windows 中找到 Notepad.exe（记事本）文件，建立其快捷方式。

［操作 1］右击桌面空白处，在快捷菜单中选择“新建”→“快捷方式”命令。

［操作 2］在“创建快捷方式”对话框（见图 2-15），命令中直接输入“C:\Windows\Notepad.exe”（或单击“浏览”按钮，在弹出的“浏览文件夹”对话框中按文件路径找到 Notepad.exe 文件后单击“确定”按钮），单击“下一步”按钮。

［操作 3］在“创建快捷方式”对话框中输入快捷方式名称，单击“完成”按钮，如图 2-22 所示。

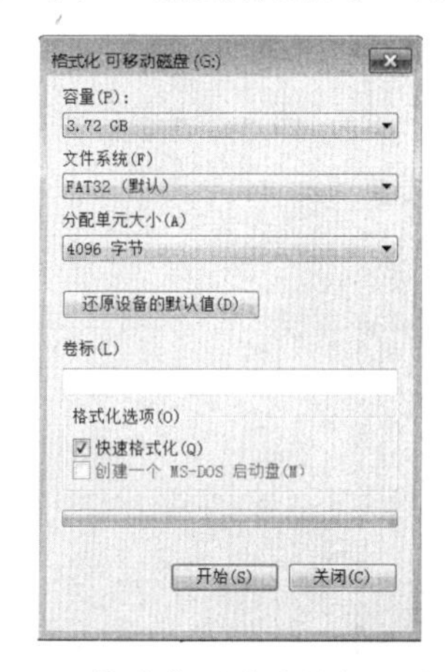

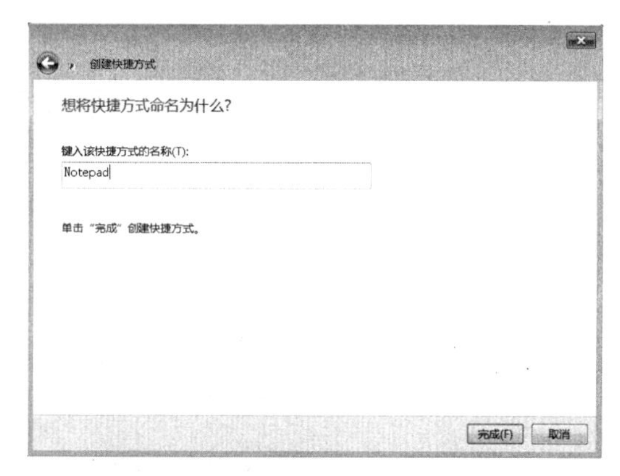

图 2-21　“格式化可移动磁盘”对话框　　　　图 2-22　输入快捷方式名称

10. 任务栏的操作。

（1）调整任务栏的高度。

［操作 1］右击任务栏空白处，在弹出的菜单中取消勾选“锁定任务栏”选项。

［操作 2］将鼠标移至任务栏上边框，按下鼠标左键拖动即可。

（2）自动隐藏任务栏。

［操作 1］在打开的“任务栏和「开始」菜单属性”对话框中选择“任务栏”选项卡。

［操作 2］在“任务栏外观”选项组中勾选“自动隐藏任务栏”复选框，如图 2-23 所示。

（3）将“网络”加入到开始菜单。

［操作 1］在打开的“任务栏和「开始」菜单属性”对话框中选择“「开始」菜单”选项卡，如图 2-24 所示。

［操作 2］单击“自定义”按钮，打开“自定义「开始」菜单”对话框，勾选“网络”复选框，如图 2-25 所示。

（4）将记事本加入“开始”菜单，然后再将其从“开始”菜单删除。

［操作 1］在 C:\Windows 找到 Notepad.exe 文件，右击此文件，在弹出的快捷菜单中选择“附到「开始」菜单(U)”命令即可将记事本加到“开始”菜单。

或：可以选中要添加到“开始”菜单的应用程序，然后按住鼠标左键拖动到“开始”按钮上。

［操作 2］打开“开始”菜单，右击刚加入的记事本，在弹出的快捷菜单中选择“从「开始」菜单解锁(U)”或“从列表中删除(F)”命令即可。

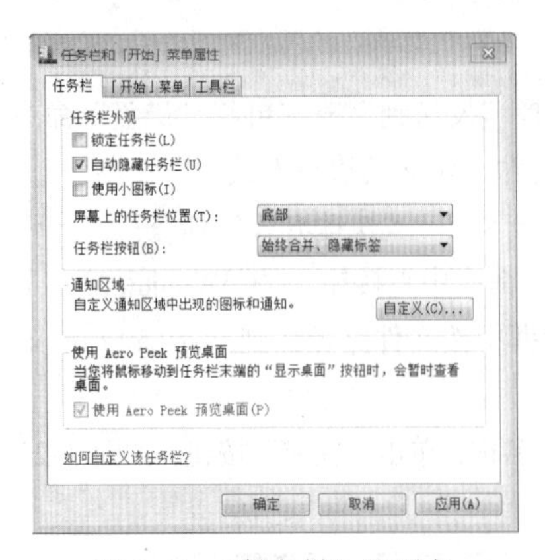

图 2-23 “任务栏”选项卡

图 2-24 “「开始」菜单”选项卡

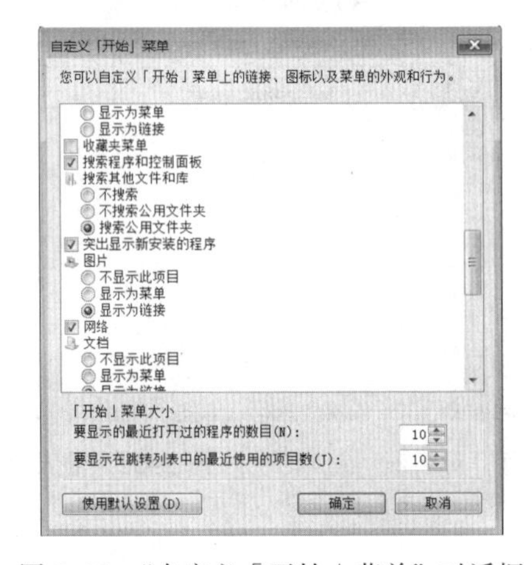

图 2-25 “自定义「开始」菜单”对话框

五、课后实验

1．在 D 盘根目录下建立一个以自己“班级+学号+姓名”命名的文件夹，然后在该文件夹下新建 Word 和 Excel 命名的子文件夹。

2．在 Word 中新建一个文本文件 exa1.txt，在 Excel 中新建一个文本文件 exa2.txt，并将 exa1.txt 文件设置为“隐藏”属性。

3．将 Word 文件夹中的 exa1.txt 文件复制到 Excel 中，将 Excel 文件夹中的 exa2.txt 文件移动到 Word 中。

4．将 Word 文件夹中的 exa2.txt 改名为“示例文档. docx”。

5．删除 Word 文件夹中的 exa1.txt 文件。

6．将 Word 文件夹复制到 Excel 文件夹中，并将 Excel 文件夹中的 Word 文件夹改名为 User。

7．将 User 文件夹设置为“隐藏”属性。

8．查找 Windows 7 提供的 Calc.exe 文件，找到后将它复制到 Word 文件夹中。

9．在 Windows 7 系统中创建一个新库，库名为“练习文档”。

10．将 D 盘根目录下的 File 文件夹添加到“练习文档”库中。

11．从“练习文档”库中删除 File 文件夹。

实验 2-3　控制面板的使用

一、实验目的

1. 掌握桌面外观的设置和基本的网络配置。
2. 掌握控制面板常用设置的使用。

二、预备知识

Windows 7 的控制面板主要用来对系统作一些设置操作。其中常用的有显示设置、系统设置、鼠标设置、键盘设置、日期时间设置、网络设置、硬件的添加删除和应用程序的添加删除等，用户在打开控制面板后根据需要可进入相应的选项进行设置。

1. 控制面板的打开

方法一：单击“开始”按钮→“控制面板”命令。

方法二：打开“计算机”→在工具栏单击 打开控制面板 按钮。

控制面板如图 2-26 所示。

图 2-26　控制面板

2. 外观和个性化的设置

（1）“个性化”对话框的打开

方法一：打开控制面板窗口→单击“外观和个性化”→“个性化”命令，如图 2-27 所示。

方法二：右击桌面空白处，选择快捷菜单中的“个性化”命令。

个性化设置中包括更改主题、更改桌面背景、更改声音效果和更改屏幕保护程序。

（2）显示的设置

打开控制面板窗口→单击“外观和个性化”→“显示”命令。

显示设置中经常用到的有“放大或缩小文本和其他项目”和“调整屏幕分辨率”等。

外观和个性化设置中还有“任务栏和「开始」菜单”和“文件夹选项”的设置，这两类的设置请参考实验 2-2。

图 2–27 “外观和个性化”窗口

3. 时钟、语言和区域的设置

打开控制面板窗口，单击“时钟、语言和区域”选项，打开“时钟、语言和区域”窗口，如图 2–28 所示。

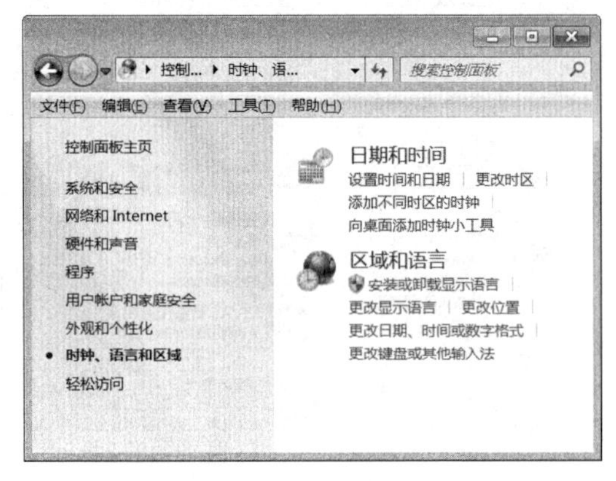

图 2–28 “时钟、语言和区域”窗口

（1）日期和时间的设置

在“时钟、语言和区域”窗口中单击“日期和时间”选项可打开“日期和时间”对话框进行设置，包括设置日期和时间、更改时区及添加不同时区的时钟等操作。

（2）区域和语言的设置

在“时钟、语言和区域”窗口中单击“区域和语言”选项可打开“区域和语言”对话框进行设置，包括安装或卸载显示语言、更改显示语言、更改位置、更改日期时间或数字格式、更改键盘或其他输入法等操作。

4. 用户账户和安全

设置 Windows 时，要求创建用户账户。此账户就是能够设置计算机以及安装程序的管理员账户。完成计算机设置后，建议创建一个标准账户并使用该账户进行日常计算。使用标准账户有助于保护计算机使其更安全。

打开控制面板窗口，单击“用户账户和家庭安全”选项，打开“用户账户和家庭安全”窗口，单击“添加和删除用户账户”（也可从控制面板直接单击）选项，打开“管理账户”窗口，如图 2-29 所示。在窗口下方单击“创建一个新账户”命令进入创建新账户窗口，进入新账户的创建，在“用户账户和家庭安全”窗口中还可以更改账户图片和更改 Windows 密码。

图 2-29　“管理账户”窗口

5. 系统和安全

打开控制面板窗口，单击“系统和安全”选项打开“系统和安全”窗口，其中常用的设置有系统、Windows Update、电源选项、备份和还原、管理工具等。

（1）查看系统属性

在“系统和安全”窗口中单击“系统”选项进入“系统”窗口（或在桌面右击“计算机”图标，在快捷菜单中选择“属性”命令），可在窗口中查看系统信息。

（2）Windows Update

进入 Windows Update 窗口可以进行 Windows 系统更新设置和查看已有更新。

（3）电源选项

进入“电源选项”窗口，单击“更改计划设置”选项可以设置显示器自动关闭的时间间隔。

（4）管理工具

管理工具提供了对系统的配置管理、磁盘管理、磁盘碎片整理、查看事件和日志以及计划任务，系统的配置管理一般在有特殊要求时才进行。在进行设置时，要求用户对所设置项的功能要比较熟悉，否则，可能会对系统的使用带来一些影响或限制。

6. 网络和 Internet

打开控制面板窗口，单击“网络和 Internet”选项进入网络和 Internet 设置，其中包括“网络和共享中心”“家庭组”和“Internet 选项”。

网络和共享中心：网络和共享中心（见图 2-30）提供了有关网络的实时状态信息，如网络连接设置（见图 2-31）及 IP 地址设置等；“查看网络上的计算机和设备”则可以在网络文件夹中查看当前局域网的所有计算机和设备。如果要使用网络资源（如打印机）、打开其他计算机上的文件或者确认计算机或设备已添加到网络，则这将非常有用。

家庭组：使用家庭组，可轻松在家庭网络上共享文件和打印机；可以与家庭组中的其他人共享图片、音乐、视频、文档以及打印机。

Internet 选项：可以对 Internet 进行设置。

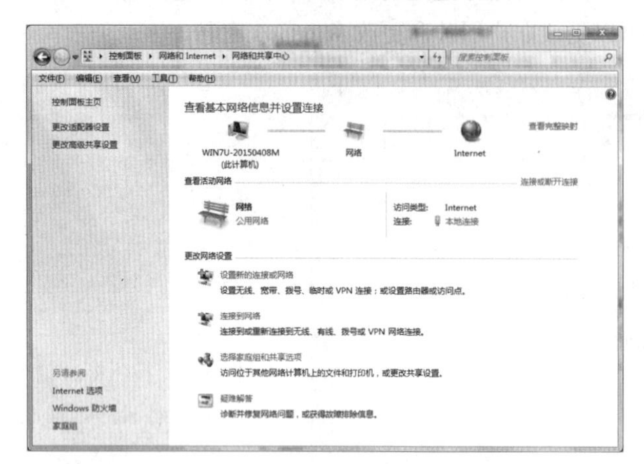

图 2-30 “网络和共享中心”窗口

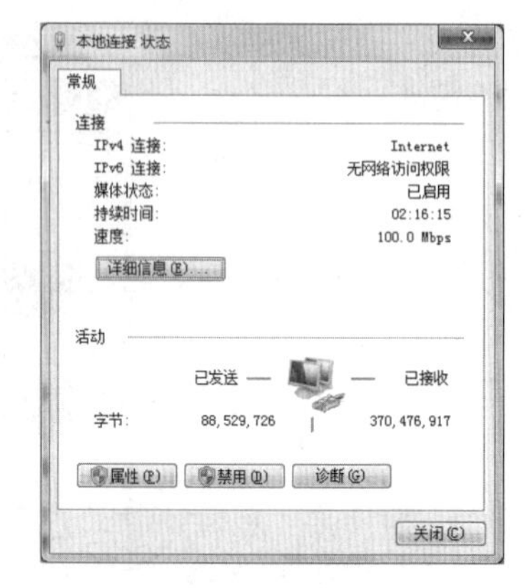

图 2-31 本地连接状态

7. 硬件和声音

在“硬件和声音”中单击“设备管理器”选项，打开“设备管理器”窗口，可以查看已安装的硬件设备及其型号，观察其工作是否正常，需要时可以扫描硬件和安装一些系统不能自动识别的设备。通过“声音”选项可以调整音量、更改系统声音和管理音频设备。

8. 程序

通过“控制面板”打开“程序”窗口，程序窗口中最常用的功能是“卸载程序”“打开或关闭 Windows 功能”和“设置默认程序”。

卸载程序可以彻底将已安装的程序从系统中卸载，虽然现在大多数软件都提供了卸载程序，但是对于部分没有提供卸载程序的软件，如果强行删除安装文件夹，软件会有残留文件，此时可以使用 Windows 卸载程序功能。

Windows 系统在安装时，部分特殊的功能或不常用的功能系统没有安装，如果用户需要，可以在“打开或关闭 Windows 功能”中安装。

“设置默认程序”可以修改 Windows 打开文件的默认程序。

三、实验内容

1. 打开控制面板，切换到大图标显示方式。

2. 打开“外观和个性化”窗口，进行如下操作：

（1）将 Windows 主题改为“Windows 经典”。

（2）设置桌面背景为“风景（6）”中的 img7 图片，图片位置改为“拉伸”。

（3）设置桌面保护程序为“照片”，并设置等待时间为 10min，播放速度为“慢速”。

（4）调整屏幕的分辨率为 1280 × 1024。

3. 设置短日期为 yyyy-mm-dd，设置小数点位数为 3 位，设置时间的上午符号为 AM。

4. 卸载已安装的输入法“中文（简体）-微软拼音 ABC 输入风格”，然后再重新将其安装。

5. 添加一个名为 Student 的标准账户。设置其密码为 stu。

6. 查看所操作计算机的系统版本和 CPU、内存配置参数。

7. 设置本机的 IP 地址为 192.168.1.2，子网掩码为 255.255.255.0，网关为 192.168.1.254，首选 DNS 服务器设置为 192.168.30.10。

8. 将 IE 浏览器的默认主页设置为“使用空白页”。

9. 查看所操作计算机的硬件型号。

10. 对 C 盘进行磁盘清理，释放磁盘空间。

11. 程序的卸载安装。

（1）通过控制面板的“程序和功能”，卸载已安装的 Office。

（2）通过“打开或关闭 Windows 功能”，安装“Windows Internet Information Services 可承载的 Web 核心”功能。

（3）将.txt 类型的文件的默认打开程序改为“写字板”程序。

四、实验步骤

1. 打开控制面板，切换到大图标显示方式。

［操作］单击“开始”按钮→“控制面板”命令，单击窗口右上角“查看方式”右侧的类别▾，在下拉列表中选择“大图标(L)”选项。

2. 打开“外观和个性化”窗口，进行如下操作：

［操作］打开“控制面板”窗口，单击“外观和个性化”选项，打开“外观和个性化”窗口。

（1）将 Windows 主题改为“Windows 经典”。

［操作 1］在“外观和个性化”窗口中单击“个性化”选项，进入个性化设置窗口，如图 2-32 所示。

图 2-32　个性化设置窗口

［操作 2］在窗口的主题列表框中选择“基本和高对比度主题(6)”中选择“Windows 经典”选项。

（2）设置桌面背景为“风景（6）”中的 img7 图片，图片位置改为“拉伸”。

［操作 1］在个性化设置窗口中单击“桌面背景”，打开桌面背景窗口。

［操作 2］在桌面背景窗口中，单击“风景(6)”下的 img7。

［操作 3］在窗口下方找到“图片位置(P):”，单击其下方的下拉列表按钮，在下拉列表中选择“拉伸”选项，然后单击“保存修改”按钮。

（3）设置桌面保护程序为“照片”，并设置等待时间为 10min，播放速度为“慢速”。

［操作 1］在个性化设置窗口中单击“屏幕保护程序”选项，打开“屏幕保护程序设置”对话框。

［操作 2］在“屏幕保护程序设置”对话框中，单击“屏幕保护程序(S)”下拉列表框，在下拉列表中选择“照片”选项。

［操作 3］在“等待(W):”后设置时间为“10 分钟”。

［操作 4］单击对话框上的“设置”按钮，在打开的“照片屏幕保护程序设置”对话框中设置“幻灯片放映速度”为“慢速”。

（4）调整屏幕的分辨率为 1280 × 1024。

［操作 1］在“外观和个性化”窗口，单击“显示”下的“调整屏幕分辨率”命令，进入屏幕分辨率设置窗口。

［操作 2］单击“分辨率(R):”后的下拉列表按钮，拖动滑块到“1280 × 1024”，单击“确定”按钮，然后在弹出的“显示设置”对话框中单击“保留更改(K)”按钮。

3. 设置短日期为 yyyy-mm-dd，设置小数点位数为 3 位，设置时间的上午符号为 AM。

［操作 1］在控制面板窗口中单击“时钟、语言和区域”选项，进入“时钟、语言和区域”窗口。

［操作 2］单击“区域和语言”选项，在“区域和语言”窗口中单击“其他设置(D)...”按钮，进入“自定义格式”对话框，如图 2-33 所示。

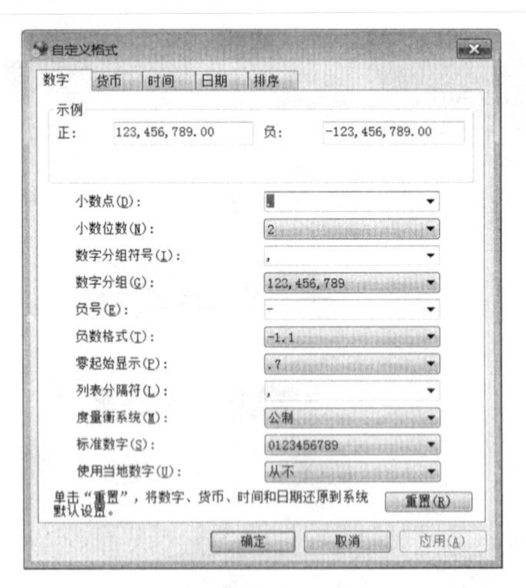

图 2-33 “自定义格式”对话框

［操作 3］单击“日期”选项卡，找到日期格式，进入到日期设置；单击“数字”选项卡，找到小数点位数，设置为 3 位；单击“时间”选项卡，在“时间格式”中找到“AM 符号(M):”，在右边的下拉列表中选择 AM 选项。

［操作 4］设置完成后单击“确定”按钮。

4. 卸载已安装的“中文（简体）–微软拼音 ABC 输入风格”输入法，然后再重新将其安装。

[操作 1] 在控制面板窗口中单击“时钟、语言和区域”下的“更改键盘或其他输入法”选项，进入“区域和语言”的“键盘和语言”选项卡，如图 2–34 所示，单击“更改键盘”按钮，进入“文字服务和输入语言”对话框。

[操作 2] 单击“常规”选项卡，在“已安装的服务”列表框中选中“中文（简体）–微软拼音 ABC 输入风格”选项，然后单击“删除”按钮，单击“确定”按钮。

[操作 3] 再次进入“文字服务和输入语言”对话框，单击“添加”按钮，在“添加输入语言”对话框中的下拉列表中找到“中文（简体）–微软拼音 ABC 输入风格”选项，将其勾选，然后单击“确定”按钮，回到“文字服务和输入语言”对话框，单击“确定”按钮。

5. 添加一个名为 Student 的标准账户，设置其密码为 stu。

[操作 1] 在控制面板窗口中单击“用户账户和家庭安全”下的“添加或删除用户账户”选项，进入管理账户窗口，如图 2–29 所示，单击窗口下方的“创建一个新账户”命令。

[操作 2] 在创建新账户窗口输入用户名 Student，并选择“标准用户(S)”单选按钮，然后单击“创建账户”按钮，回到管理账户窗口，账户就已建立。

[操作 3] 单击刚创建的 Student 账户图标，进入更改账户窗口，单击窗口左边的“创建密码”命令，进入“创建密码”对话框，在“新密码”文本框输入 stu 并在“确认新密码”文本框中再次输入，单击“创建密码”按钮。

6. 查看所操作计算机的系统版本和 CPU、内存配置参数。

[操作] 在“控制面板”窗口中单击“系统和安全”→“系统”选项，打开系统窗口查看系统信息。或在桌面上右击“计算机”图标，在快捷菜单中单击“属性”选项也可进入系统窗口，如图 2–35 所示。

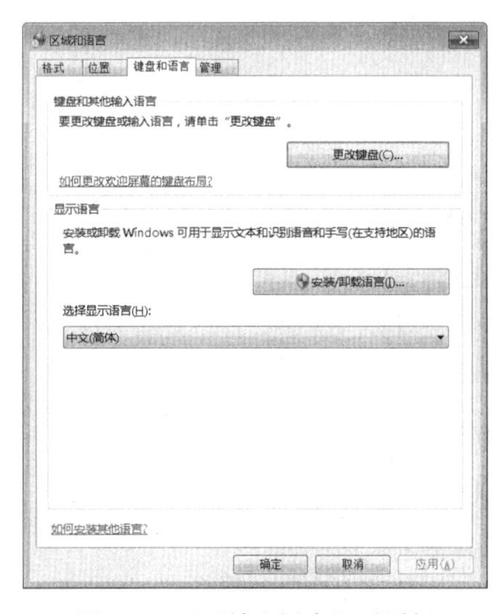

图 2–34　“区域和语言”对话框

图 2–35　查看系统信息

7. 设置本机的 IP 地址为 192.168.1.2，子网掩码为 255.255.255.0，网关为 192.168.1.254，首选 DNS 服务器设置为 192.168.30.10。

[操作 1] 打开控制面板，单击“网络和 Internet”→“网络和共享中心”（或右击桌面上的“网

络”图标，在快捷菜单中单击“属性”命令），打开“网络和共享中心”窗口，如图 2–30 所示，单击“本地连接”打开“本地连接 属性”对话框，如图 2–36 所示。

［操作 2］单击“Internet 协议版本 4（TCP/IPv4）”，单击“属性”按钮，打开“Internet 协议版本 4（TCP/IPv4）属性”对话框，选中“使用下面的 IP 地址(S):”单选按钮，在 IP 地址、子网掩码、默认网关和首选 DNS 服务器后分别输入，如图 2–37 所示。

图 2–36 “本地连接属性”对话框

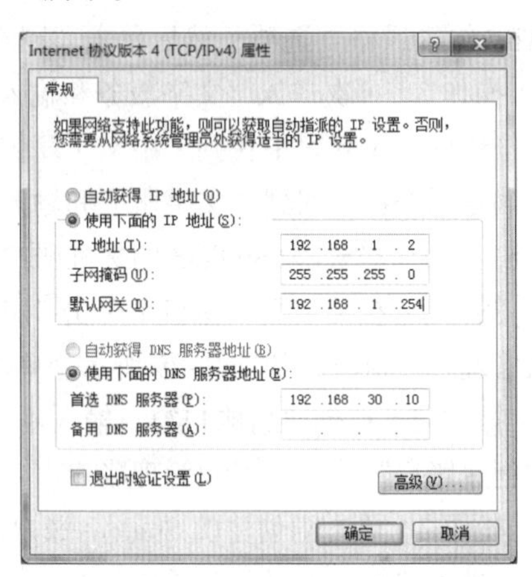

图 2–37 Internet 协议版本 4 属性设置

8. 将 IE 浏览器的默认主页设置为“使用空白页”。

方法一：打开控制面板，单击“网络和 Internet”→单击“Internet 选项”，打开“Internet 属性”对话框，如图 2–38 所示，单击“使用空白页”按钮。

方法二：打开 IE 浏览器，单击“工具(O)”→“Internet 选项(O)”菜单命令。

图 2–38 “Internet 属性”对话框

9. 查看所操作计算机的硬件型号。

［操作］在控制面板窗口中单击“系统和安全”选项，在“系统和安全”窗口中单击“系统”类别中的“设备管理器”选项，进入“设备管理器”窗口，查看系统硬件设备。

10. 对 C 盘进行磁盘清理，释放磁盘空间。

［操作1］在控制面板窗口中单击“系统和安全”，在“系统和安全”窗口中单击“管理工具”类别中的“释放磁盘空间”选项。

［操作2］在“磁盘清理：驱动器选择”对话框中选择“本地磁盘(C:)”选项，单击“确定”按钮。

11. 程序的卸载安装。

（1）通过控制面板的“程序和功能”，卸载已安装的 Office。

［操作］在控制面板窗口中单击“程序”，在打开的“程序”窗口中单击“程序和功能”进入“程序和功能”窗口，如图2-39所示，选中 Microsoft Office Professional Plus 2010 选项，单击“卸载”命令，弹出“程序和功能”对话框，单击“是（Y）”按钮。（实际操作过程中可以单击“否（N）”按钮，取消卸载）。

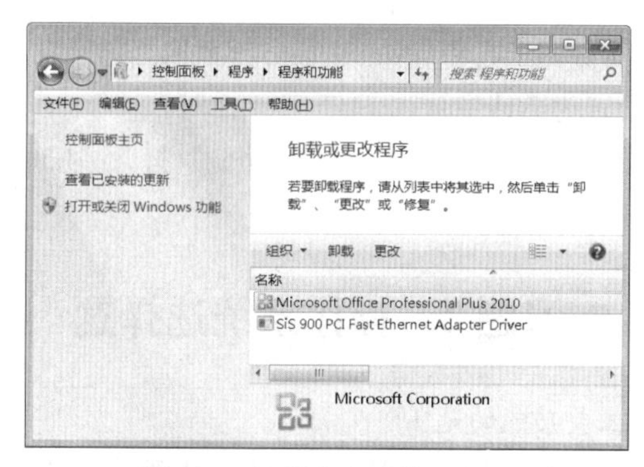

图2-39　“程序和功能”窗口

（2）通过“打开或关闭 Windows 功能”，安装“Windows Internet Information Services 可承载的 Web 核心”功能。

［操作］在打开的“程序”窗口中，单击“程序和功能”类别中的“打开或关闭 Windows 功能”选项，在打开的“Windows 功能”对话框中，勾选“Internet Information Services 可承载的 Web 核心”复选框，单击“确定”按钮。

（3）将.txt 类型的文件的默认打开程序改为“写字板”程序。

［操作］在打开的“程序”窗口中，单击“默认程序”选项，在打开的默认程序窗口中单击“将文件类型或协议与程序关联”选项，打开“设置关联”窗口，在列表框中选择.txt，然后单击“更改程序”按钮，如图2-40所示，在“打开方式”对话框中选择“写字板”选项，单击“确定”按钮。

图2-40　“设置关联”窗口

五、课后实验

1．设置显示器的分辨率为1024×768。

2．设置桌面背景，选择“场景”下的第一幅图片作为背景，图片位置改为“居中”。

3．在桌面添加“时间”和“日历”小工具，并设置不透明度为80%。

4．创建一个账户类型为“标准用户”，账户名称为user，密码为password的账户。

5．更改鼠标的颜色和大小，将其改为“常规黑色”。

6．设置长时间格式为yyyy.mm.dd。

7．设置Windows的更新方式为“下载更新，但是让我选择是否安装更新”。

8．添加本地打印机hp 910，并将其设置为默认打印机。

9．分别利用Windows 7截图工具和<PrintScreen>键截取当前活动的窗口。

10．将www.163.com设置为默认主页。

11．利用Windows 7的“打开或关闭 Windows 功能”打开“Internet信息服务”功能，关闭“游戏”功能。

习题2　操作系统选择题

1．以下不属于操作系统的主要功能的是（　　）。

A．作业管理　　B．存储器管理　　C．处理器管理　　D．文档编辑

2．下列操作系统不是微软公司开发的是（　　）。

A．Windows Server 2012　　B．Windows 7

C．Unix　　D．Windows XP

3．Windows 7目前有（　　）个版本。

A．4　　B．3　　C．5　　D．6

4．在Windows 7操作系统中，将打开窗口拖动到屏幕顶端，窗口会（　　）。

A．关闭　　B．消失　　C．最大化　　D．最小化

5．Windows 7有3种类型的账户，以下（　　）不是其账户。

A．来宾账户　　B．标准账户　　C．管理员账户　　D．高级账户

6．要Windows 7动态显示桌面上所有打开的三维堆叠视图的窗口，应按（　　）快捷键。

A．<Win> +<Tab>　　B．<Win>+<Space>　　C．<Win>+<Alt>　　D．<Ctrl>+<Alt>

7．主题是计算机上的图片、颜色和声音的组合，不包括（　　）。

A．桌面背景　　B．屏幕保护程序

C．窗口边框颜色　　D．动画方案

8．同时选择某一目标位置下全部文件和文件夹的快捷键是（　　）。

A．<Ctrl>+<V>　　B．<Ctrl>+<A>　　C．<Ctrl>+<X>　　D．<Ctrl>+<C>

9．下列设置不是Windows 7中的个性化设置的是（　　）。

A．回收站　　B．桌面背景　　C．窗口颜色　　D．声音

10．下列不属于Windows 7控制面板中的设置项目的是（　　）。

A．备份或还原　　B．家长控制　　C．游戏控制　　D．网络和共享中心

11. 通常，Windows 7 刚刚安装完毕后，桌面上只有（　　）项。

A. 回收站　B. 计算机　C. 网络　D. 控制面板

12. 在 Windows 7 中，关于剪贴板，不正确的描述是（　　）。

A. 剪贴板是内存中的一块临时存储区域

B. 存放在剪贴板中的内容一旦关机，将不能保留

C. 剪贴板是硬盘的一部分

D. 剪贴板中存放的内容可以被不同的应用程序使用

13. 直接永久删除文件或文件夹而不是先将其移到回收站的快捷键是（　　）。

A. <Ctrl>+<Delete>　B. <Alt>+<Delete>　C. <Shift>+<Delete>　D. <Esc>+<Delete>

14. 在 Windows 中“画图”文件默认的扩展名是（　　）。

A. bmp　B. txt　C. rtf　D. 文件

15. 在 Windows 7 操作系统中，显示桌面的快捷键是（　　）。

A. <Win>+<Tab>　B. <Alt>+<Tab>　C. <Win>+<D>　D. <Win>+<PH>

16. Windows 7 启动后，屏幕上显示的画面叫做（　　）。

A. 桌面　B. 对话框　C. 工作区　D. 窗口

17. 将当前活动窗口复制到剪贴板的操作是（　　）。

A. 按<Alt>+<PrintScreen>组合键　B. 按<PrintScreen>键

C. 按<Ctrl>+<C>组合键　D. 按<Ctrl>+<V>组合键

18. 当一个应用程序窗口被最小化后，该应用程序的状态是（　　）。

A. 继续在前台运行　B. 被终止运行

C. 被转入后台运行　D. 保持最小化前的状态

19. 在 Windows 7 中，要搜索所有文件名以“ZX”开头的文本文件，应该在搜索框中输入（　　）。

A. ZX?.txt　B. ZX *.txt　C. ZX *.*　D. ZX?.?

20. 一个用户想在 PC 上安装 Windows 7 包含的游戏。这些游戏默认没有安装，在 Windows 7 中（　　）添加或移除组件。

A. 单击“开始”菜单→控制面板→添加/删除程序，并单击“Windows 组件”选项

B. 单击“开始”菜单→控制面板→程序，然后单击“打开或关闭 Windows 功能”选项

C. 单击“开始”菜单→设置→Windows 控制中心

D. 右击“计算机”图标，选择“属性”命令，选择“计算机管理”命令，在左窗格中选择“添加/删除 Windows 组件”选项

21. 在 Windows 7 中选取某一菜单后，若菜单项后面带有省略号“…”，则表示（　　）。

A. 将弹出对话框　B. 已被删除

C. 当前不能使用　D. 该菜单项正在起作用

22. Windows 7 中，要选中不连续的文件或文件夹，先用鼠标单击第一个，然后按住（　　）键，用鼠标单击要选择的各个文件或文件夹。

A. <Alt>　B. <Shift>　C. <Ctrl>　D. <Esc>

23. 以下（　　）不是 Windows 7 的默认库。

A. 文档　B. 图片　C. 音乐　D. 表格

24. 关闭应用程序窗口应按下列（　　）组合键。

A. <Alt>+<F4>　B. <Alt>+<Tab>　C. <Alt>+<Esc>　D. <Alt>+<F>

25. 在下列选项中，不是 Windows 7“截图工具”的截图类型的是（　　）。

A. 矩形截图　B. 窗口截图　C. 全屏幕截图　D. 圆形截图

26. 在 Windows 7 中屏幕保护程序的作用是（　　）。

A. 节能功能　B. 美化屏幕功能

C. 安全功能　D. 提供节能和系统安全功能

27. 在 Windows 7 中，以下叙述正确的是（　　）。

A.“记事本”软件是一个文字处理软件，它可以处理大型而且格式复杂的文档

B.“记事本”软件中无法在文本中插入一个图片

C.“画图”软件中无法在图片上添加文字

D.“画图”软件最多可使用 256 种颜色画图，所以无法处理真彩色的图片

28. 在 Windows 7 中，下列关于“任务栏”的叙述，（　　）是错误的。

A. 任务栏可以移动

B. 可以将任务栏设置为自动隐藏

C. 在任务栏上，只显示当前活动窗口名

D. 通过任务栏上的按钮，可实现窗口之间的切换

29. 使用 Windows 7 的过程中，在不能使用鼠标的情况下，可打开“开始”菜单的操作是（　　）。

A. 按<Shift>+<Tab>组合键　B. 按<Ctrl>+<Shift>组合键

C. 按<Ctrl>+<Esc>组合键　D. 按<Space>键

30. Windows 7 窗口常用的“复制”命令的功能是，把选定内容复制到（　　）。

A. 回收站　B. 库　C. Word 文档　D. 剪贴板

31. Windows 7 中的用户账户 Administrator（　　）。

A. 是来宾账户　B. 是受限账户

C. 是无密码账户　D. 是管理员账户

32. 在 Windows 7 控制面板的“更改账户”窗口中不可以进行的操作是（　　）。

A. 更改账户名称　B. 创建或修改密码

C. 更改图片　D. 创建新用户

33. 文件的类型可以根据（　　）来识别。

A. 文件的大小　B. 文件的用途

C. 文件的扩展名　D. 文件的存放位置

34. 在 Windows 7 中不能完成窗口切换的方法是（　　）。

A. <Ctrl>+<Tab>

B. <Win>+<Tab>

C. 单击要切换窗口的任何可见部位

D. 单击任务栏上要切换的应用程序按钮

35. Windows 7 中，不能将窗口最大化的方法是（　　）。

A. 按“最小化”按钮　B. 按“最大化”按钮

C. 双击标题栏　D. 拖动窗口到屏幕顶端

36. 能够提供即时信息及可轻松访问常用工具的桌面元素是（　　）。

A. 桌面图标　　B. 任务栏

C. 桌面小工具　　D. 桌面背景

37. 在 Windows 中，如果需要在中文输入法之间快速切换时，可使用（　　）。

A. <Ctrl>+<Space>　　B. <Ctrl>+<Shift>

C. <Shift>+<Space>　　D. <Ctrl>+<Alt>

38. 以下网络位置中，不能在 Windows 7 里进行设置的是（　　）。

A. 家庭网络　　B. 小区网络

C. 工作网络　　D. 公共网络

39. 在 Windows 7 中，使用“截图工具”可以将屏幕上显示的信息以图片形式进行保存，默认的图片扩展名为（　　）。

A. JPG　　B. BMP　　C. TIF　　D. PNG

40. 在 Windows 7 中，移动窗口的位置可以利用鼠标拖动窗口的来（　　）完成。

A. 菜单栏　　B. 工作区　　C. 边框　　D. 标题栏

41. 保存“画图”程序建立的文件时，默认的扩展名为（　　）。

A. PNG　　B. BMP　　C. GIF　　D. JPG

42. Windows 7 中，通常文件名是由（　　）组成。

A. 文件名和基本名　　B. 主文件名和扩展文件名

C. 扩展名和后缀名　　D. 后缀名和名称

43. 在 Windows 7 中，下列文件名正确的是（　　）。

A. I am a student.txt　　B. ab|cd　　C. x< >y.h　　D. x?y.docx

44. 下列关于“回收站”的叙述中，错误的是（　　）。

A. “回收站”可以暂时或永久存放硬盘上被删除的信息

B. 放入“回收站”的信息可以被恢复

C. “回收站”所占据的空间是可以调整的

D. “回收站”可以存放软盘或 U 盘上被删除的信息

45. 在 Windows 7 中，用“创建快捷方式”创建的图标（　　）。

A. 可以是任何文件或文件夹

B. 只能是可执行程序或程序组

C. 只能是单个文件

D. 只能是程序文件和文档文件

46. Windows 7 中，选择连续的对象，可按（　　）键，单击第一个对象，然后单击最后一个对象。

A. Shift　　B. Alt　　C. Ctrl　　D. Tab

47. 在 Windows 7 中，以下说法不正确的是（　　）。

A. 回收站的容量可以调整

B. 回收站的容量等于硬盘的容量

C. A 盘上的文件可以直接删除而不会放入回收站

D. 硬盘上的文件可以直接删除而不需放入回收站

48. Windows 7 文件的属性有（　　）。
    A. 只读、隐藏、存档
    B. 只读、存档、系统
    C. 只读、系统、共享
    D. 与 DOS 的文件属性相同
49. 在 Windows 7 中输入中文文档时，为了输入一些特殊符号，可以使用系统提供的（　　）。
    A. 中文输入法　　　　B. 符号
    C. 软键盘　　　　D. 资料
50. 删除 Windows 7 桌面上的某个应用程序图标，意味着（　　）。
    A. 只删除了图标，对应的应用程序被保留
    B. 该程序连同其图标一起被删除
    C. 该应用程序连同其图标一起被隐藏
    D. 只删除了该应用程序，对应的图标被隐藏

第 3 章　文字处理软件 Word 2010

实验 3–1　Word 2010 基本操作

一、实验目的

1. 熟练掌握 Word 的启动与退出的方法。

2. 了解 Word 的工作环境，认识 Word 2010 的窗口组成，懂得工具栏上的各种工具的名称和作用。

3. 掌握文档的建立、输入、打开与保存。

4. 掌握特殊文本的输入。

5. 掌握文本的选定与编辑。

6. 掌握文本的复制、移动、删除、撤销等操作。

7. 掌握文本的查找、替换和校对。

8. 掌握创建新文档与打开旧文档、保存文档与关闭文档的操作方法。

9. 了解文档视图的特点，掌握视图切换方法及不同视图文档的不同显示特性，学会运用不同视图进行文档浏览及处理。

二、预备知识

1. 启动 Word 常用的启动方法

- 选择“开始”→“程序”→Microsoft Word 2010 菜单命令。
- 选择“开始”→“新建 Office 文档”或“打开 Office 文档”菜单命令。
- 双击桌面上的 Microsoft Word 图标。
- 在资源管理器中双击磁盘上已保存的 Word 文档。

2. 退出 Word 常用的退出方法

- 选择“文件”→“退出”菜单命令。
- 单击 Word 窗口标题栏右侧的关闭按钮☒。
- 双击系统菜单图标。
- 单击系统菜单图标，在出现的下拉菜单中选择“关闭”命令。

3. 新建一个 Word 文档

- 当启动 Word 后，Word 自动建立一个新文档，且默认文档名为“文档 1”。

- 选择“文件”→“新建”菜单命令。
- 单击快速工具栏中的“新建文档”按钮。

4. 输入文档内容

（1）插入点的选定

- 单击文档中已输入内容的任意位置。
- 通过光标键移动光标至要插入字符处。
- 双击页面上的有效范围内任何空白处。

（2）输入文本

插入点即内容输入的位置，新文档一般从页面的首行首列开始输入。输入状态有“插入”和“改写”两种。双击状态栏上的“改写”或按<Insert>键可切换这两种状态。

- 英文字符可直接输入。
- 中文字符须选择中文输入法再输入。

（3）输入技巧

- 文本输入时各行结尾处不要按<Enter>键，只有当一个段落结束时才可按<Enter>键。
- 文本输入时，不要用<Space>键去对齐文本，在排版时，可采用文本缩进方式对齐。
- 按<Del>键删除插入点右边的字符，按<BackSpace>键删除插入点左边的字符。要删除已输入的字符，可将插入点移到要删除的字符右侧，再按<BackSpace>键；也可按<Del>键删除插入点右侧的字符。
- 按<Ctrl>+<Space>键可进行中英文输入法的切换。
- 按<Ctrl>+<Shift>键可进行中文输入法的切换。

（4）插入符号

- 选择“插入”→“符号”菜单命令，选择要插入的符号或特殊字符，再单击“插入”按钮，如果需要输入的符号没有在弹出的“符号”对话框中，则单击“其他符号”按钮再选择选择“子集”，找到相应的符号后，单击该符号，单击“插入”按钮完成符号的输入。

5. 保存文档

- 选择“文件”→“保存”菜单命令。
- 单击“快速访问工具栏”中的“保存”按钮。
- 选择“文件”→“另存为”菜单命令。

选择“文件”→“另存为”菜单命令会出现“另存为”对话框，新文档不管用什么方式保存都会出现“另存为”对话框。此时需选择保存位置和保存类型，并输入文件名，然后再单击“保存”按钮，文档即被保存至指定路径中。

6. 打开文档

- 双击要打开的文件的图标。
- 选择“文件”→“最近所用文件”菜单命令，在“最近使用的文档”菜单的文件列表中单击要打开的文件。

- 选择“文件”→“打开”菜单命令。选用该方式打开文件时，会出现“打开”对话框，在“文档库”中选择文档保存位置，在文件列表中选择要打开的文件，再单击“打开”按钮，即可打开该文件。

7. 选定文本

- 将插入点定位在所选文本之前，然后拖动鼠标到所选文本的末尾。
- 通过鼠标和键盘的组合方式来实现文本的选定操作，表 3-1 和表 3-2 分别给出了用鼠标和键盘选定文档内容的方法。
- 鼠标单击非选定区，可取消已选定的文本。

表 3-1　用鼠标选定文档内容

要选定的文档内容	鼠 标 操 作
一个单词或一个中文词语	双击该单词或词语
一个句子	按住<Ctrl>键，单击该句子任何地方
一行	将鼠标移到该行左侧的选择栏，鼠标指针变为“”时单击
多行	先选择一行（方法同上），再按住左键向上或向下拖动鼠标
一个段落	在段落选择栏处双击；或在段落上任意处三击左键
多个段落	先选择一段落，在击最后一键的同时往上或往下拉动鼠标
任意连续字符块	单击所选字符块的开始处，按住<Shift>键，单击字符块尾
矩形字符块（列块）	按住<Alt>键，再拖动鼠标
一个图形	单击该图形
整篇文档	将鼠标移到该行左侧的选择栏，鼠标变为“”时三击左键

表 3-2　用键盘选定文档内容

要选定的文档内容	键 盘 操 作	要选定的文档内容	键 盘 操 作
右侧一个字符	<Shift> +<→>	从当前字符至行尾	<Shift> + <End>
左侧一个字符	<Shift> +<←>	从当前字符至段首	<Ctrl> + <Shift> +<↑>
上一行	<Shift> +<↑>	从当前字符至段尾	<Ctrl> + <Shift> +<↓>
下一行	<Shift> +<↓>	扩展选择	<F8>
从当前字符至行首	<Shift> + <Home>	缩减选择	<Shift> + <F8>

8. 快速定位

在选择文档对象时，若文档较长，需对文档进行快速定位。

（1）用鼠标定位

- 单击并移动文档窗口的垂直或水平滚动条，可快速纵向或横向滚动文本。
- 单击垂直滚动条中的中的“▲”或“▼”，可向上或向下滚动一行。
- 单击垂直滚动条中的中的“”或“”，可向上或向下下滚动一页。
- 单击垂直滚动栏上的，可按页、行、节、书签等在文档中进行快速定位。

（2）用键盘定位

表 3-3 列出了用键盘进行快速定位的操作。

表 3-3　用键盘快速定位

操　　作　　键	实 现 功 能
↑、↓、←、→	上移、下移、左移、右移
<Home> / < End>	移至行尾 / 行首
<Page Up> / <Page Down>	上移一屏 / 下移一屏
<Ctrl>+↑ / 〈Ctrl>+↓	上移一段 / 下移一段
<Ctrl>+← / 〈Ctrl>+→	左移一个词 / 右移一个词
<Ctrl>+<Home> / <Ctrl>+<End>	移至文档首 / 尾
<Alt>+<Ctrl>+<Page Up> / <Alt>+<Ctrl>+<Page Down>	移至本页开始处 / 结尾处
<Tab> / <Shift>+<Tab>	右移 / 左移一个单元格（制表位）
<Shift>+<F5>	移至前一编辑处

9. 移动文本

- 选定文本→用鼠标左键将选定文本拖动到目标位置再释放鼠标。
- 选定文本→选择“开始”→“剪切”菜单命令→将插入点定位于目标位置→选择“开始”→“粘贴”菜单命令。
- 选定文本→按<Ctrl>+<X>组合键→将插入点定位于目标位置→按<Ctrl>+<V>组合键。

10. 复制文本

- 选定文本→按住<Ctrl>键，同时用鼠标将选定文本拖动到目标位置再释放鼠标。
- 选定文本→选择“开始”→“复制”→将插入点定位于目标位置→选择“开始”→“粘贴”菜单命令。
- 选定文本→按<Ctrl>+<C>组合键→将插入点定位于目标位置→按<Ctrl>+<V>组合键。

11. 删除文本

- 选定文本→按<Del>键。
- 选定文本→“开始”→“剪贴板”组中的“剪切”命令。

12. 撤销与重复

- 单击快速工具栏中的按钮可以撤销上一次的操作。该命令对应的键盘快捷键为<Ctrl>+<Z>。
- 单击快速工具栏中的按钮，取消一次“撤销”操作。该命令对应的键盘操作键为<Ctrl>+<Y>。

13. 文本的查找

“文件”→“查找”→输入查找内容→单击“查找下一处”按钮→关闭对话框。

14. 文本的替换

“文件”→“替换”→输入查找内容和输入替换内容→单击“全部替换”按钮（或“替换”按钮）→关闭对话框。

15. 文档显示模式的切换

“视图”→在“文档”视图组中选择“阅读版式普通”/“页面视图”/“大纲视图”/“Web版式视图”选项。

三、实验内容

1. 启动 Word 2010，认识窗口组成。

2. 进入文本编辑状态，输入以下文本内容：

文本处理软件的使用

在计算机的各种应用技术中，计算机文本处理是应用最广泛的一种。计算机文本处理技术是指用计算机对文字资料进行录入、编辑、排版和文档管理的一种先进技术。有很多软件能实现计算机的文本处理，比如 Windows 的记事本、写字板、办公套装软件 Microsoft Office 中的 Word，以及国产文本处理软件 WPS 等。

3. 将文档视图分别切换成普通视图、大纲视图、Web 版式视图或页面视图，并观察不同视图文档的不同显示特性。

4. 以 W1.docx 为文件名保存在自己的文件夹中，并关闭该文档。

5. 新建一个名为“Word+学号”的文件夹。

6. 重新打开 Word 文档 W1.docx 后，以 W2.docx 为名将文件另存到“Word+学号”的文件夹中。

7. 在文本第一段、第二段段首分别插入特殊符号。

8. 打开 Word 文档 WS1.docx，将该文档中的文字内容复制到 W2.docx 文本最末尾处。

9. 利用剪切法，将文档 W2.docx 中的第 6 段落“4、表格绘制与美化”与第 7 段落“3、图形与图表制作”互换位置。

10. 将文档 W2.docx 中的“6、丰富的多媒体”修改为“6、预定模板和图样”。

11. 将文档 W2.docx 中的“2、专业的排版功能”删除。

12. 撤销第 11 步中的删除操作。

13. 将 W2.docx 文本中所有的“文本处理”替换为“文字处理”，所有的“计算机”设置为红色加粗。

14. 保存文档。

四、实验步骤

1. 启动 Word 2010，认识窗口组成。

[操作 1] 单击桌面左下角“开始”→所有程序→Microsoft Office→Microsoft Word 2010 命令，启动 Word 2010，如图 3-1 所示。

[操作 2] 观察 Word 2010 的窗口组成。如图 3-2 所示。

2. 进入文本编辑状态，输入以下文本内容。

文本处理软件的使用

在计算机的各种应用技术中，计算机文本处理是应用最广泛的一种。计算机文本处理技术是指用计算机对文字资料进行录入、编辑、排版和文档管理的一种先进技术。有很多软件能实现计算机的文本处理，比如 Windows 的记事本、写字板、办公套装软件 Microsoft Office 中的 Word，以及国产文本处理软件 WPS 等。

注意：创建新文档的操作。

在空白文档中的插入点输入相关内容。如果在 Word 运行过程中，还需创建另外一个或多个新文档，则可以用下列操作方法：

（1）单击“文件”选项卡→按<Ctrl>+<N>快捷键。

（2）单击“文件”→“新建”命令，此时屏幕出现可用模板窗口，如图 3-3 所示。选择“空白文档”选项，单击“创建”按钮，即可创建一个空白的新文档。

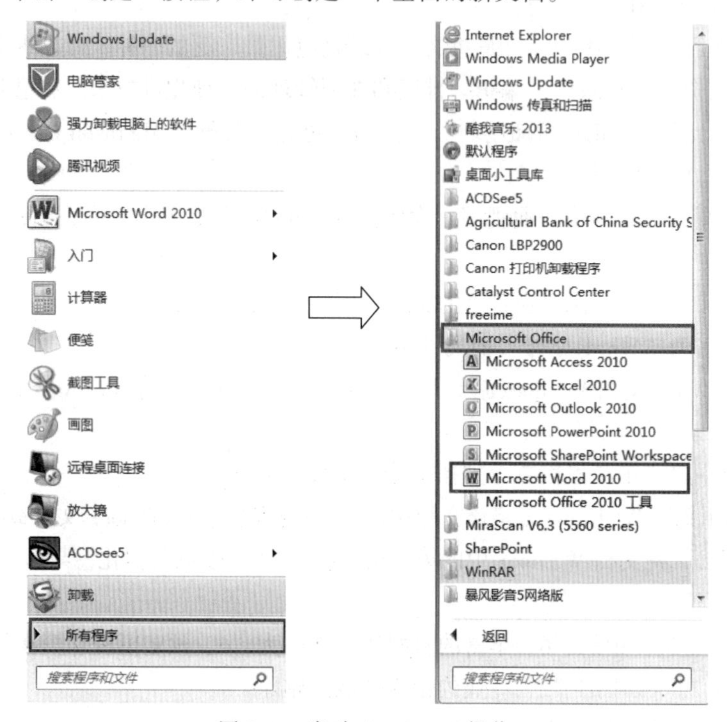

图 3-1　启动 Word 2010 操作

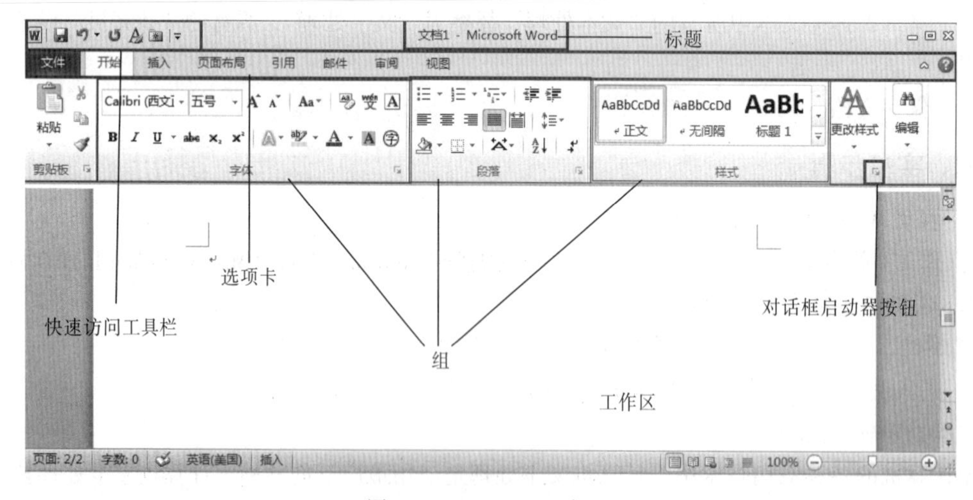

图 3-2　Word 2010 窗口

3. 将文档视图分别切换成普通视图、大纲视图、Web 版式视图或页面视图，并观察不同视图文档的不同显示特性。

［操作］各种视图的切换可在“视图”选项卡中单击相应命令实现，如图 3-4 所示，也可以通过单击文档窗口右下方的“视图切换区”中按钮来实现，如图 3-5 所示。

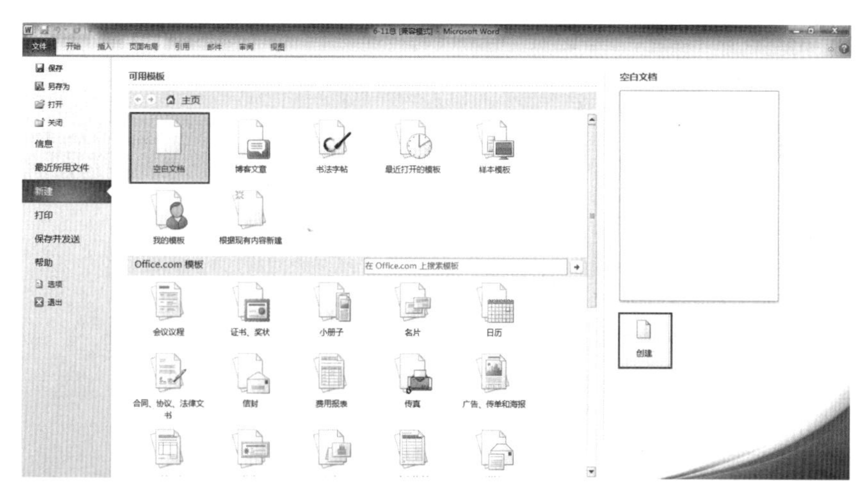

图 3-3 “新建文档”窗口

图 3-4 文档“视图”组按钮

图 3-5 “视图切换区”按钮

4. 以 W1.docx 为文件名保存在自己的文件夹中，并关闭该文档。

[操作 1] 单击“文件”→“保存”命令，屏幕上将出现“另存为”对话框，如图 3-6 所示。

[操作 2] 选择需要保存文件的驱动器及文件夹。在“文件名”列表框中输入文件名 W1.docx，单击“保存”按钮。

[操作 3] 单击“文件”→“关闭”命令，关闭当前文档。

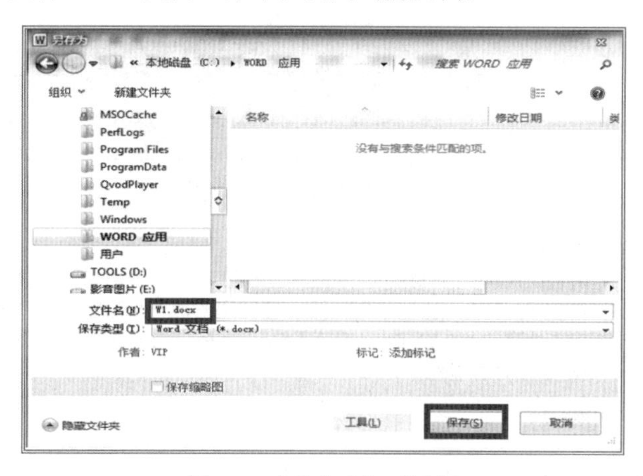

图 3-6 “另存为”对话框

5. 新建一个名为“Word+学号”的文件夹。

[操作 1] 打开 D 盘驱动器。

[操作 2] 在窗口内空白位置右击。

［操作 3］快捷菜单中选择“新建”→“文件夹”命令。

［操作 4］输入文件夹名称“Word+学号”。

［操作 5］按〈Enter〉键。

6. 重新打开 Word 文档 W1.docx 后，以 W2.docx 为名将文件另存到“Word+学号”的文件夹中。

［操作 1］在磁盘驱动器及文件夹中找到 Word 文档 W1.docx，双击打开。

［操作 2］在 W1.docx 文档窗口，单击“文件”→“另存为”命令。

［操作 3］选择驱动器及“Word+学号”文件夹。

［操作 4］在“文件名”列表框中输入文件名 W2。

［操作 5］单击“保存”按钮。

7. 在文本第一段、第二段段首分别插入特殊符号“※”和“⊞”。

［操作 1］将光标定位在第一段段首。

［操作 2］单击“插入”选项卡→单击“符号”按钮→单击“其他符号”命令，打开“符号”对话框，如图 3-7 所示。

［操作 3］单击“字体”下拉列表框，选择“普通文本”选项。

［操作 4］单击“子集”下拉列表框，选择“广义标点”选项。

［操作 5］在符号列表中找到“※”，双击该符号。

［操作 6］将光标定位在第二段段首，按如上方法插入符号“⊞”，但符号集应选择 Wingdings。结果如图 3-8 所示。

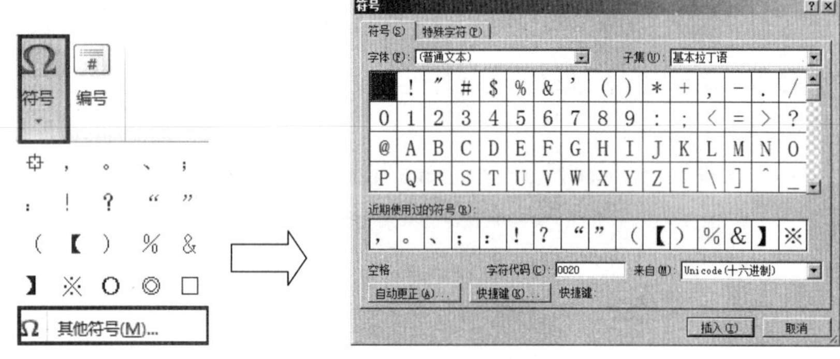

图 3-7　插入特殊符号操作

※文本处理软件的使用

⊞在计算机的各种应用技术中，计算机文本处理是应用最广泛的一种。计算机文本处理技术是指利用计算机对文字资料进行录入、编辑、排版、文档管理的一种先进技术。有许多应用软件实现计算机文本处理，比如 Windows 的记事本、写字板、Microsoft Office 办公套装软件中的 Word 以及国产文本处理软件 WPS 等。

图 3-8　特殊符号插入后的样张

8. 打开 Word 文档 WS1.docx，将该文档中的文字内容复制到 W2.docx 文本最末尾处。

［操作 1］在磁盘驱动器中找到 Word 文档 WS-1.docx，双击打开。

［操作 2］在“开始”选项卡的“编辑”组中，单击 “选择”按钮，在下拉列表中单击“全选”命令。

［操作 3］在“开始”选项卡的“剪贴板”组中，单击“复制”按钮。

［操作 4］切换至 W2.docx 文档窗口。

［操作 5］将光标定位至 W2.docx 文本最末尾处。

［操作 6］在“开始”选项卡的“剪贴板”组中，单击“粘贴”按钮（见图 3-9）。

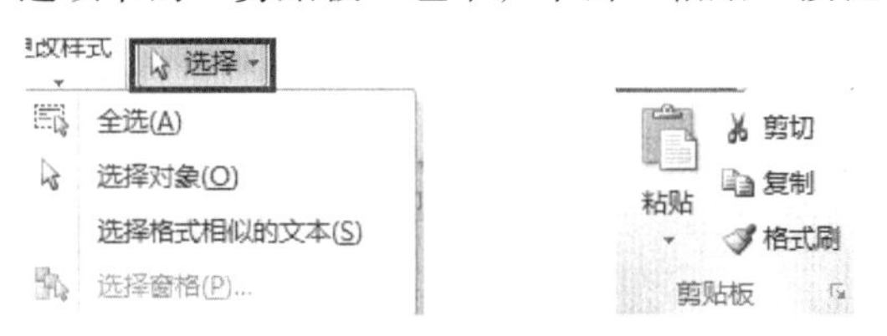

图 3-9　选择及剪贴板的操作

9. 利用剪切法，将文档 W2.docx 中的第 6 段落“4、表格绘制与美化”与第 7 段落“3、图形与图表制作”互换位置。

［操作 1］选定第 7 段“3、图形与图表制作”。

［操作 2］在“开始”选项卡的“剪贴板”组中，单击“剪切”按钮。

［操作 3］将光标定位至第 6 段“4、表格绘制与美化”段首。

［操作 4］在“开始”选项卡的“剪贴板”组中，单击“粘贴”按钮。

10. 将文档“W2.docx”中的“6、丰富的多媒体”修改为“6、预定模板和图样”。

［操作 1］选定文本“丰富的多媒体”。

［操作 2］输入“预定模板和图样”。

11. 将文档 W2.docx 中的“2、专业的排版功能”删除。

［操作 1］选定段落“2、专业的排版功能”。

［操作 2］按<Del>键。

12. 撤销第 11 步中的删除操作。

［操作］单击快速访问工具栏中的“撤销”按钮，如图 3-10 所示。

图 3-10　快速访问工具栏

13. 将 W2.docx 文本中所有的“文本处理”替换为“文字处理”，所有的“计算机”设置为红色、加粗。

［操作 1］将光标定位至文本开始位置。

［操作 2］在“开始”选项卡“编辑”组中，单击“替换”按钮，打开“查找和替换”对话框，如图 3-11 所示。

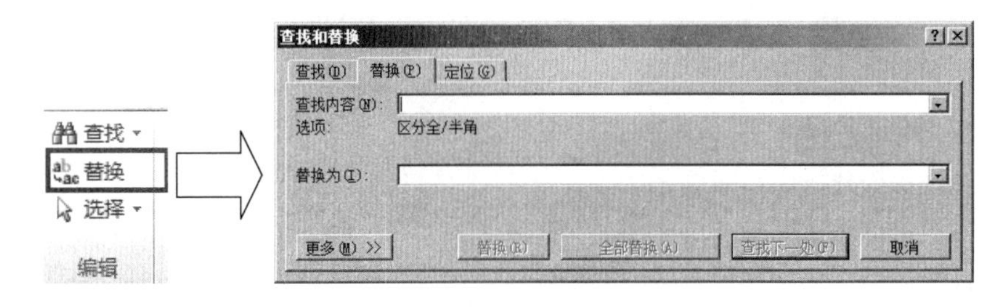

图 3-11　“查找和替换”对话框的“替换”选项卡

［操作 3］在“查找内容”文本框内输入要查找的文字“文本处理”，在“替换为”文本框内输入替换文字“文字处理”，如图 3-12 所示。

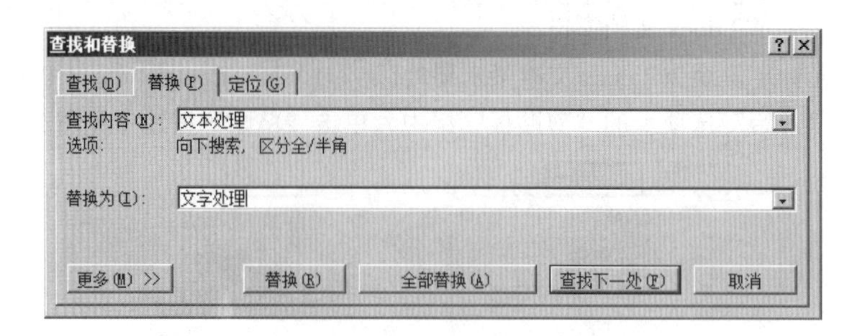

图 3-12 “查找与替换”对话框

［操作 4］单击“全部替换”按钮，单击“关闭”按钮。

14．保存文档。

［操作］单击快速访问工具栏中的“保存”按钮，完成文档保存操作。

五、课后实验

1．在 Word 文档区中录入以下内容：

合成材料

“合成材料”一词正式使用，是在第二次世界大战开始的，当时在『比铝轻、比钢强』这一宣传口号下,「玻璃纤维增强塑料」被美国空军用于制造飞机的构件，并在 1950—1951 年传入日本，随后便开始了“合成材料”在民用领域的开发和利用。

“合成材料”产生单一材料不具备的新功能。如在一些塑料中加入短玻璃纤维及无机材料提高强度、刚性、耐热性，同时又发挥塑料的轻质、易成型等特性。再如，添加炭黑使塑料具有电性，添加铁氧体粉末塑料具有磁性等等。

2．进行如下选定操作：选词、选一行、选一段、选全文、选某个区域。

3．将正文第一段复制到文档的末尾，复制四次，并将正文前三段合并为一段，后两段合并为一段。

4．利用查找和替换功能，将正文中所有的“合成材料”二字加粗倾斜，并改为“复合材料”。

5．将文档中的最后一段删除。

6．将文档另存到“Word+学号”的文件夹中，文件名取为 W3.docx。

实验 3-2　Word 2010 的基本排版与设置

一、实验目的

1．掌握文档中字符格式化的操作。

2．掌握文档中段落格式化的操作。

3．掌握格式刷的使用。

4．掌握文档背景设置的操作。

5．掌握项目符号和编号设置方法。

6．掌握分栏排版的操作方法，能根据不同要求进行较复杂的分栏排版操作。

二、预备知识

1．设置字符格式

（1）字体、字号、字形的设置

- 选定文本→“开始”→单击“字体”组中与字体、字号、字形相关的按钮。
- 选定文本→“开始”→“字体”组右下方的“ ”→“字体”对话框，在“字体”对话框中进行相应的选择。

（2）字符间距、字符缩放、字符位置的设置

选定文本→“开始”→“字体”组右下的对话框启动按钮→“高级”选项卡，在其中进行相应的设置。

（3）文字效果的设置

- 选定文本→右击→“字体”→“文字效果”按钮→“动态效果”对话框。
- 选定文本→“开始”→“字体”组右下的对话框启动按钮→“高级”选项卡→“文字效果”按钮→相应的对话框。

在设置格式时，可先输入文本再设置字符格式，也可先设置字符格式，再输入文本。

2．段落格式化

（1）段落对齐方式的设置

- 选定段落→“开始”→单击“段落”组中相关的对齐方式按钮。
- 选定段落→“开始”→“段落”组右下方的“ ”→“段落”对话框，在“对齐方式”下拉列表框中进行相应的选择。
- 使用快捷键（见表3-4）。

表3-4　段落对齐快捷键

快捷键	功能
<Ctrl>+<J>	两端对齐
<Ctrl>+<L>	左对齐
<Ctrl>+<R>	右对齐
<Ctrl>+<E>	居中
<Ctrl>+<Shift>+<J>	分散对齐

（2）段落左右边界的设置

- 选定段落→“页面布局”→在“段落”组中的“左缩进”或“右缩进”选项中输入所需要的参数。
- 选定段落→“开始”→“段落”组右下方的“ ”→“段落”对话框，在“缩进与间距”选项卡中进行相应的选择或直接输入参数。
- 选定段落→拖动水平标尺上各种“缩进标志”至适当位置。
- 将插入点定位于段落首行首字左侧，按<Tab>键。

（3）行间距、段间距的设置

- 选定段落→“页面布局”→单击“段落”组中的“段前”或“段后”文本框中输入或选择相应的参数。
- 选定段落→“开始”→单击“段落”组中的“行和段落间距”下拉列表框，选择相应的参数。
- 选定段落→“开始”→“段落”组右下方的“ ”→“段落”对话框，在“缩进和间距”选项卡中进行相应的选择或直接输入参数。

3．格式刷

选定已设置格式的文本→单击“开始”选项卡下“剪贴板”组中的“格式刷”按钮→在需

要复制格式的文本处拖动格式刷鼠标。

若要多次应用相同的格式，或将格式应用到多个不同的文本上，需双击“格式刷”按钮，再在需要复制格式的文本处拖动格式刷鼠标，最后单击“格式刷”按钮结束。复制段落格式时，选定的内容必须包含段落标记符“↵”。

4．清除格式

- 选定要清除格式的文本→按组合键 <Ctrl>+<Shift>+<Z>。
- 单击快速访问工具栏中的“撤销”按钮（清除最近设置的格式）。
- 使用格式刷功能，将 Word 默认的格式复制到需要清除格式的文本上。

5．分栏排版

选择待分栏的段落→在“页面布局”的“页面设置”组中，单击“分栏”按钮，在下拉菜单中选择所需的分栏数，或单击“更多分栏”选项，打开“分栏”对话框。

6．添加边框和底纹

（1）边框的设置

- 选定文字或段落→单击“开始”选项卡“段落”组中的边框右侧的下拉按钮，在下拉列表中单击“边框和底纹”选项，弹出“边框和底纹”对话框。
- 单击“页面布局”的“页面边框”按钮，弹出“边框和底纹”对话框，选择相应的选项卡，选择相应的边框类型。

（2）底纹的设置

- 选定文字或段落→单击“开始”选项卡“段落”组中的“底纹”右侧的下拉按钮，在下拉列表中选择所需要的颜色。
- 单击“页面布局”的“页面边框”按钮，弹出“边框和底纹”对话框并选择“底纹”选项卡，单击“填充”右侧的下拉箭头，再在列表中选择相应的颜色，或单击“其他颜色”选项，在弹出的“颜色”对话框中选择颜色，返回“边框和底纹”对话框在“应用于”下拉列表中选择应用范围。

7．首字下沉

选定段落→“插入”→“文本”组的“首字下沉”按钮，在打开的下列表中选择“首字下沉选项”命令，弹出“首字下沉”对话框；在“位置”中选择“下沉”选项，在“下沉行数”数值框中输入所需下沉行数及其他参数，单击“确定”按钮。

8．添加项目符号和编号

（1）添加项目符号

选定段落→“开始”→“段落”组中“项目符号”右侧的下拉箭头→选择相应的符号类型。如没有相应的符号，则在打开的下拉列表中单击“定义新项目符号”按钮，在弹出的“定义新项目符号”对话框中，单击“符号”按钮，弹出“符号”对话框，选择相应的符号，单击“确定”按钮。

（2）添加编号

选定段落→“开始”→“段落”组中“编号”右侧的下拉箭头→选择相应的编号方式。

（3）添加多级符号

选定段落→“开始”→“段落”组中“多级列表”右侧的下拉箭头→选择相应的多级列表方式。

三、实验内容

1. 打开 Word 文档 WS2.docx，以 W4.docx 为名将文件另存到“Word+学号”的文件夹中。

2. 将标题文字“苗族”设置为隶书、二号、红色、倾斜、居中。

3. 将第一段的第一句文本“苗族是我国南方少数民族之一，广泛分布在贵州、云南、湖南、广西、四川、海南、湖北等地。”的字体设置为楷体_GB2312、小四、加粗、加红色下画线；将第一段的最后一句文本“过去曾有很多自称和他称。”的字体设置为方正舒体、四号、加粗、加着重号。

4. 将正文各段落首行缩进 2 个字符，行距设置为“固定值：20 磅”，将第一段的段后间距设置 0.5 行，最后一段的段前间距设置为 0.5 行。

5. 将第二段设置为两栏式。

6. 将第一段设置首字下沉，下沉行数 2 行。

7. 将第三段加上浅绿色底纹。

8. 将文章最后的“苗年/四月八/龙船节”三行文字加上项目符号“◆”。

9. 保存文档。

实验结果如图 3-13 所示。

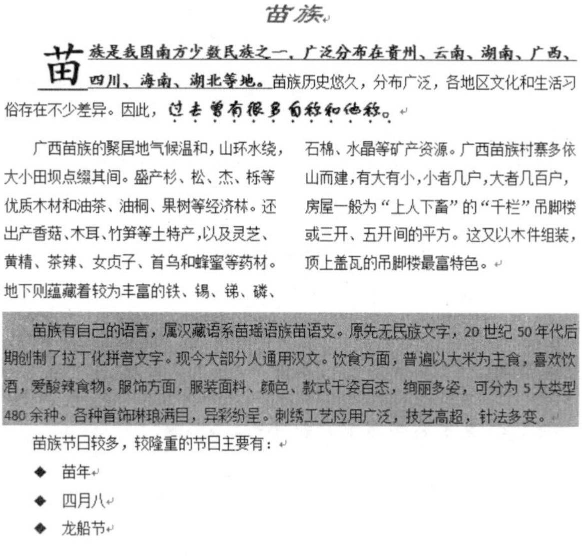

苗族

苗族是我国南方少数民族之一，广泛分布在贵州、云南、湖南、广西、四川、海南、湖北等地。苗族历史悠久，分布广泛，各地区文化和生活习俗存在不少差异。因此，过去曾有很多自称和他称。

广西苗族的聚居地气候温和，山环水绕，大小田坝点缀其间。盛产杉、松、杰、栎等优质木材和油茶、油桐、果树等经济林。还出产香菇、木耳、竹笋等土特产，以及灵芝、黄精、茶辣、女贞子、首乌和蜂蜜等药材。地下则蕴藏着较为丰富的铁、锡、锑、磷、石棉、水晶等矿产资源。广西苗族村寨多依山而建，有大有小，小者几户，大者几百户，房屋一般为“上人下畜”的“干栏”吊脚楼或三开、五开间的平方。这又以木件组装，顶上盖瓦的吊脚楼最富特色。

苗族有自己的语言，属汉藏语系苗瑶语族苗语支。原先无民族文字，20 世纪 50 年代后期创制了拉丁化拼音文字。现今大部分人通用汉文。饮食方面，普遍以大米为主食，喜欢饮酒，爱酸辣食物。服饰方面，服装面料、颜色、款式千姿百态，绚丽多姿，可分为 5 大类型 480 余种。各种首饰琳琅满目，异彩纷呈。刺绣工艺应用广泛，技艺高超，针法多变。

苗族节日较多，较隆重的节日主要有：

◆ 苗年
◆ 四月八
◆ 龙船节

图 3-13　实验结果

四、实验步骤

1. 打开 Word 文档 WS2.docx，以 W4.docx 为名将文件另存到“Word+学号”的文件夹中。

[操作 1] 在磁盘驱动器及文件夹中找到 Word 文档 WS2.docx，双击打开。

[操作 2] 在 WS2.docx 文档窗口，单击“文件”→“另存为”命令。

[操作 3] 选择驱动器及“Word+学号”文件夹。

[操作 4] 在“文件名”列表框中输入文件名“W4+学号”。

［操作 5］单击“保存”按钮。

2. 将标题文字“苗族”设置为隶书、二号、红色、倾斜、居中。

［操作 1］选定标题文字“苗族”，在“开始”选项卡的“字体”组中，单击相应的按钮，设置字体为“隶书”，字号为“二号”，字体颜色为“红色”，字形为“倾斜”。

［操作 2］在“段落”组中，单击居中按钮。

3. 将第一段的第一句文本“苗族是我国南方少数民族之一，广泛分布在贵州、云南、湖南、广西、四川、海南、湖北等地。”的字体设置为楷体_GB2312、小四、加粗、加红色下画线；将第一段的最后一句文本“过去曾有很多自称和他称。”的字体设置为方正舒体、四号、加粗、加着重号。

［操作 1］选定相应的文本，单击“字体”组右下角的显示对话框按钮，弹出“字体”对话框，如图 3-14 所示。

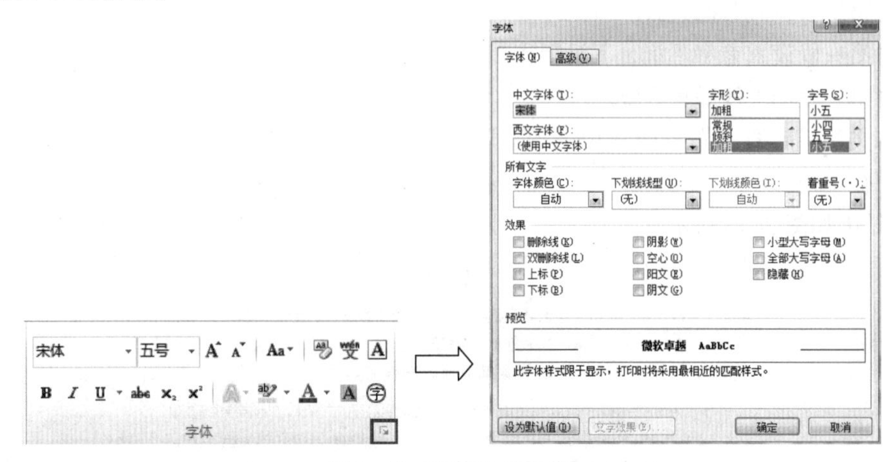

图 3-14　字体设置操作

［操作 2］单击相应的按钮进行设置。设置结果如图 3-15 所示。

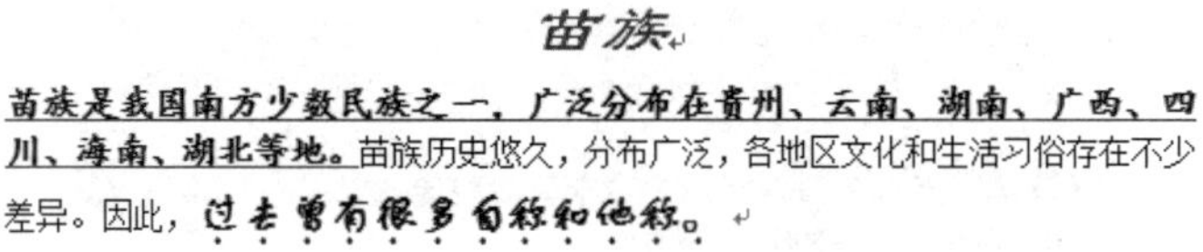

苗族

苗族是我国南方少数民族之一，广泛分布在贵州、云南、湖南、广西、四川、海南、湖北等地。苗族历史悠久，分布广泛，各地区文化和生活习俗存在不少差异。因此，过去曾有很多自称和他称。

图 3-15　第一段设置后样张

4. 将正文各段落首行缩进 2 个字符，行距设置为“固定值：20 磅”，将第一段的段后间距设置 0.5 行，最后一段的段前间距设置为 0.5 行。

［操作 1］选定正文各段落，单击“开始”选项卡“段落”组中的显示对话框按钮，如图 3-16 所示，弹出“段落”对话框，如图 3-17 所示。

［操作 2］单击“特殊格式”下拉按钮，单击选择“首行缩进”选项，在“量度值”数值框中设置为“2 字符”；

［操作 3］单击“行距”下拉按钮，单击选择“固定值”选项，在“设置值”数值框中输入“20 磅”，单击“确定”按钮。

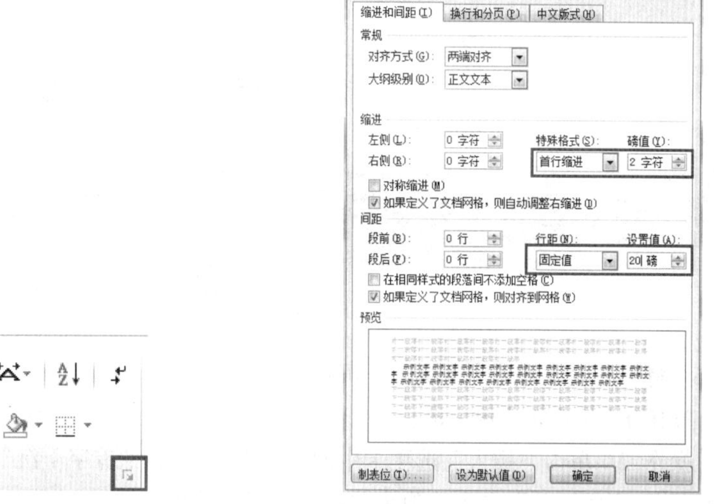

图 3-16　段落设置按钮　　　　图 3-17　“段落”对话框

［操作 4］选定第一段，单击“段后”增减按钮设置段后间距为“0.5 行”，单击“确定”按钮。

［操作 5］选定最后一段，单击“段前”增减按钮设置段后间距为“0.5 行”，单击“确定”按钮，将段前间距调整为 0.5 行。设置结果如图 3-18 所示。

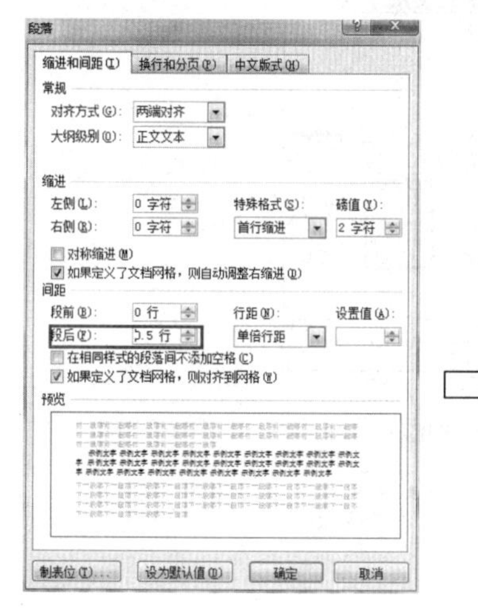

苗族

苗族是我国南方少数民族之一，广泛分布在贵州、云南、湖南、广西、四川、海南、湖北等地。苗族历史悠久，分布广泛，各地区文化和生活习俗存在不少差异。因此，过去曾有很多自称和他称。

广西苗族的聚居地气候温和，山环水绕，大小田坝点缀其间。盛产杉、松、杰、栎等优质木材和油茶、油桐、果树等经济林。还出产香菇、木耳、竹笋等土特产，以及灵芝、黄精、茶辣、女贞子、首乌和蜂蜜等药材。地下则蕴藏着较为丰富的铁、锡、锑、磷、石棉、水晶等矿产资源。广西苗族村寨多依山而建，有大有小，小者几户，大者几百户，房屋一般为“上人下畜”的“千栏”吊脚楼或三开、五开间的平方。这又以木件组装，顶上盖瓦的吊脚楼最富特色。

苗族有自己的语言，属汉藏语系苗瑶语族苗语支。原先无民族文字，20 世纪 50 年代后期创制了拉丁化拼音文字。现今大部分人通用汉文。饮食方面，普遍以大米为主食，喜欢饮酒，爱酸辣食物。服饰方面，服装面料、颜色、款式千姿百态，绚丽多姿，可分为 5 大类型 480 余种。各种首饰琳琅满目，异彩纷呈。刺绣工艺应用广泛，技艺高超，针法多变。

图 3-18　段落设置操作及结果

5. 将第二段设置为两栏式。

［操作 1］选择正文第二段。

［操作 2］在“页面布局”的“页面设置”组中，单击“分栏”按钮，在下拉菜单中选“两栏”选项，或单击“更多分栏”选项，打开“分栏”对话框。

［操作 3］单击“预设”选项组中的“两栏”。

［操作 4］单击“确定”按钮。

具体操作过程如图 3-19 所示。

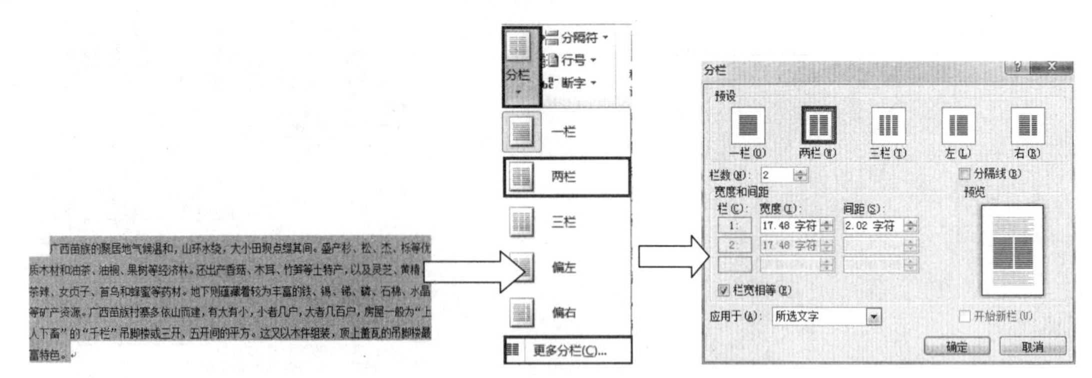

图 3-19　分栏设置操作

6．将第一段设置首字下沉，下沉行数 2 行。

［操作 1］选择正文第一段。

［操作 2］单击“插入”选项卡中的“文本”组的 “首字下沉”按钮，在打开的下拉列表中选择“首字下沉选项”命令，弹出“首字下沉”对话框。

［操作 3］单击“位置”选项组中的“下沉”选项，在“下沉行数”数值框中输入“2”。

［操作 4］单击“确定”按钮。

具体操作过程如图 3-20 所示。

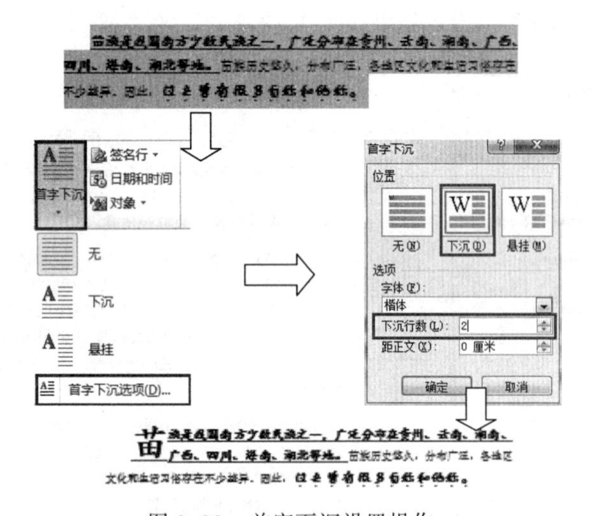

图 3-20　首字下沉设置操作

7．将第三段加上浅绿色底纹。

［操作 1］选定第三段文本，单击“开始”选项卡“段落”组中的边框右侧的下拉按钮，在下拉列表中单击“边框和底纹”命令，弹出“边框和底纹”对话框。

［操作 2］在对话框中单击“底纹”选项卡，单击“填充”颜色框右侧下拉箭头，在下拉颜色列表中选择“浅绿”选项，单击“应用于”下拉列表，选择“段落”选项。

［操作 3］单击“确定”按钮。

具体操作过程如图 3-21 所示。

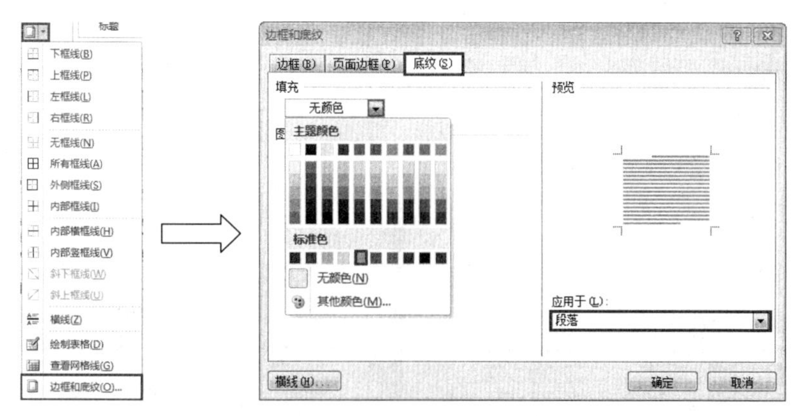

图 3-21　段落底纹设置操作

8. 将文章最后的“苗年/四月八/龙船节”三行文字加上项目符号“◆”。

[操作 1] 选定文章最后的“苗年/四月八/龙船节”三行文字。

[操作 2] 单击“开始”按钮，再单击“段落”组中“项目符号”右侧的下拉箭头。

[操作 3] 选择“定义新项目符号”命令，如果没有所需的符号，则在弹出的“定义新项目符号”对话框中单击“符号”按钮，如图 3-22 所示。

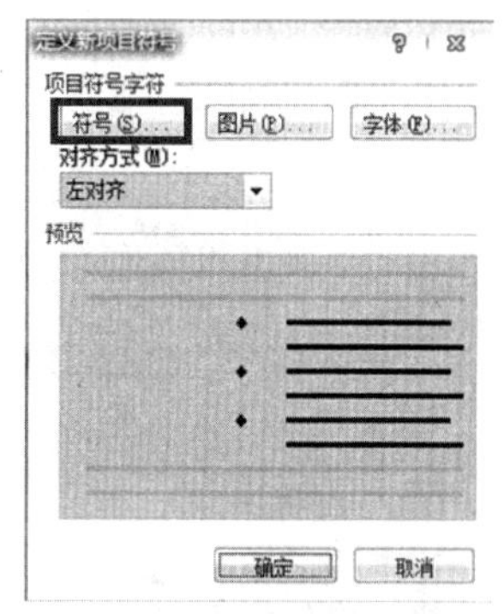

图 3-22　“定义新项目符号”对话框

[操作 4] 在弹出的“符号”对话框中，字体选择 Symbol，在该符号集中找到符号“◆”，双击该符号，返回“定义新项目符号”对话框。

[操作 5] 单击“确定”按钮。

9. 保存文档。

[操作] 单击快速访问工具栏中的“保存”按钮完成文档保存操作。

五、课后实验

1. 请按下列要求使用 Word 软件进行编辑排版，要求结果如图 3-23 所示。

（1）打开 Word 文档 WS3.docx，以“W5.docx”为名将文件另存到“Word+学号”的文件夹中。

（2）将文章标题字体设置为黑体，小二号；将“引言”字体设置为宋体、小三号、加粗。

（3）将文章正文第一段字体设置为宋体，小四号；将文末“王靖波”和“二〇〇七年五月八日”字体设置为宋体、小四号。

（4）将文章标题段落格式设置为居中，段后间距 1 行；将“引言”段落格式设置为居中；将文章正文第一段段落格式设置为首行缩进 2 字符（特殊格式设置），1.25 倍行距（行距设置多倍行距）；将文末“王靖波”和“二〇〇七年五月八日”段落格式设置为右对齐，段前间距 0.5 行。

（5）利用格式刷，将文章一级标题格式设置与“引言”相同，将文章正文格式设置与正文第一段相同。

（6）将第一段设置为两栏式。

（7）将第一段设置首字下沉，下沉行数 2 行。

（8）按样张，将第三部分“提高农村劳动力的素质，……大力发展乡镇企业。”四个段落设置相应的项目符号。

（9）保存文档。

实验结果如图 3–23 所示。

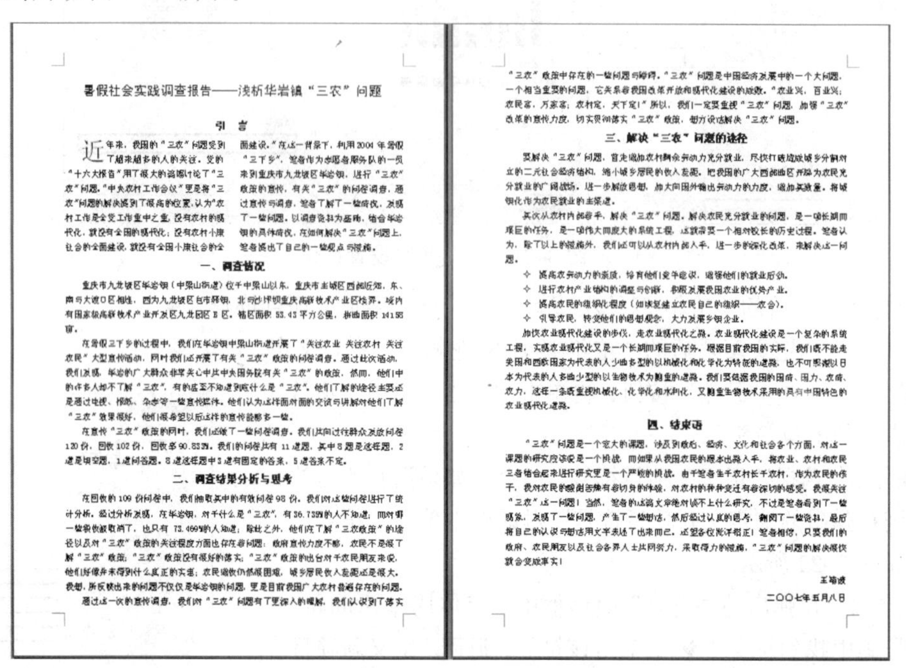

暑假社会实践调查报告——浅析华岩镇“三农”问题

引　言

近年来，我国的“三农”问题受到了越来越多的人的关注。党的“十六大报告”用了很大的篇幅讨论了“三农”问题，“中央农村工作会议”更是将“三农”问题的解决提到了很高的位置，认为“农村工作是全党工作重中之重，没有农村的现代化，就没有全国的现代化；没有农村小康社会的全面建设，就没有全国小康社会的全面建设。”在这一背景下，利用 2004 年暑假“三下乡”，笔者作为志愿者服务队的一员来到重庆市九龙坡区华岩镇，进行“三农”政策的宣传，有关“三农”的问卷调查，通过宣传与调查，笔者了解了一些情况，发现了一些问题，以调查资料为基础，结合华岩镇的具体情况，在如何解决“三农”问题上，笔者提出了自己的一些观点与措施。

一、调查情况

重庆市九龙坡区华岩镇（中梁山街道）位于中梁山以东，重庆市主城区西部近郊，东、南与大渡口区相连，西为九龙坡区白市驿镇，北与沙坪坝重庆高新技术产业区接界。境内有国家级高新技术产业开发区九龙园区 B 区。辖区面积 53.43 平方公里，耕地面积 14153 亩。

在暑假三下乡的过程中，我们在华岩镇中梁山街道开展了“关注农业 关注农村 关注农民”大型宣传活动，同时我们还开展了有关“三农”政策的问卷调查。通过此次活动，我们发现，华岩的广大群众非常关心中共中央国务院有关“三农”的政策，然而，他们中的许多人却不了解“三农”，有的甚至不知道到底什么是“三农”，他们了解的途径主要还是通过电视、报纸、杂志等一些宣传媒体。他们认为这样面对面的交流与讲解对他们了解“三农”效果很好，他们很希望以后这样的宣传能够多一些。

在宣传“三农”政策的同时，我们还做了一些问卷调查，我们共向过往群众发放问卷 120 份，回收 102 份，回收率 90.83%。我们的问卷共有 11 道题，其中 8 题是选择题，2 道是填空题，1 道问答题。8 道选择题中 3 道有固定的答案，5 道答案不定。

二、调查结果分析与思考

在回收的 109 份问卷中，我们抽取其中的有效问卷 98 份，我们对这些问卷进行了统计分析。经过分析发现，在华岩镇，对于什么是“三农”，有 36.735%的人不知道；而对农业税被取消了，也只有 73.469%的人知道；除此之外，他们在了解“三农政策”的途径以及对“三农”政策的关注程度方面也存在着问题：政府宣传力度不够，农民不是很了解“三农”政策；“三农”政策没有很好的落实；“三农”政策的出台对于农民朋友来说，他们好像并未得到什么真正的实惠；农民增收仍然很困难，城乡居民收入差距还是很大。我想，所反映出来的问题不仅仅是华岩镇的问题，更是目前我国广大农村普遍存在的问题。

通过这一次的宣传调查，我们对“三农”问题有了更深入的理解，我们认识到了落实“三农”政策中存在的一些问题与障碍。“三农”问题是中国经济发展中的一个大问题，一个相当重要的问题，它关系着我国改革开放和现代化建设的成败。“农业兴，百业兴；农民富，万家富；农村定，天下定！”所以，我们一定要重视“三农”问题，加强“三农”改革的宣传力度，切实贯彻落实“三农”政策，想方设法解决“三农”问题。

三、解决“三农”问题的途径

要解决“三农”问题，首先增加农村剩余劳动力充分就业，尽快打破阻碍城乡分割对立的二元社会经济结构，缩小城乡居民的收入差距。把我国的广大西部地区开辟为农民充分就业的广阔战场，进一步解放思想，加大向国外输出劳动力的力度，增加其数量。将城镇化作为农民就业的主渠道。

其次从农村内部着手，解决“三农”问题。解决农民充分就业的问题，是一项长期而艰巨的任务，是一项伟大而庞大的系统工程，这就需要一个相对较长的历史过程。笔者认为，除了以上的措施外，我们还可以从农村内部入手，进一步的深化改革，来解决这一问题。

✧ 提高农村劳动力的素质，培育他们竞争意识，增强他们的就业后劲。

✧ 进行农村产业结构的调整与创新，积极发展我国农业的优势产业。

✧ 提高农民的组织化程度（如恢复建立农民自己的组织——农会）。

✧ 引导农民，转变他们的思想观念，大力发展乡镇企业。

加快农业现代化建设的步伐，走农业现代化之路。农业现代化建设是一个复杂的系统工程，实现农业现代化又是一个长期而艰巨的任务。根据目前我国的实际，我们既不能走美国和西欧国家为代表的人少地多型的以机械化和化学化为特征的道路，也不可照搬以日本为代表的人多地少型的以生物技术为侧重的道路。我们要依据我国的国情、国力、农情、农力，选择一条既重视机械化、化学化和水利化，又侧重生物技术采用的具有中国特色的农业现代化道路。

四、结束语

“三农”问题是一个宏大的课题，涉及到政治、经济、文化和社会各个方面，对这一课题的研究应该说是一个挑战，而如果从我国农民的根本出路入手，将农业、农村和农民三者结合起来进行研究更是一个严峻的挑战。由于笔者生于农村长于农村，作为农民的孩子，我对农民的酸甜苦辣有着切身的体验，对农村的种种变迁有着深切的感受，我很关注“三农”这一问题！当然，笔者的这篇文章绝对谈不上什么研究，不过是笔者看到了一些现象，发现了一些问题，产生了一些想法，然后经过认真的思考，翻阅了一些资料，最后将自己的认识与想法用文字表述了出来而已，还望各位批评指正！笔者相信，只要我们的政府、农民朋友以及社会各界人士共同努力，采取得力的措施，“三农”问题的解决很快就会变成事实！

王瑞波

二〇〇七年五月八日

图 3–23　项目 1 完成后样张

部分操作提示

第（5）利用格式刷，将文章一级标题格式设置与“引言”相同，将文章正文格式设置与正文第一段相同。

［操作 1］选择文章一级标题“引言”。

［操作 2］在“开始”选项卡的“剪贴板”组中，双击“格式刷”按钮。

［操作 3］依次用格式刷刷文章中的一级标题“一、调查情况”“二、调查结果分析与思考”“三、解决“三农”问题的途径”“四、结束语”。

［操作 4］单击按钮，取消格式刷。

［操作 5］选择正文第一段。

［操作 6］双击按钮。

［操作 7］依次刷一级标题外的正文段落。

［操作 8］单击按钮，取消格式刷。

第（8）按样张，将第三部分“提高农村劳动力的素质，……大力发展乡镇企业。”四个段落设置相应的项目符号。

［操作 1］选择正文第三部分“提高农村劳动力的素质，……大力发展乡镇企业。”。

［操作 2］在“段落”组中单击“项目符号”右侧的下拉箭头，在打开的下拉列表中选择样张所示的符号类型。

［操作 3］如果没有相应的符号，则在打开的下拉列表中单击“定义新项目符号”按钮，在弹

出的“定义新项目符号”对话框中单击“符号”按钮，弹出“符号”对话框。

［操作 4］选择相应的符号，单击“确定”按钮。

具体操作过程如图 3-24 所示。

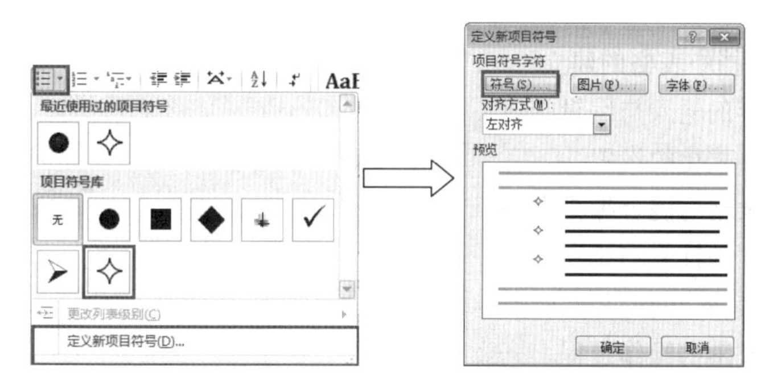

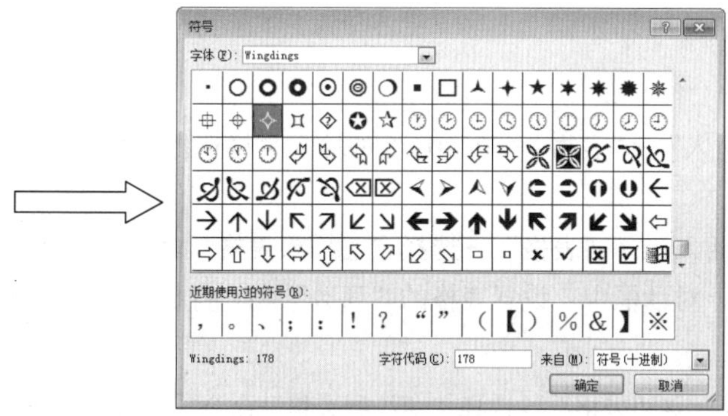

图 3-24　项目符号设置操作

2. 请按下列要求使用 Word 软件进行编辑排版，结果如图 3-25 所示。

（1）打开 Word 文档 WS4.docx，以 W6.docx 为名将文件另存到“Word+学号”的文件夹中。

（2）将标题文字“信息时代的思考”设置为三号、黑体、绿色、加下画线、居中，并添加灰色－15%底纹，段后间距为 20 磅。

（3）将正文所有段落设置为首行缩进 2 个字符，行距为固定值 20 磅。

（4）将正文第二段和第三段合并，将合并后的段落分为等宽的两栏，其栏宽为 7 厘米。

（5）利用查找替换功能将正文中的所有“水平”改为“能力”，将“科学技术”改为红色。

信息时代的思考

经济全球化的趋势不能或者说至少现在不能消灭作为国家或民族这些独立利益主体的存在，因此就存在着国家之间的竞争，而在当今，国家的竞争更本质地表现在经济实力方面的竞争，经济实力的增长也已经从传统的依赖资源投入模式转向依赖以技术为主的投入模式，一个国家的科技能力及其技术产业化的能力从根本上决定了一个国家的经济实力及发展前景。

努力发展本国经济是现时每个国家的首要的问题，对于中国来说，发展经济更是重中之重。专业化“企业—科研教育机构”的电子商务交易平台就是为科学技术的创造发明者和科学技术的应用者创造一个信息交流的平台，通过这个平台可以充分挖掘现存的技术资源，使科研教育机构的科研工作者及在校有研究发明才能的学生能够把自己的研究课题与以企业为主体的社会生产单位的需要紧密结合起来，达到缩短技术发明与技术应用之间的时间周期。同时作为企业来说，可以将企业内部的研究开发资源与外部的技术资源结合起来，突破自身技术资源的局限，加速研究开发的时间周期，缩短技术实施的试验周期。

这里我们更注意的是努力挖掘和充分利用这些技术，即在这些技术的支持下，重新认识我们的工作理念并且为之设计其运行的工作平台，从而更充分地利用我们稀缺的资源，降低交易成本，推动技术的产业化，实现国富民强。

图 3-25　项目 2 完成后样张

实验 3-3　Word 2010 表格制作与编辑

一、实验目的

1. 掌握 Word 文档中表格的建立。
2. 掌握表格内容的输入与编辑。
3. 掌握表格的格式化的设置。
4. 掌握文本与表格的混合编排方法。
5. 掌握表格数据的计算与排序。
6. 掌握文本和表格之间的相互转换。
7. 了解由表生成图的操作过程。

二、预备知识

1. 创建表格

- 表格插入点定位→“插入”→“表格”→在 10×8 的插入表格选择区域直接选定表格的“列数”和“行数”。
- 表格插入点定位→“插入”→“表格”→选择“插入表格”命令，出现“插入表格”对话框，在“插入表格”对话框中，设置表格的“列数”和“行数”。

2. 绘制表格

表格插入点定位→“插入”→“表格”→选择“绘制表格”命令，此时鼠标指针呈“笔形”，按住鼠标左键拖动，释放鼠标，可画出直线（包括斜线）或方框。

3. 编辑表格

（1）选定表格、单元格

- 将鼠标指向单元格左下角，当指针变为“↗”时按下左键，便可选中该单元格；此时若按住左键拖动，则可选择连续的几个单元格。
- 若要选择某行，只需将鼠标移至该行最左边，当鼠标指针形状变为“↗”时按下左键，便可选中该行。若要选择连续几行，可在按住鼠标左键的同时往上或往下拖动鼠标。
- 若要选择某列，只需将鼠标移至该列最上边，当鼠标指针形状变为“↓”时按下左键，便可选中该列。若要选择连续几列，可在按住鼠标左键的同时往左或往右拖动鼠标。
- 若要选中整个表格，可用鼠标单击表格左上角的选择柄“⊞”。

（2）插入单元格、行、列和表格

- 选择要插入的位置→单击鼠标右键→在快捷菜单中单击“插入”命令→在弹出的快捷菜单中选择插入项目。
- 选择要插入的位置→“表格工具”→“布局”选项卡→在“行和列”组中选择插入项目。
- 选中表中右下角的单元格→按<Tab>键，可以在表的最后插入一行。

（3）删除单元格、行、列和表格

- 选定区域→“表格工具”→“布局”选项卡→“删除”按钮→选择删除项目。
- 选定区域→右击→“删除单元格”→选择删除项目。

（4）合并单元格

- 选定需要合并的单元格→单击鼠标右键→在快捷菜单中选择“合并单元格”命令。
- 选定需要合并的单元格→“表格工具”→“布局”选项卡→在“合并”组中，单击“合并单元格”。

（5）拆分单元格

- 选定需要拆分的单元格→单击鼠标右键→在快捷菜单中选择“拆分单元格”命令→在“拆分单元格”对话框中输入拆分后的行数和列数。
- 选定需要拆分的单元格→“表格工具”→“布局”选项卡→在“合并”组中，单击“拆分单元格”→在“拆分单元格”对话框中输入拆分后的行数和列数。

（6）改变表格的行高和列宽

- 选定要调整的表格区域→单击鼠标右键→在快捷菜单中选择“表格属性”命令→在“表格属性”对话框中选择“行”选项卡（或“列”选项卡）→在对话框中输入行高（或列宽）参数。
- 鼠标指针移至表格的横线或竖线上→鼠标指针变成“÷”或“+||+”形状→拖动“÷”调整行高或拖动“+||+”调整列宽。调整列宽时，如果同时按住<Ctrl>或<Shift>键会出现不同的效果。
- 用鼠标直接移动标尺上的行标和列标。
- 选定要调整的表格区域→单击鼠标右键→在快捷菜单中选择“自动调整”命令→在弹出的快捷菜单中选择“根据内容调整表格”或“根据窗口调整表格”选项，系统会自动调整表格的列宽。

4. 表格的格式化

（1）移动表格

移动鼠标到表格左上角的表格移动控制点⊞上，当鼠标变成“✥”形状时，单击该控制点并拖动鼠标即可随意移动表格位置。

（2）改变表格大小

移动鼠标到表格右下角的表格大小控制点上，鼠标指针变成“⤡”时，按下鼠标左键并拖动鼠标即可改变表格大小。

（3）表格的其他设置

在表格任意区域右击，在弹出的快捷菜单中选择“表格属性”命令，通过“表格属性”对话框，可以对表格的行高、列宽、对齐方式、表格与文字的位置关系以及表格的边框和底纹等进行设置。

5. 表格与文本的转换

（1）将表格转换为文本

选择要转换为文本的表格→“表格工具”→“布局”选项卡→在“数据”组中单击“转换成文本”按钮。

（2）将文本转换为表格

选定要转换成表格的文本→“插入”→“表格”→单击“文本转换成表格”命令，显示“将文字转换成表格”对话框，在“文字分隔位置”选择文字分隔位置，单击“确定”按钮。

提示：转换成表格的文本应含有一些能确定表格单元格起止位置的分隔符，如 * 、? 或制表符、段落标记等。在对话框中，系统将自动检测分隔符并显示在“文字分隔位置”的文本框中（如果文本中含有多种分隔符，应在该文本框中输入要使用的分隔符）。

6．表格的计算与排序

（1）表格的计算

插入点定位存放计算结果的单元格中，在“表格工具”→“布局”→“数据”组中，单击“公式”按钮，在对话框中的“公式”文本框中输入计算公式。

（2）表格的排序

选定要排序的表格，在“表格工具”→“布局”→“数据”组中，单击“排序”按钮 A↓Z，在“排序”对话框中，设置排序关键字及排序方式，单击“确定”按钮。

7．由表生成图

选定要生成图的表格→复制整个表格→选择要插入的位置→在“插入”选项卡的“插图”组中，单击“图表”命令→在“插入图表”对话框中选择图表类型，单击“确定”按钮→在弹出的Excel中选择单元格A1→粘贴表格并适当调整，此时Word中的图表即会相应改变。

三、实验内容

1．制作简单的表格，要求如下：

（1）新建文档W7.docx，建立图3-26所示的表格，并在表格前面插入一句话：学生成绩统计表。以W7.docx为文件名保存在“Word+学号”文件夹中。

姓名	英语	高等数学	计算机应用
陈海明	85	84	90
胡张沅	96	82	83
张亚玲	88	75	88
谢桂英	74	94	76
伍梦倩	86	90	77

图3-26 学生成绩统计表样图

（2）在“计算机应用”的右边插入一列，列标题为“总分”，并在表格的最后增加一行，行标题为“各科平均”。

（3）计算各人的总分（保留1位小数）和各科的平均分（保留1位小数），然后按各人的总分高低排序。

（4）将表格第一行的行高设置为20磅最小值，该行文字为粗体、小四，并水平、垂直居中；其余各行的行高设置为16磅最小值，文字垂直底端对齐；“姓名”列水平居中，各科成绩列及“平均分”列靠右对齐。

（5）将表格按各人的总分高低排序。

（6）然后将整个表格居中，各列宽设为2厘米。将表格的外框线设置为1.5磅的粗线，内框线为0.75磅，然后对第一行与最后一行添加10%的茶色底纹。

（7）在上题生成的表格上方插入一行，合并单元格，然后输入标题“成绩表”，格式为“黑体、三号、居中、取消底纹”；在表格下面插入当前日期，格式为“粗体、倾斜”。

（8）在W7.docx文档中，根据表格内前三名同学的各科成绩，在表格下面生成直方图，然后将文档以文件名W8.docx另存到“Word+学号”文件夹中。

2．制作毕业生个人简历的表格，实验结果如图 3-27 所示，要求如下：

毕业生个人简历

<table>
<tr><td>姓名</td><td>张三</td><td>性别</td><td>女</td><td>民族</td><td colspan="3">汉</td><td colspan="3" rowspan="5"></td></tr>
<tr><td>政治面貌</td><td>中共党员</td><td>出生年月</td><td>1990.10</td><td>籍贯</td><td colspan="3">长沙</td></tr>
<tr><td>学制</td><td>四年</td><td>学历</td><td>本科</td><td>专业</td><td colspan="3">计算机</td></tr>
<tr><td>毕业院校</td><td colspan="7">湖南财政经济学院</td></tr>
<tr><td>家庭住址</td><td colspan="7">湖南省长沙市枫林二路 139 号</td></tr>
<tr><td>联系方式</td><td colspan="3">0731-87654321</td><td>邮政编码</td><td>4</td><td>1</td><td>0</td><td>0</td><td>0</td><td>0</td></tr>
<tr><td>Email</td><td colspan="3">abc@163.com</td><td>QQ</td><td colspan="6">12345678</td></tr>
<tr><td>教育背景</td><td colspan="10">主修课程：
C 语言、数据库、数据结构、软件工程、微机原理、应用软件、计算机网络、管理信息导论、管理学、市场营销学、电子商务概论、统计学、会计学、经济学等课程。
专业技能：
接受过全方位的大学基础教育，受到良好的专业训练和能力的培养，在办公软件、网页制作等方面，有扎实的理论基础和实践经验，有较强的动手能力和研究分析能力。
外语水平：
具有一定的听、说、读、写能力，取得国家英语等级四级证书。</td></tr>
<tr><td>工作经历</td><td colspan="10">2012 年 7 月-8 月：在****见习，主要从事网络信息收集与发布。
2013 年 7 月-8 月：在****，协助本县农村网络化建设，负责网站的管理与维护。
2014 年 9 月-2015 年 6 月：在****勤工俭学，负责本院招生就业网站的设计、建设与维护，先后改版三期，同时负责日常文档处理。</td></tr>
<tr><td>个人特点</td><td colspan="10">大胆改革、勇于创新
敢闯敢试、开拓进取
只争朝夕、与时俱进
千方百计争上游、争第一
另：由于多年担任学生干部，培养了一定的组织管理能力，具有一定的交际能力，曾多次被评为优秀学生干部。曾参加过****信息网建设、****网的建设与维护，在网页制作方面具有一定的工作能力、工作经验。曾参加学院的“移动杯”网页制作大赛，获得专业组一等奖。</td></tr>
</table>

图 3-27　“毕业生个人简历”实验结果

（1）新建 Word 文档，以 W9.docx 为文件名保存至“Word+学号”文件夹。

（2）将文档页面格式设置为上、下边距各为 2cm，左边距为 2.5cm，右边距为 2cm，纸张大小为 A4。

（3）在第一行输入“毕业生个人简历”，设置为黑体、小二号、居中；另起一行设置字体为宋体、五号、居左对齐。

（4）在第二行处插入一个 7 列 9 行的空表格。按样张所示，输入相关内容。

（5）“教育背景”行前插入一行，输入相应内容。

（6）如样张所示，完成单元格合并操作。

（7）如样张所示，完成单元格拆分操作。

（8）如样张所示，输入自己的个人信息。

（9）将 1～7 行设置行高为 0.8cm，将 8～10 行设置行高为 6cm。

（10）将第 1～7 行设置中部对齐方式，将 8～10 行第一列设置中部对齐方式，第 8～10 行第二列设置为居左垂直居中对齐方式。

（11）按样张设置表格中项目名称字体为黑体，单元格填充颜色为“白色，背景 1，深色-15%”。

（12）按样张所示设置表格外边框为双线。

（13）按样张所示插入照片。

（14）保存文档。

四、实验步骤

题目 1 实验步骤

1. 建立图 3-26 所示的表格，并在表格前面插入一句话：学生成绩统计表。以 W7.docx 为文件名（保存类型为“Word 文档”）保存在“Word+学号”文件夹中。

[操作 1] 新建文档，保存为 W7.docx。

[操作 2] 输入“学生成绩统计表”，再按<Enter>键。

[操作 3] 在“插入”选项卡的“表格”组中单击“表格”下拉按钮，选择“插入表格…”按钮，出现“插入表格”对话框。

[操作 4] 在“插入表格”对话框中，“列数”设置为“4”，“行数”设置为“6”，单击“确定”按钮。

[操作 5] 输入内容，保存。

2. 在“计算机应用”的右边插入一列，列标题为“总分”；在表格的最后增加一行，行标题为“各科平均”。

[操作 1] 将光标定位于第 4 列，单击鼠标右键，在快捷菜单中选择“插入”→“在右侧插入列”命令。

[操作 2] 将光标定位于第 6 行，单击鼠标右键，在快捷菜单中选择“插入”→“在下方插入行”命令。

[操作 3] 在第 1 行第 5 列输入文字为“总分”，在第 7 行第 1 列输入文字为“各科平均”。

[操作 4] 在第 7 行第 1 列输入文字为“各科平均”。

3. 计算各人的总分（保留 1 位小数）和各科的平均分（保留 1 位小数），然后按各人的总分高低排序。

[操作 1] 光标定位在第 2 行第 5 列上。

[操作 2] 在“表格工具”→“布局”→“数据”组中，单击“公式”按钮。

[操作 3] 在弹出的“公式”对话框中，“公式”设置为“=SUM(LEFT)”，“编号格式”输入“0.0”，如图 3-28 所示。

图 3-28 “公式”对话框

注意：“=”必须保留，标点符号、括号和字符都必须使用半角英文符号。

[操作 4] 单击“确定”按钮。

[操作 5] 其他各人总分的计算，分别将光标定位于第 3 行第 5 列、第 4 行第 5 列、第 5 行第 5 列、第 6 行第 5 列、单元格，重复做第②～④步骤。

[操作 6] 光标定位在第 7 行第 2 列上，在“表格工具”→“布局”→“数据”组中，单击“公式”按钮。

[操作 7] 在弹出的“公式”对话框中，“公式”设置为“=AVERAGE(ABOVE)”，“编号格式”

输入“0.0”。

［操作 8］单击“确定”按钮。

［操作 9］其他第 7 行第 3 列、第 7 行第 4 列、第 7 行第 5 列、第 7 行第 6 列单元格重复做第⑦到⑨步骤。

［操作 10］选定表格，在“表格工具”→“布局”→“数据”组中，单击“排序”按钮。

［操作 11］在“排序”对话框中，“主要关键字”设置为“总分”，设置为“降序”，单击“确定”按钮。

4. 将表格第一行的行高设置为 20 磅最小值，该行文字为加粗、小四，并水平、垂直居中；其余各行的行高设置为 16 磅最小值，文字垂直底端对齐；“姓名”列水平居中，各科成绩列及“平均分”列靠右对齐。

［操作 1］选定表格第一行。

［操作 2］单击鼠标右键，选择快捷菜单中的“表格属性”命令，显示对话框如图 3-29（a）所示。

［操作 3］单击对话框中“行”标签，勾选“指定高度”复选框，输入“20 磅”。

［操作 4］单击对话框中“单元格”标签，“垂直对齐方式”选择“居中”。

［操作 5］单击“确定”按钮。

［操作 6］选定表格第一行。

［操作 7］在“开始”选项卡的“字体”组进行字体、字号设置，设为“加粗、小四”。

［操作 8］在“开始”选项卡的“段落”组进行“对齐”设置，单击“居中”按钮，即可水平居中。

［操作 9］选定除表格第一行之外内容，单击鼠标右键，选择快捷菜单中的“表格属性”命令。

［操作 10］单击对话框中“行”标签，显示对话框如图 3-29（b）所示。勾选“指定高度”复选框，输入“16 磅”。

（a）

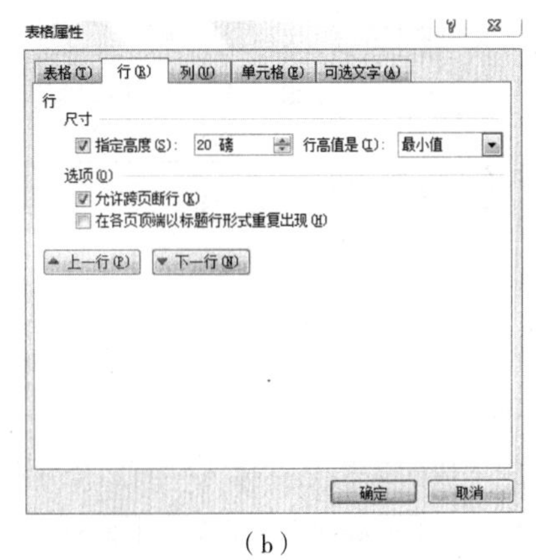

（b）

图 3-29 “表格属性”对话框

［操作 11］单击对话框中“单元格”标签，“垂直对齐方式”选择“靠下”。

［操作 12］选中“姓名”列，在“开始”选项卡的“段落”组选择“居中”按钮。

［操作 13］选中各科成绩列及“平均分”列，在“开始”选项卡的“段落”组选择“右对齐”按钮。

5．将表格按各人的总分高低排序。

［操作 1］选定表格，在“表格工具”→“布局”→“数据”组中，单击“排序”按钮。

［操作 2］在“排序”对话框中，“主要关键字”设置为“总分”，设置为“降序”，单击“确定”按钮。

6. 将整个表格居中，各列宽设为 2 厘米。将表格的外框线设置为 1.5 磅的粗线，内框线为 0.75 磅，然后对第一行与最后一行添加 10%的茶色底纹。

［操作 1］单击鼠标右键，选择快捷菜单中的“表格属性”命令。

［操作 2］单击对话框中的“表格”标签，单击“对齐方式”中的“居中”按钮。

［操作 3］单击“列”标签，进行列宽设置，“列宽”设置为“2 厘米”。

［操作 4］单击“表格属性”对话框中“表格”选项卡下的“边框和底纹”按钮，显示“边框和底纹”对话框，如图 3–30 所示。

［操作 5］在“边框和底纹”对话框中，“宽度”设置“1.5 磅”，然后双击“预览”中按钮。

［操作 6］在“边框和底纹”对话框中，“宽度”设置“0.75 磅”，然后双击“预览”中按钮，单击“确定”按钮。

［操作 7］按住<Ctrl>键，用鼠标分别选定第一行和最后一行。

［操作 8］单击鼠标右键，选择快捷菜单中的“边框和底纹”选项。

［操作 9］在“边框和底纹”对话框中，单击“底纹”标签，显示对话框，如图 3–31 所示。

［操作 10］对话框中“填充”设置为“茶色”，“样式”设置为“10%”。

［操作 11］单击“确定”按钮。

图 3–30 “边框和底纹”对话框

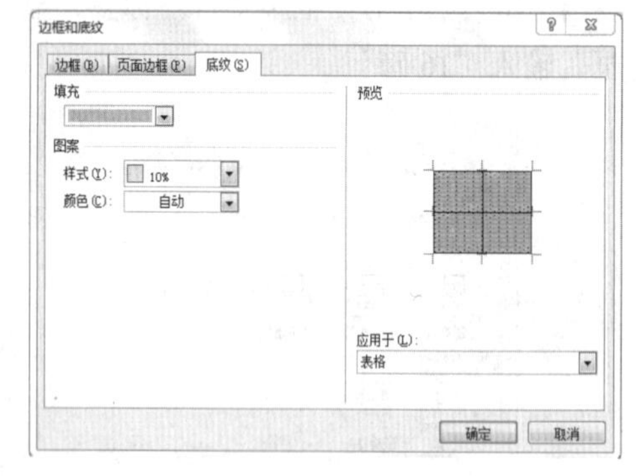

图 3–31 “底纹”选项卡

7．在上题生成的表格上方插入一行，合并单元格，然后输入标题“成绩表”，格式设置为“黑体、三号、居中、取消底纹”；在表格下面插入当前日期，格式为粗体、倾斜。

［操作 1］光标定位在表格第一个单元格。

［操作 2］单击鼠标右键，选择快捷菜单中的“插入”→“表格上方插入行”命令。

［操作 3］选定最上方一行。

［操作 4］单击鼠标右键，选择快捷菜单中的“合并单元格”命令。

［操作 5］合并后的单元格输入文字“成绩表”，选中文字“成绩表”，在“开始”选项卡的“字体”组中，设置为“黑体、三号、居中、取消底纹”。

［操作 6］光标停在表格下方一行（表格外）。

［操作 7］在“插入”选项卡中的“文本”组，单击“日期和时间”命令，显示对话框，如图 3-32 所示。

［操作 8］选择第一种日期，单击“确定”按钮。

［操作 9］选中日期进行字体设置，设为“粗体、倾斜”。

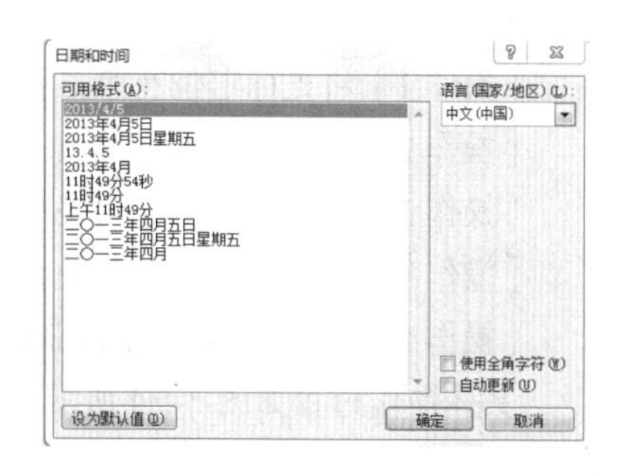

图 3-32　“时间和日期”对话框

8. 在 W7.docx 文档中，根据表格内前三名同学的各科成绩，在表格下面生成直方图，然后将文档以文件名 W8.docx 另存到“Word+学号”文件夹中。

［操作 1］光标定位在表格下一行（表格外）。

［操作 2］在“插入”选项卡的“插图”组中，单击“图表”命令，显示对话框，如图 3-33 所示。

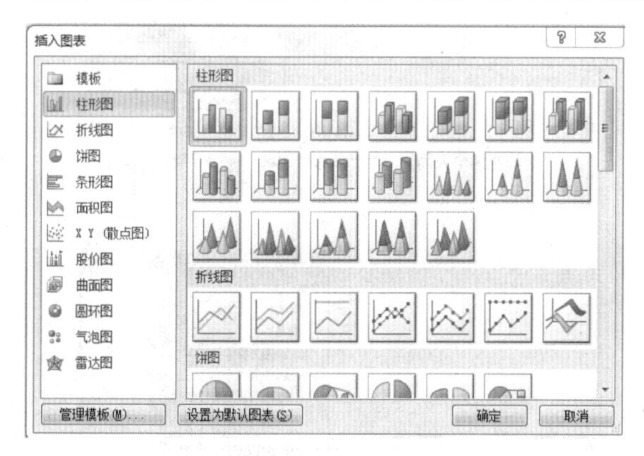

图 3-33　“插入图表”对话框

［操作 3］选择第一个“柱形图”，单击“确定”按钮。

［操作 4］选定表头和表格前三名学生成绩，即选定第二行到第五行，复制、粘贴到 Excel 表格中，替换掉 Excel 表格中的数据，如果有多余数据，则删除。

［操作 5］关闭 Excel 表格。

［操作 6］单击“文件”选项卡中的“另存为”命令，将文件以文件名为 W8.docx 为文件名保存到“Word+学号”文件夹。

题目 2 实验步骤

1. 新建 Word 文档，以 W9.docx 为文件名保存至“Word+学号”文件夹。

操作步骤省略。

2. 将文档页面格式设置为上、下边距各为 2cm，左边距为 2.5cm，右边距为 2cm，纸张大小为 A4。

操作步骤省略。

3. 在第一行输入“毕业生个人简历”，设置为黑体，小二号，居中；另起一行设置字体为宋体，五号，居左对齐。

操作步骤省略。

4．在第二行处插入一个 7 列 9 行的空表格。按样张所示，输入相关内容。

[操作 1] 将光标定位在第二行位置。

[操作 2] 单击“插入”选项卡中的“表格”按钮，弹出下拉列表。

[操作 3] 在打开的下拉列表中单击“插入表格”命令，打开“插入表格”对话框。

[操作 4] 在“表格尺寸”处，列数输入“7”，行数输入“9”，单击“确定”按钮。

[操作 5] 按图 3-27 所示样张输入相关内容。

具体操作过程如图 3-34 所示。

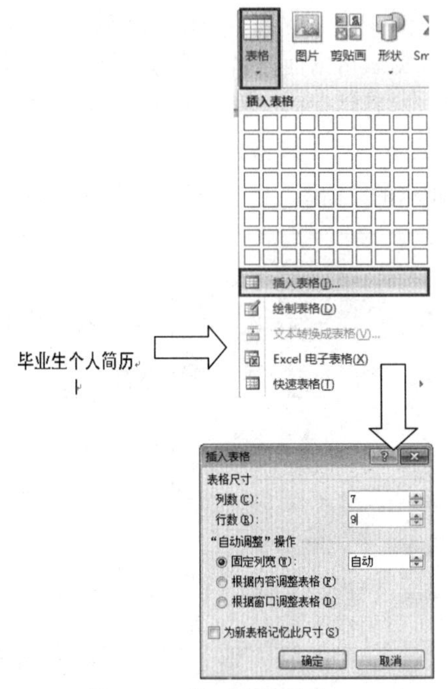

图 3-34　插入表格操作

5．在“教育背景”行前插入一行，输入相应内容。

[操作 1] 右击“教育背景”行。

[操作 2] 在快捷菜单中单击“插入行”→“在上方插入行”选项，具体操作过程如图 3-35 所示。

[操作 3] 按样张输入相关内容。

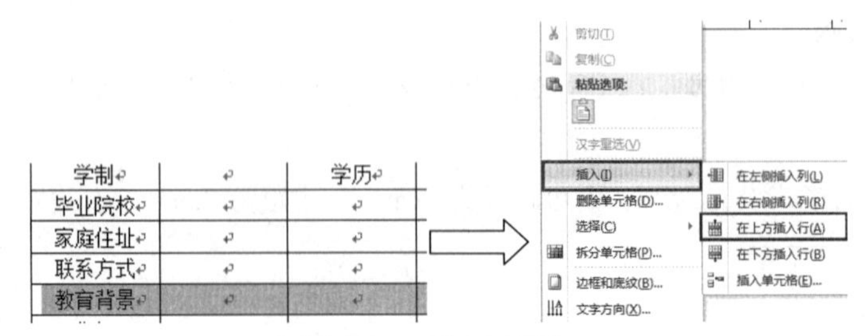

图 3-35　插入行操作

6．如样张所示，完成单元格合并操作。

[操作 1] 选择“毕业院校”右边 5 个单元格，右击。

［操作2］在弹出的快捷菜单中单击“合并单元格”选项，将选定单元格合并为一个单元格。

［操作3］根据以上方法，按样张完成其余单元格合并操作。具体操作过程如图3-36所示。

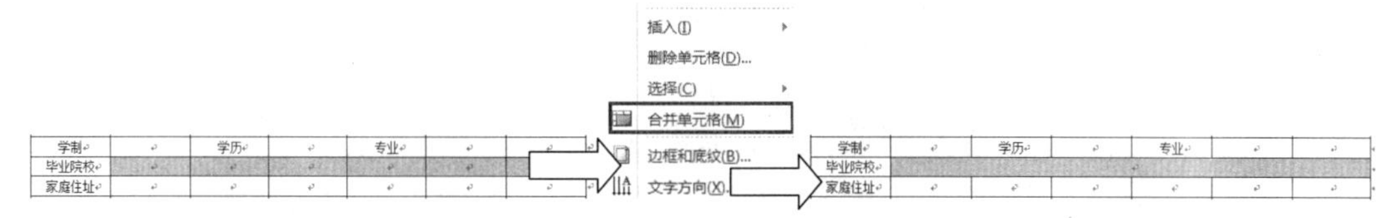

图3-36　合并单元格操作

7. 如样张所示，完成单元格拆分操作。

［操作1］选择“邮政编码”右边的单元格，右击。

［操作2］在弹出的快捷菜单中单击“拆分单元格”选项，打开“拆分单元格”对话框。

［操作3］在“列数”数值框中输入“6”。

［操作4］单击“确定”按钮。结果如样张所示。具体操作过程如图3-37所示。

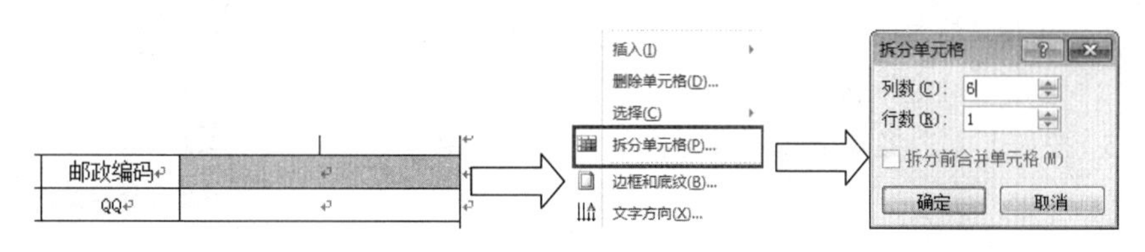

图3-37　拆分单元格操作

8. 如样张所示，输入自己的个人信息。

操作步骤省略。

9. 将1～7行设置行高为0.8cm，将8～10行设置行高为6cm。

［操作1］选择表格1～7行。

［操作2］在“表格工具”的“布局”选项卡下，将“单元格大小”组中的“高度”值调整为“0.8厘米”。

［操作3］单击“确定”按钮。

［操作4］按如上方法设置8～10行的高度。具体操作过程如图3-38所示。

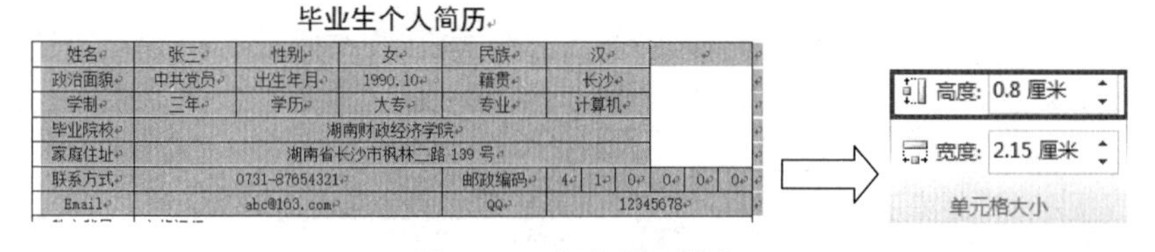

图3-38　行高设置操作

10. 将第1～7行设置中部对齐方式，将8～10行第1列设置中部对齐方式，第8～10行第2列设置为居左垂直居中对齐方式。

［操作1］选择表格1～7行。

［操作2］在“表格工具”的“布局”选项卡下，单击“对齐方式”组中的“水平居中”按钮。

［操作3］按如上方法选择并设置8～10行第1列，并单击“水平居中”按钮。

［操作4］按如上方法选择8～10行第2列，并单击“中部两端对齐”按钮。

具体操作过程如图 3-39 所示。

毕业生个人简历

姓名	张三	性别	女	民族	汉	
政治面貌	中共党员	出生年月	1990.10	籍贯	长沙	
学制	三年	学历	大专	专业	计算机	
毕业院校	湖南财政经济学院					
家庭住址	湖南省长沙市枫林二路 139 号					
联系方式	0731-87654321		邮政编码	4 1 0 0 0 0		
Email	abc@163.com		QQ	12345678		

文字方向 单元格边距

对齐方式

图 3-39　单元格对齐方式设置操作

11. 按样张设置表格中项目名称字体为黑体，单元格填充颜色为“白色，背景 1，深色-15%”。

［操作 1］选择表格第一列，单击 宋体 下拉按钮，单击选择“黑体”选项。

［操作 2］选定加底纹的文本，在“表格工具”的“设计”选项卡“表格样式”组中，单击“底纹”按钮，弹出“主题颜色”框，或右击选定文本，在弹出的快捷菜单中单击“边框和底纹”命令，打开“边框和底纹”对话框。

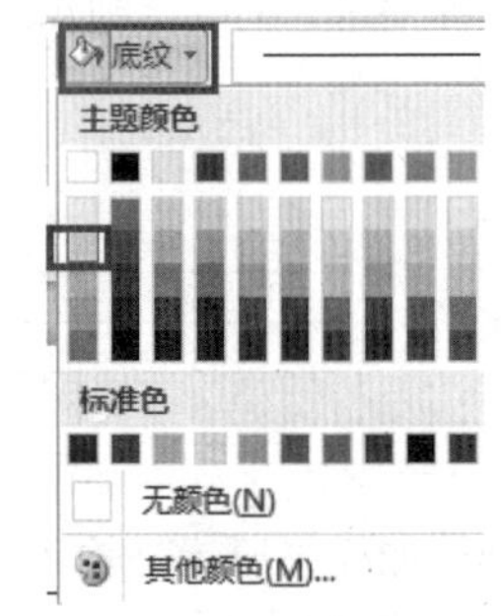

图 3-40　单元格底纹设置操作

［操作 3］单击“白色，背景 1，深色-15%”选项。

［操作 4］单击“确定”按钮。

［操作 5］按如上方法将其余各项目名称单元格设置相应字体和底纹。

具体操作过程如图 3-40 所示。

12. 按样张设置表格外边框为双线。

［操作 1］单击表格全选按钮，选定整个表格。

［操作 2］在“表格工具”的“设计”选项卡“表格样式”组中，单击“线型”按钮的下拉箭头，在弹出的下拉列表中选择“双线”选项。

［操作 3］将“双线”应用于外边框；单击“边框”按钮的下拉箭头，在弹出的下拉列表中选“外侧框线”选项。具体操作过程如图 3-41 所示。

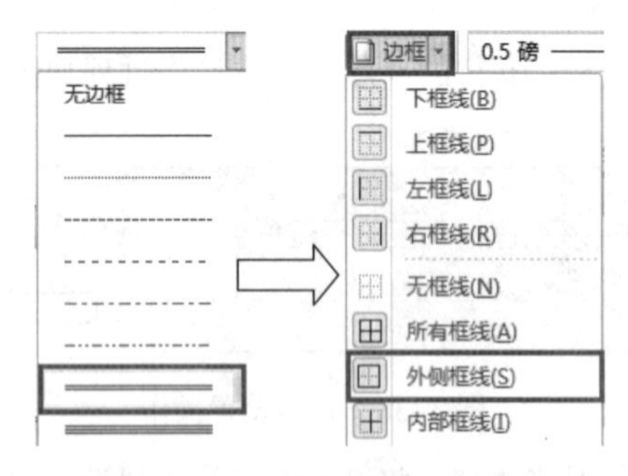

图 3-41　单元格边框设置操作

13. 按样张所示插入照片。

［操作 1］在样张所示的照片单元格单击。

［操作 2］单击“插入”→“图片”命令，打开“插入图片”对话框，如图 3-42 所示。

［操作 3］选择照片存储位置及文件夹。

［操作 4］单击需要插入的照片。

［操作 5］单击“插入”按钮。

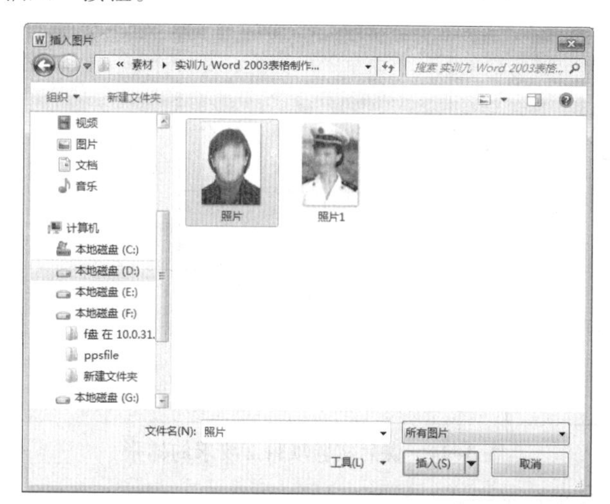

图 3-42　单元格插入图片操作

14．保存文档。

操作步骤省略。

五、课后实验

1．请按下列要求使用 Word 软件进行表格制作，要求结果样张如图 3-43 所示。

计算机信息管理 131 班课程安排表

	星期一	星期二	星期三	星期四	星期五
1-2 节	思想道德修养与法律	应用数学	应用数学	数码摄影与摄像技术	大学英语
3-4 节	大学英语	图形图像处理	动画设计		计算机基础
5-6 节	图形图像处理	计算机基础		体育	动画设计
7-8 节	实用礼仪		心理健康	计算机基础	

图 3-43　课后实验项目 1 所要求的样张

（1）打开 Word 文档 WS5.docx，以 W10.docx 为名将文件另存到“Word+学号”的文件夹中。

（2）将除标题外所有文本转换为 5 行 5 列的表格。

（3）如样张所示，在“星期四”所在列的右边插入一列，输入相应内容。

（4）将表格第一行设置行高为 3 厘米，其余各行设置行高为 2 厘米。

（5）如样张所示，自动套用“中等深度底纹 1，强调文字颜色 5”的表格样式。

（6）将表格内边框线设置为 1 磅的实线，外框线设置为 1.5 磅的实线。

（7）将表格所有单元格设置中部对齐方式。

（8）如样张所示，将“数码摄影与摄影技术”单元格及下方单元格合并为一个单元格。

（9）保存文档。

2. 请按下列要求，在 Word 中绘制表格，并对表格进行编辑，要求结果样张如图 3-44 所示。

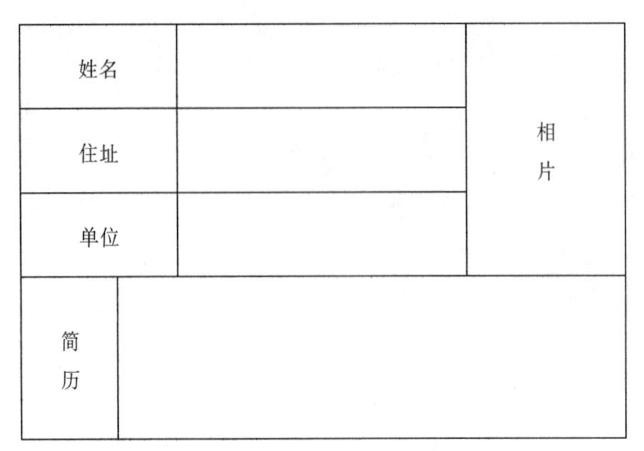

图 3-44 课后实验项目 2 要求的样张

（1）将表格的前三行进行平均分布。

（2）在表格中填入相应的栏目名。

（3）表格文字水平居中和垂直居中，并设置相应的字符格式。

实验 3-4 Word 2010 图形的绘制及图文混排操作

一、实验目的

1. 掌握图片的插入和编辑方法。
2. 掌握图形的基本绘制方法，能制作较复杂的图形。
3. 掌握图形的调整及定位、修饰等操作。
4. 掌握艺术字的插入与设置的方法。
5. 掌握文本框的使用。
6. 掌握数学公式的插入方法。
7. 能较熟练地实现图文混排操作。

二、预备知识

1. 插入图片

（1）插入剪贴画

插入点定位→“插入”→“插图”组中的“剪贴画”按钮→“插入剪贴画”对话框，在“插入剪贴画”对话框选择要插入的剪贴画类别→在展开的类别中选中要插入的剪贴画→单击“插入”按钮。

（2）插入图片文件

插入点定位→“插入”→“插图”组中的“图片”→“插入图片”对话框，在“图片库”和“文件名”中选择图片文件所在的位置和要插入的图片→单击“插入”按钮。

2. 编辑图片

（1）移动图片

- “浮动式”图片存放在图形层中，将鼠标移到所选图片上，当鼠标指针变成“✥”形状时，通过拖动鼠标可在页面上随意移动图片。
- “嵌入式”图片存放在文档层中，只能通过改变插入点光标位置来移动图片。

（2）缩放图片

- 选中图片，图片四周将出现八个尺寸控制点。将鼠标移至其中一个点，当鼠标指针变成双向箭头“↕↔⤢⤡”时按住鼠标左键向所需方向移动鼠标，便可对图片进行缩放。在拖动鼠标时，若同时按下<Shift>键，可使图像长宽按等比例进行缩放。
- 右击图片→在快捷菜单上选择“设置图片格式”选项→“大小”选项卡。

（3）裁剪图片

- 选中图片→在“图片工具”→“格式”→“大小”组中，单击“裁剪”按钮，在下拉选项中单击“裁剪”命令→将鼠标移至图片四周的裁剪点拖动鼠标。
- 选中图片→在“图片工具”/“格式”/“大小”组中，单击“裁剪”按钮，在下拉选项中单击“裁剪为开源”命令→选择需要的形状。

（4）设置环绕方式

- 右击图片→“设置图片格式”→“版式”选项卡→选择环绕方式。
- 选中图片→在“图片工具”→“格式”→“图片样式”组中单击“图片版式”按钮→在版式样式中选择所需版式。

（5）改变图片的亮度和对比度

选中图片→在“图片工具”→“格式”→“调整”组中单击“更正”按钮→在下拉菜单中选择“图片更正选项”→在“设置图片格式”对话中设置亮度和对比度。

（6）改变图片背景

选中图片→在“图片工具”→“格式”→“调整”组中单击“颜色”按钮→在下拉菜单中选择所需的色调和饱和度等。

3. 使用“绘图”工具绘制自选图形

- 插入点定位→“插入”→在“插图”组中单击“形状”按钮→选择所需要的形状。
- 单击“绘图工具”下的“格式”选项卡→在“插入形状”组中选择所需要的形状。

4. 编辑图形

（1）设置边线

- 选择图形→单击“绘图工具”下的“格式”选项卡→在“形状样式”组中选择“形状轮廓”。
- 右击图形→“设置形状格式”→单击“设置形状格式”对话框的“线型”（或线条颜色）选项→选择边线的线型（或线条颜色）。

（2）设置填充颜色

- 选择图形→单击“绘图工具”下的“格式”选项卡→在“形状样式”组中的选择“形状填充”。
- 右击图形→“设置形状格式”→单击“设置形状格式”对话框的“填充”选项选择形状颜色、纹理或图片等填充效果。

（3）在图形中添加文字

右击图形→“添加文字”→输入文本、编辑文本。

（4）图形的组合

- <Shift》+单击所需图形→单击“绘图工具”下的“格式”选项卡→在“排列”组中选择“组合”→“组合”。
- <Shift>+单击所需图形→右击→“组合”→“组合”。

（5）图形的分解

- 选择需要分解的图形→单击“绘图工具”下的“格式”选项卡→在“排列”组中选择“组合”→“取消组合”。
- 选择需要分解的图形→右击→“组合”→“取消组合”。

（6）图形的叠放次序

- 选择图形→右击→“置于顶层”/“置于底层”→单击相应的操作：
  - ◆单击“置于顶层”→“上移一层”：可以将对象上移一层。
  - ◆单击“置于顶层”→“置于顶层”：可以将对象置于最前面。
  - ◆单击“置于顶层”→“浮于文字上方”：可以将对象置于文字的前面，挡住文字。
  - ◆单击“置于底层”→“下移一层”：可以将对象下移一层。
  - ◆单击“置于底层”→“置于底层”：可以将对象置于最后面，很可能会被前面的对象挡住。
  - ◆单击“置于底层”→“浮于文字下方”：可以将对象置于文字的后面。
- 在功能区上单击“格式”选项卡，在“排列”组中可选择叠放位置。

（7）图形的旋转

- 选择图形→单击“绘图工具”下的“格式”选项卡→在“排列”组中单击“旋转”按钮→选择旋转方式。
- 选择图形→将鼠标指向图片上方的绿色控制柄，光标变成旋转箭头形状后，按住左键正时针或逆时针旋转图片。

（8）图形形状的调整

当选中某些图形时，在图形周围会出现一个或多个称为图形“调整控制点”的黄色菱形块，使用鼠标拖动这些“调整控制点”，可获得各种变形后的图形。

（9）设置阴影与三维效果

- 选择图形→单击“绘图工具”下的“格式”选项卡→在“形状样式”组中选择“形状效果”按钮，并在打开的列表中指向“阴影”选项→在打开的阴影面板中选择合适的阴影效果
- 选择图形→单击“绘图工具”下的“格式”选项卡→在“形状样式”组中选择“形状效果”按钮，并在打开的列表中指向“三维旋转”选项→在打开的“三维旋转”面板中选择合适的三维效果。

5．文本框的使用

（1）插入空白文本框

“插入”→“文本”组中的“文本框”→“绘制文本框”或“绘制竖排文本框”（鼠标指针变

成“十”形）→在文档空白处单击并拖动鼠标。

（2）用选中的文本创建文本框

选定文本→“插入”→“文本”组中的“文本框”→“绘制文本框”或“绘制竖排文本框”。

（3）设置文本框格式

- 右击文本框→“设置形状格式”→“设置形状格式”对话框。
- 单击文本框→单击“绘图工具”下的“格式”选项卡中的“形状样式”。

（4）文本框的移动

选中文本框→拖动鼠标将文本框拖至目标位置。

6. 公式的编辑

插入公式：插入点定位→“插入”→“符号”组的“公式”按钮。

7. 艺术字的使用

（1）创建艺术字

选择需要变换成艺术字的文本→“插入”→“文本”组的“艺术字”→“艺术字库”对话框→选择艺术字样式→设置艺术字字体。

（2）更改艺术字形状

选定“艺术字”对象→单击“绘图工具”下的“格式”选项卡中的“艺术字样式”→选择“文字效果”选项。

（3）更改艺术字文字字体

选定“艺术字”对象中需要更改字体的文字→右击弹出快捷菜单→在快捷菜单中选择“字体”→在“字体”对话框中设置字体。

（4）设置艺术字格式

选定“艺术字”对象→单击“绘图工具”下的“格式”选项卡中的“形状样式”。

三、实验内容

1. 打开素材 WS6.docx 文件，将标题“文字处理软件的发展”，设计成艺术字（样式任选），文字采用楷体、36 磅。

2. 在文档中插入一个五角星图形（位置任意），五角星线条用黄色，填充颜色用红色。

3. 在文档中插入一副剪贴画，设置剪贴画的图形环绕方式为四周型。

4. 将文档中关于 Word 2010 的优点描述放入文本框中。设置文本框：三维立体效果，设置文本框填充效果：双色（颜色自定）、角部辐射，设置文本框版式：四周环绕型。

5. 插入艺术字“Word 2010 的优点”，设置艺术字环绕方式：四周型或紧密型，设置叠放次序：置于顶层。

6. 组合艺术字和文本框。

7. 在文档中的第三段后面插入数学公式 $y=\int_0^{\pi}\sin(\frac{x+1}{x^2})\mathrm{d}x$。

8. 将本次实验结果另存在“W11.docx”文件中。

四、实验步骤

1．打开素材文档 WS6.docx，设置艺术字标题。

［操作 1］选择标题文本“文字处理软件的发展”。

［操作 2］单击“插入”→“艺术字”按钮→在下拉框中选择第 3 行第 3 列位置的艺术字。

［操作 3］在“开始”→“字体”组中设置艺术字的文本格式为：楷体、36 磅。

［操作 4］选定艺术字，移动鼠标，当光标变为“✥”时，拖动艺术字对象到标题处。

［操作 5］单击“格式”→“文本效果”→“转换”按钮→选择“波形 2”。

具体操作过程如图 3-45 所示。

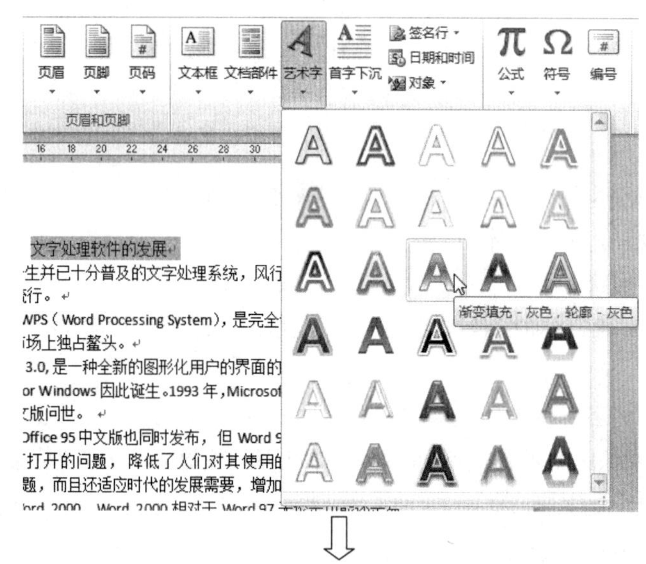

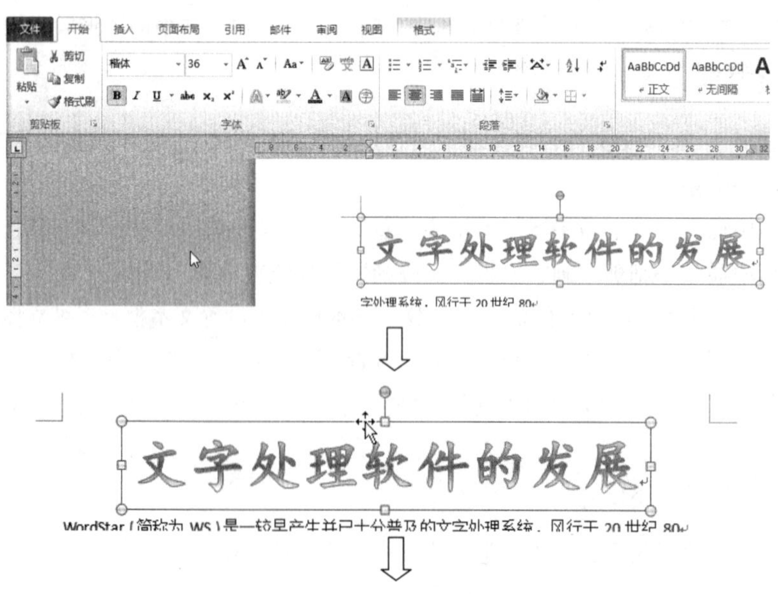

图 3-45　艺术字标题设置操作

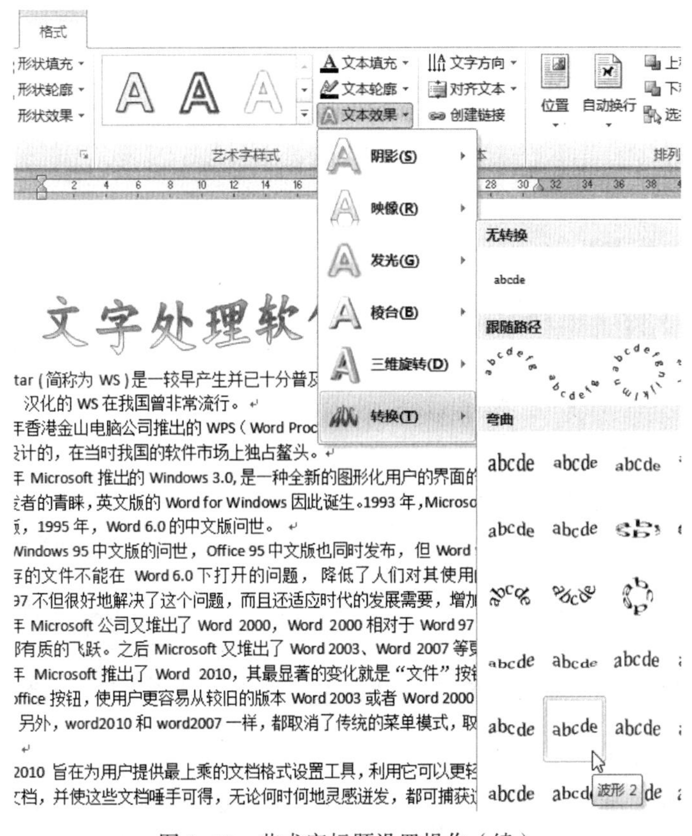

图 3-45　艺术字标题设置操作（续）

2. 在文档中插入一个五角星图形（位置任意），五角星线条用黄色，填充颜色用红色。

［操作 1］单击“插入”→“形状”按钮→在“星与旗帜”栏选择五角星图形，此时光标变为“十”。

［操作 2］在所需放置形状的位置单击鼠标并移动，绘制形状。

［操作 3］将鼠标移到图形周围的控制点，单击并拖动鼠标以便调整形状到合适的大小。

［操作 4］单击“格式”→“自动换行”按钮→选择“四周型环绕”。

［操作 5］单击“格式”→“形状轮廓”按钮→选择“黄色”。

［操作 6］单击“格式”→“形状填充”按钮→选择“红色”。具体操作过程如图 3-46 所示。

3. 在文档中插入一副剪贴画，设置剪贴画的图形环绕方式为四周型。

［操作 1］单击“插入”→“剪贴画”按钮→在“剪贴画”窗格中输入文字并单击“搜索”按钮。

［操作 2］将光标移到待插入位置→选择一幅剪贴画→右击选中的剪贴画→在弹出的快捷菜单中选择“插入”命令。

［操作 3］单击“格式”→“自动换行”按钮→选择“四周型环绕”。

［操作 4］将鼠标移到图片周围的控制点，单击并拖动鼠标以便调整图片到合适的大小。

［操作 5］将鼠标移到图片移动控制区域，单击并拖动鼠标以便调整图片到合适的位置。具体操作过程如图 3-47 所示。

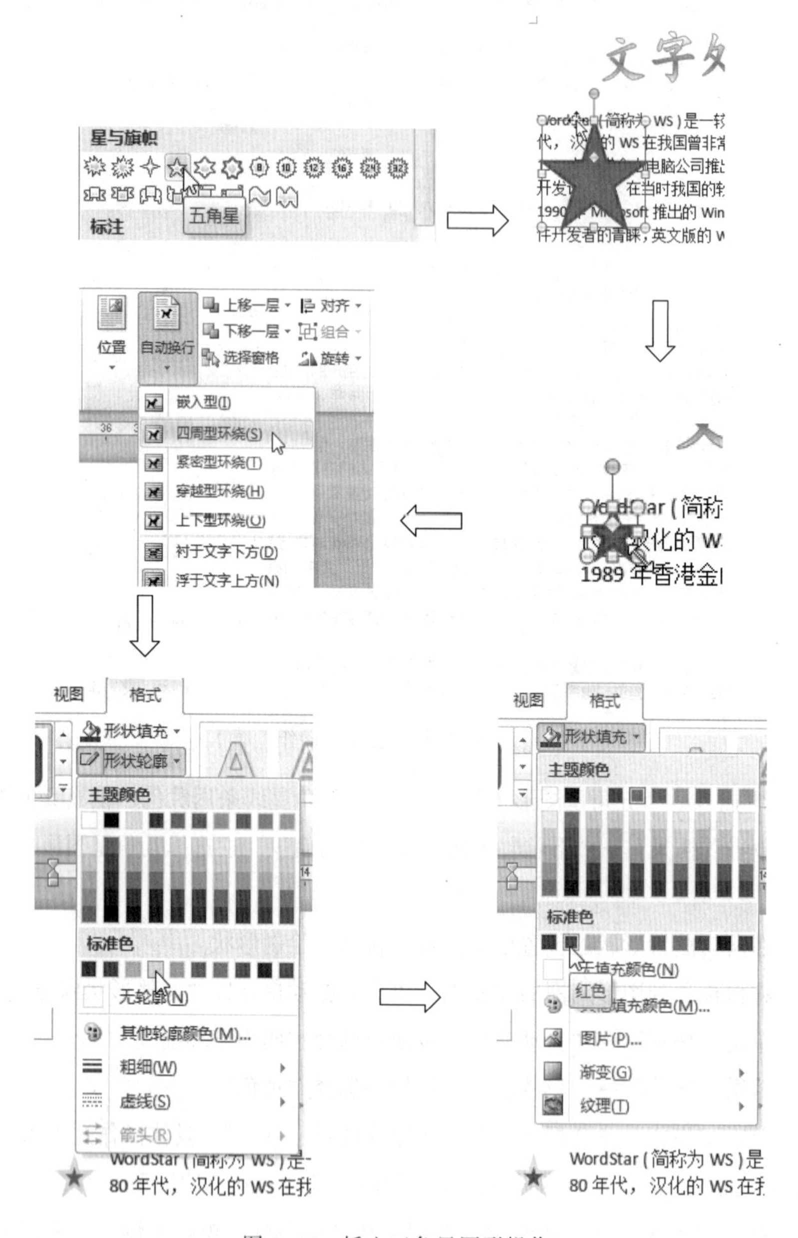

图 3-46 插入五角星图形操作

4．将文档中关于 Word 2010 的优点描述放入文本框中。设置文本框：三维立体效果，设置文本框填充效果：双色（颜色自定）、角部辐射，设置文本框版式为四周环绕型。

［操作 1］选中文档中关于 Word 2010 的 4 个优点描述。

［操作 2］单击“插入”→“文本框”按钮→选择“绘制文本框”选项。

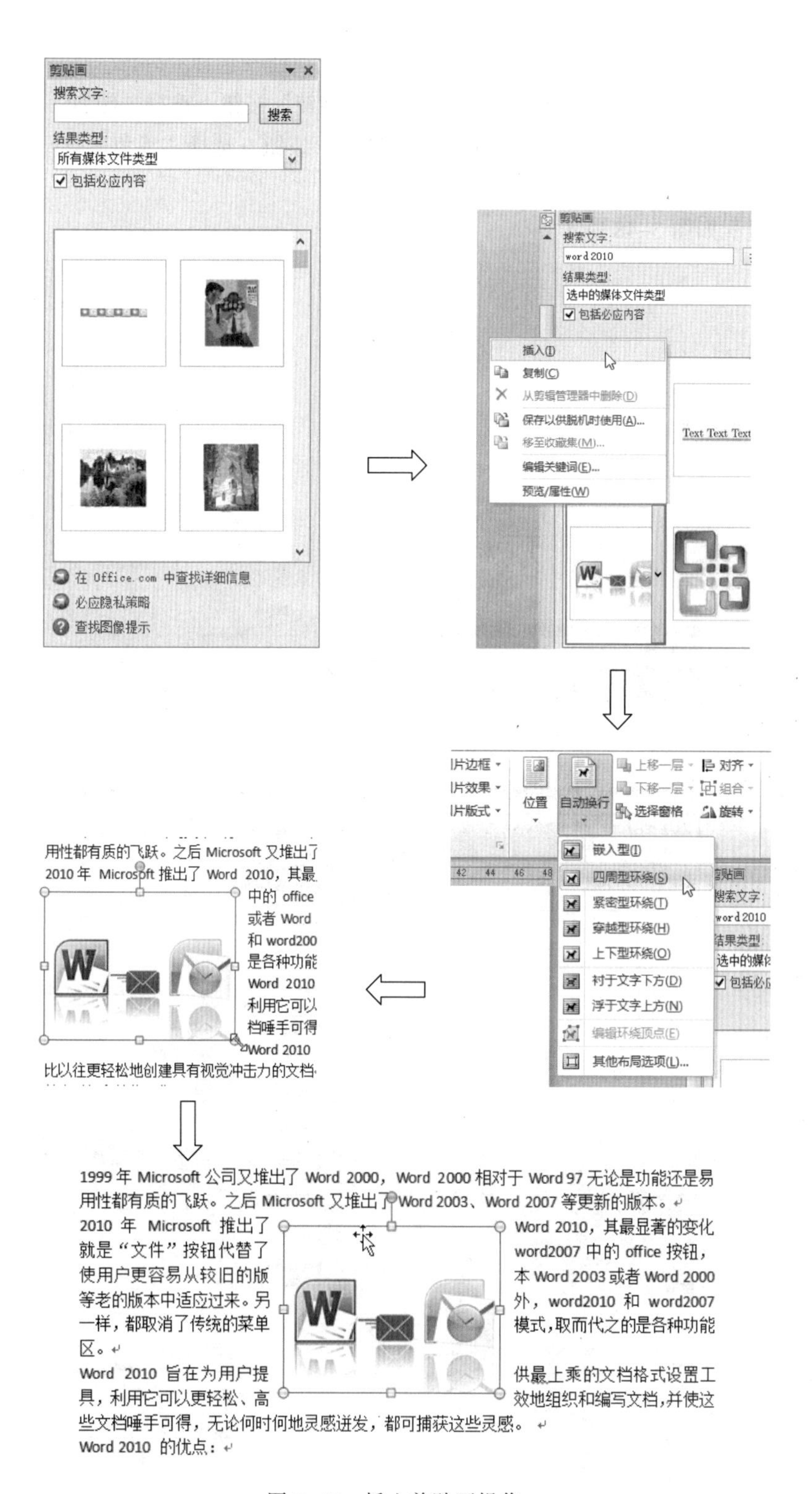

图 3-47　插入剪贴画操作

[操作 3] 将鼠标移到文本框周围的控制点，单击并拖动鼠标以便调整文本框到合适的大小。

[操作 4] 将鼠标移到文本框移动控制区域，单击并拖动鼠标以便调整文本框到合适的位置。

［操作 5］单击“格式”→“形状效果”→“阴影”按钮→选择“外部”的“左下斜偏移”。

［操作 6］单击“格式”→“形状效果”→“三维旋转”按钮→选择“倾斜”的“倾斜左下”。

［操作 7］单击“格式”→“形状填充”→“渐变”按钮→选择“浅色变体”的“线性对角-左下到右上”。

具体操作过程如图 3-48 所示。

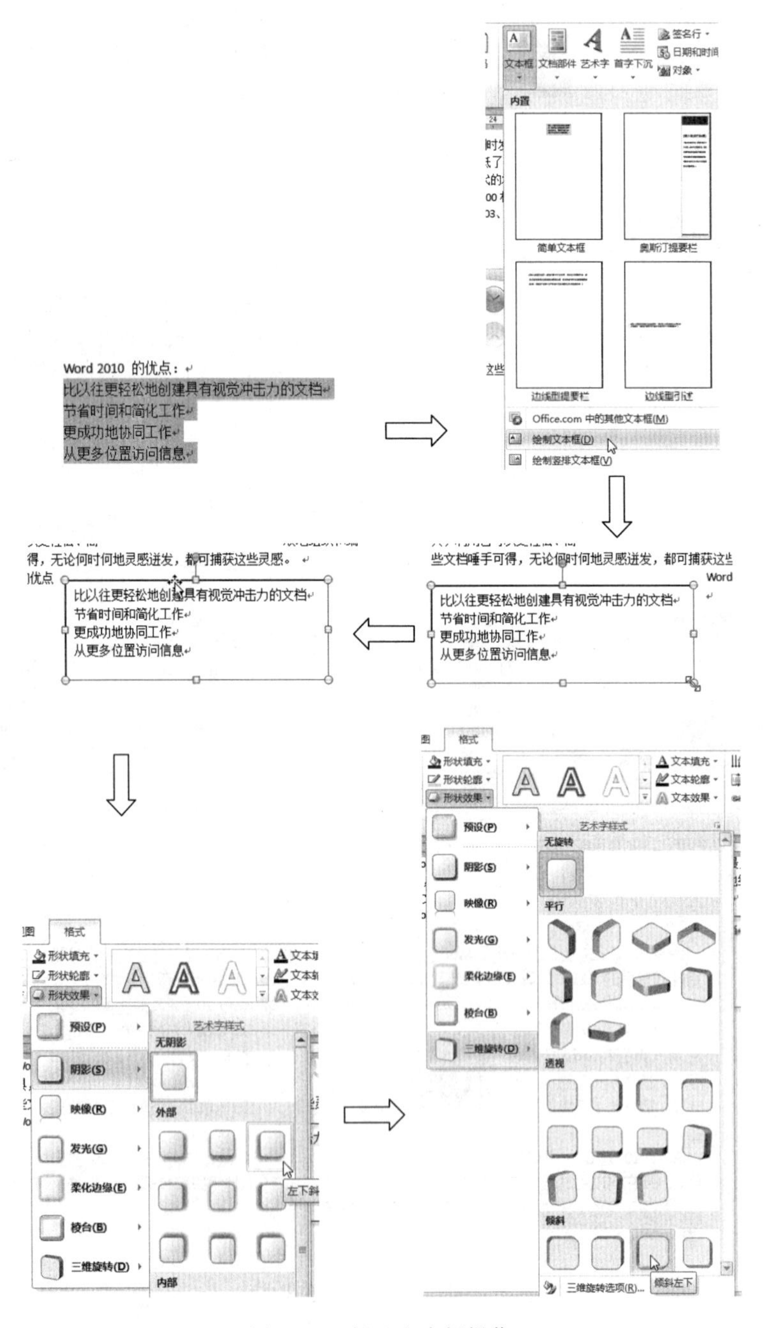

图 3-48 插入文本框操作

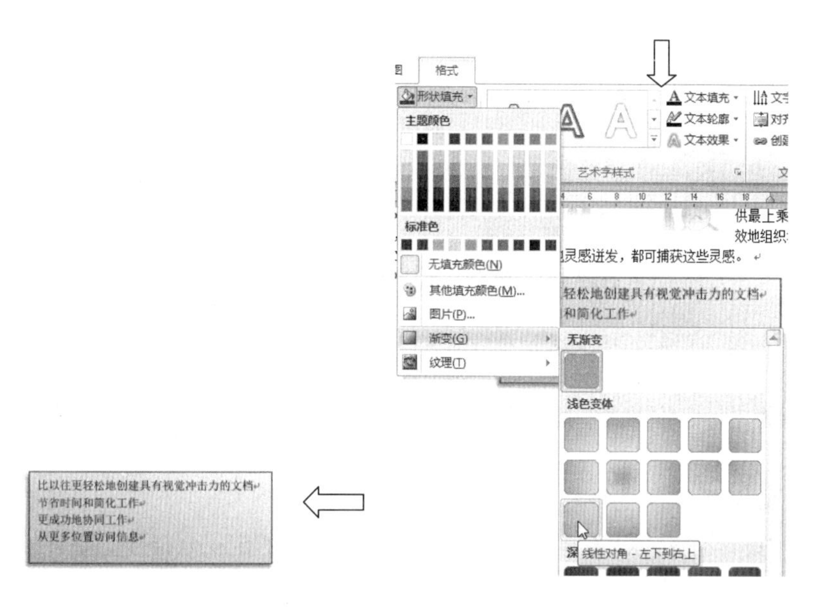

图 3-48　插入文本框操作（续）

5. 插入艺术字“Word 2010 的优点”，设置艺术字环绕方式：四周型或紧密型，设置叠放次序：置于顶层。

[操作 1] 选中文档中的文本“Word 2010 的优点”。

[操作 2] 单击“插入”→“艺术字”按钮→在下拉框中选择第 6 行第 2 列位置的艺术字。

[操作 3] 在“开始”选项卡的“字体”组中设置艺术字的文本格式为：华文彩云、20 磅。

[操作 4] 单击“格式”→“上移一层”的下拉菜单→选择“浮于文字上方”。

[操作 5] 单击“格式”→“上移一层”的下拉菜单→选择“置于顶层”。

6. 组合艺术字和文本框。

[操作] 选中艺术字和文本框，单击“格式”→“排列”→“组合”→“组合”命令。5 和 6 的具体操作过程如图 3-49 所示。

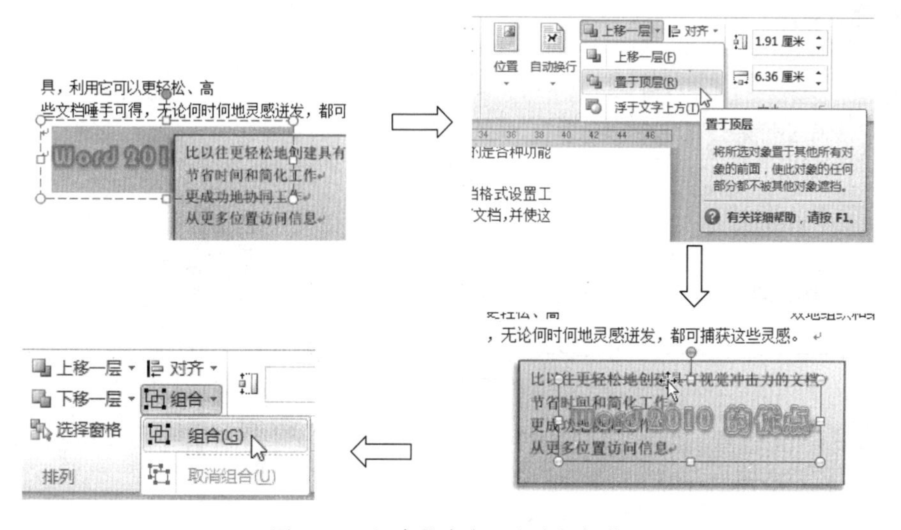

图 3-49　组合艺术字和文本框操作

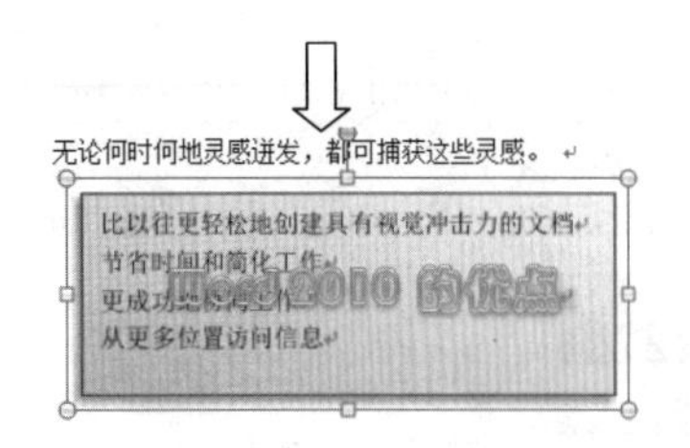

图 3–49　组合艺术字和文本框操作（续）

7．文档中的第三段后面插入数学公式 $y=\int_0^{\pi}\sin(\frac{x+1}{x^2})dx$。

［操作 1］将光标定位于需要插入公式的位置→“插入”→“公式”→在下拉框中选择“插入新公式”命令。

［操作 2］输入“y=”。

［操作 3］“设计”→“积分”按钮→选择带上限和下限的定积分符号。

［操作 4］单击下限方框→输入“0”。

［操作 5］单击上限方框→“设计”→在“符号”组的下拉框中选择“π”。

［操作 6］单击输入方框→“设计”→“函数”→选择“正弦函数”。

［操作 7］单击输入方框→输入“(”。

［操作 8］单击输入方框→“设计”→“分数”→选择“分数（竖式）”。

［操作 9］单击分子方框→输入“x+1”。

［操作 10］单击分母方框→“设计”→“上下标”→选择“上标”。

［操作 11］单击下标方框→输入“x”。

［操作 12］单击上标方框→输入“2”。

［操作 13］单击分数线右侧→输入“)dx”。

［操作 14］单击公式编辑器以外的地方即可退出公式编辑。

具体操作过程如图 3–50 所示。

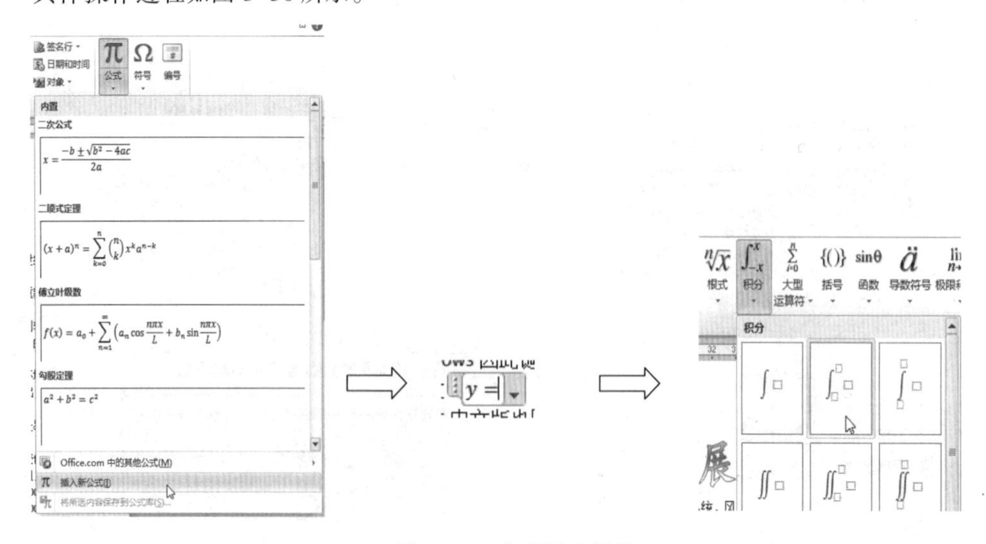

图 3–50　公式插入操作

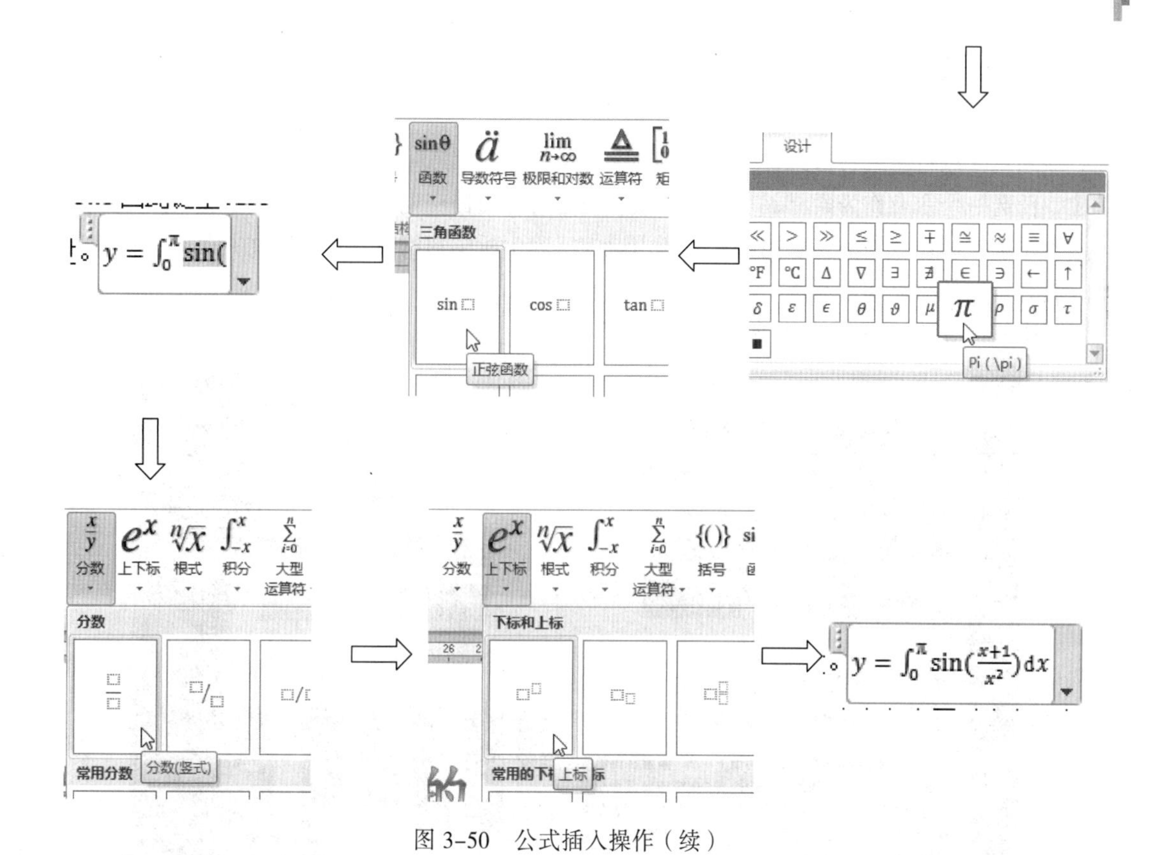

图 3-50　公式插入操作（续）

8. 保存文档。

［操作］将文档另存为 W11.docx。实验结果如图 3-51 所示。

文字处理软件的发展

WordStar（简称为 WS）是一较早产生并已十分普及的文字处理系统，风行于 20 世纪 80 年代，汉化的 WS 在我国曾非常流行。

1989 年香港金山电脑公司推出的 WPS（Word Processing System），是完全针对汉字处理重新开发设计的，在当时我国的软件市场上独占鳌头。

1990 年 Microsoft 推出的 Windows 3.0，是一种全新的图形化用户的界面的操作环境，受到软件开发者的青睐，英文版的 Word for Windows 因此诞生。1993 年，Microsoft 推出 Word 5.0 的中文版，1995 年，Word 6.0 的中文版问世。$y=\int_0^{\pi}\sin(\frac{x+1}{x^2})dx$

随着 Windows 95 中文版的问世，Office 95 中文版也同时发布，但 Word 95 存在着在其环境下保存的文件不能在 Word 6.0 下打开的问题，降低了人们对其使用的热情。新推出的 Word 97 不但很好地解决了这个问题，而且还适应时代的发展需要，增加了许多新功能。

1999 年 Microsoft 公司又推出了 Word 2000，Word 2000 相对于 Word 97 无论是功能还是易用性都有质的飞跃。之后 Microsoft 又推出了 Word 2003、Word 2007 等更新的版本。

2010 年 Microsoft 推出了 Word 2010，其最显著的变化就是“文件”按钮代替了 word2007 中的 office 按钮，使用户更容易从较旧的版本 Word 2003 或者 Word 2000 等老的版本中适应过来。另外，word2010 和 word2007 一样，都取消了传统的菜单模式，取而代之的是各种功能区。

Word 2010 旨在为用户提供最上乘的文档格式设置工具，利用它可以更轻松、高效地组织和编写文档，并使这些文档唾手可得，无论何时何地灵感迸发，都可捕获这些灵感。

比以往更轻松地创建具有视觉冲击力的文档
节省时间和简化工作
更成功地协同工作
从更多位置访问信息
Word 2010 的优点

图 3-51　实验结果

五、课后实验

1．制作企业宣传展板。

该题目采取自由组合形式（三人一组，并指定小组长，统一上报学习委员处备案），以小组为单位，任选一个企业作为素材，小组长在教师规定时间内提交电子报刊。

电子版报制作效果，要求能够充分利用课内实验中所学知识点，使其图文并茂，结构简洁清晰，具有自己的特色和创新点。

样张如图 3-52 所示，按要求进行如下操作：

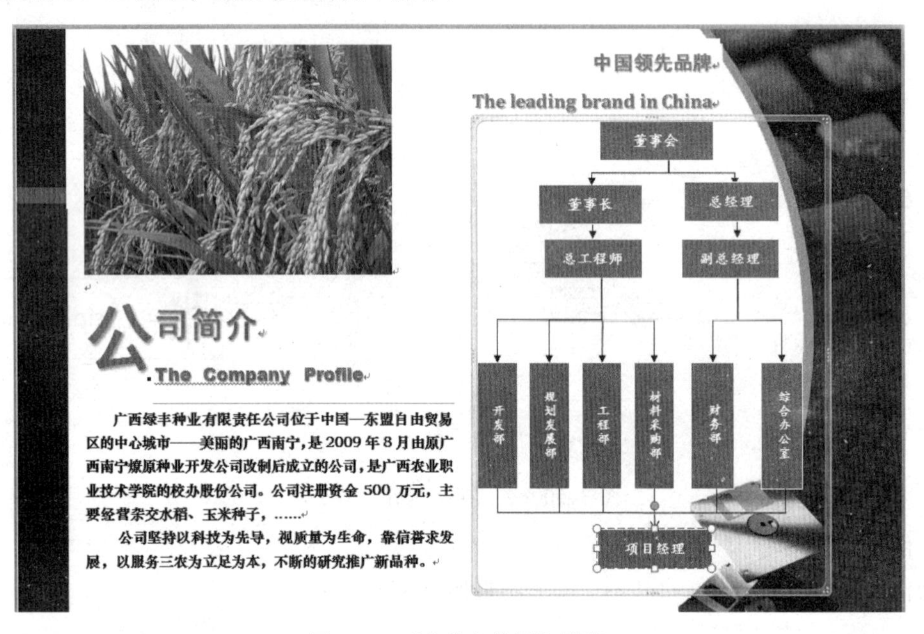

图 3-52 “企业宣传展”样张

（1）设置页面分栏为“两栏”。

（2）在当前文档下，在“页面布局”的“页面背景”组中单击“页面颜色”按钮，选择“填充效果”选项，打开“填充效果”对话框，在对话框中选择作为背景的图片。

（3）插入宣传板左上角的图片，设置图片的大小，环绕方式选择“浮于文字上方”选项。

（4）输入正文标题及正文，设置正文格式，格式见样张。

（5）在宣传板右上角插入“简单文本框”，在文本框中录入“中国领先品牌……”，格式见样张。

（6）绘制形状大小，设置形状格式。

① 在“插入”选项卡的“插图”组中单击“形状”按钮，单击样张所选的形状，在文档中按住鼠标左键并拖动即可绘制所选图形。

② 设置形状样式：大小及环绕方式。

③ 添加文本：选择形状对象，单击鼠标右键，选择“添加文本”命令。

2．数学学报制作。

样张如图 3-53 所示，按要求进行如下操作：

◆ 已知方程 $x^2+(2k-1)x+k^2=0$，求使方程有两个大于 1 的实数根的充分必要条件。

【解】令 $f(x)=x^2+(2k-1)x+k^2$，方程有两个大于 1 的实数根

$$\Leftrightarrow\begin{cases}\Delta=(2k-1)^2-4k^2\geq 0\\ -\dfrac{2k-1}{2}>1\\ f(1)>0\end{cases}\quad 即 0<k\leq\frac{1}{4}$$

所以其充要条件为：$0<k\leq\frac{1}{4}$

◆ 求解一元二次方程 $ax^2+bx+c=0(a\neq 0)$ 的解，绘制程序流程图如下：

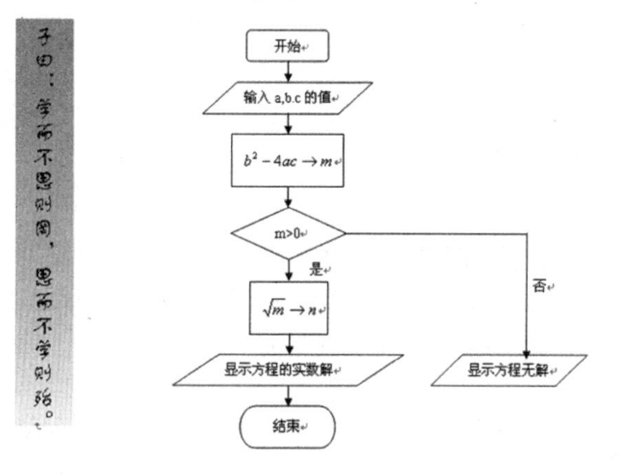

图 3-53 “数学学报”样张

（1）打开素材 WSC-10-3.docx，以 WSX10-KH.docx 为名将文件另存到“WSX10+学号”的文件夹中。

（2）如图 3-53 所示样张，添加相应的页眉。

（3）如图 3-53 所示样张，插入艺术字、剪贴画。环绕方式均设置为紧密型。

（4）如图 3-53 所示样张，利用插入公式的方式完成第一题求解过程。

（5）如图 3-53 所示样张，插入竖型文本框，设置字体为华文琥珀、小二号，文本框填充“雨后初晴”过渡效果、无线条。

（6）如图 3-53 所示样张，绘制程序流程图。

（7）保存文档。

实验 3-5　Word 2010 页面排版与文档打印

一、实验目的

1. 掌握文档页面格式的编排，熟悉分页、分节。

2. 掌握页眉、页脚的设置方法。

3. 掌握页面设置操作。

4. 学会在文档中插入页码和分页符。

5. 掌握样式和模板的操作及应用方法，能运用样式和模板简化文档的处理操作。

6. 掌握文档目录的插入与设置。

7. 掌握文档的保护方法

8. 了解打印预览操作。

9. 了解打印属性的设置。

二、预备知识

1. 页面设置

（1）页边距的设置

- "页面布局"→"页面设置"组中的"页边距"选项→自定义边距，弹出"页面设置"对话框，在"页边距"选项卡中进行"页边距"设置。
- "页面布局"→单击"页面布局"的"页面设置"组中的显示对话框按钮，弹出"页面设置"对话框，在"页边距"选项卡中进行"页边距"设置。

（2）纸型的设置

- "页面布局"→"页面设置"组中的"纸张大小"选项→选择所需的纸张大小。
- "页面布局"→单击"页面布局"的"页面设置"组中的显示对话框按钮，弹出"页面设置"对话框，在"纸张"选项卡中进行纸张大小的设置。

（3）版式的设置

"页面布局"→单击"页面布局"的"页面设置"组中的显示对话框按钮，弹出"页面设置"对话框，在"版式"选项卡中进行版式的设置。页面区域可设置页面的对齐方式，包括"顶端对齐""居中"和"底端对齐"，不同页面的页眉和页脚的区别等。

（4）纸张方向的设置

"页面布局"→"页面设置"组中的"纸张方向"选项→选择所需的纸张方向。

2. 插入页码

"插入"→单击"页眉和页脚"组中的"页码"按钮→选择页码位置→在弹出的对话框中选择页码格式。

3. 插入页眉和页脚

"插入"→单击"页眉和页脚"组中的"页脚"按钮（或"页脚"按钮）→在"编辑页眉"（或"编辑页脚"）中选择相应的选项进行编辑。

4. 新建样式

"开始"→在"开始"选项卡的"样式"组中，单击"样式"右侧按钮，单击"样式"窗格左下角"新建样式"按钮。

5. 应用样式

选定段落→"开始"→在"样式"组中单击样式名。

6. 更改和删除样式

（1）更改样式

“开始”→右击“样式”组中相应的样式按钮，弹出针对该样式的快捷菜单，在弹出的快捷菜单中选择“修改”选项，打开“修改样式”对话框。

（2）删除样式

“开始”→右击“样式”组中相应的样式按钮，在弹出的针对该样式的快捷菜单中选择“从快速样式库中删除”选项。

7. 文档结构图

“视图”→在“显示”组中选中“导航窗格”选项→单击“导航窗格”中的“浏览您的文档中的标题”按钮。

8. 显示比例的设置

- 按住<Ctrl>键，再滚动鼠标中间的滚轮。
- 拖动预览窗口右下角的缩放滑块调整预览界面的显示比例。

9. 打印预览及打印

（1）打印预览

- 单击快速工具栏中的“打印预览和打印”按钮，进入打印预览，显示预览效果。
- 选择“文件”→“打印”命令，进入打印预览，显示预览效果。

（2）打印

- 单击快速工具栏中的“快速打印”按钮。
- 单击快速工具栏中的“打印预览和打印”按钮或单击“文件”→“打印”命令，输入所打印的页码范围、打印份数及其他打印参数后，单击“打印”按钮，开始打印文档。

若安装了多台打印机，需要在“打印机”区域中选择打印机名称，单击“打印机属性”可设置打印机属性。

三、实验内容

1. 打开 Word 文档 WSC-8-1.docx，以“WSX8+学号 1.docx”为名将文件另存到“WSX8+学号”文件夹中。

2. 将文档页面格式设置为上下边距各为 4cm，左右边距各为 3.3cm，纸张大小为 A4。

3. 在文件开头插入分节符为下一页（目的是为了在文章的开头插入目录）。

4. 新建样式：样式名称为“讲义标题”，“字符格式”为：“字体”华文行楷，“字号”二号，“颜色”红色，“字形”加粗。“段落格式”为：“对齐方式”为“居中”，“段后”距离为 8 磅。

5. 修改样式：将样式名称为“标题”的格式做如下的修改：“字符格式”为：“字体”隶书，“字号”二号，“颜色”蓝色，“字形”加粗。“段落格式”为：“对齐方式”为“居中”，“段后”距离为 8 磅。

6. 应用样式：将文件中的第一行应用样式名为“讲义标题”的样式，将凡是有编号“一、二、三……”的红色字应用样式名为“标题1”的样式，将凡是有编号“1、2、3……”的红色字应用样式名为“标题2”的样式，凡是有编号“1）、2）、3）……”的红色字应用样式名为“标题3”的样式。

7．插入页码：将光标放到文件的第二页，插入页码，页码格式为起始页码为1，在页脚中插入页码“第X页”，其中X采用“1，2，3，…”格式，居中显示。

8．利用文档结构图查看目录。

9．提取文档的目录形成一个单独的目录页：在该文件的开头插入目录，目录级别为4级，“讲义标题”为1级，“标题1”为2级，“标题2”为3级，“标题3”为4级。

10．设置文档保护。

11．打印预览与打印文档。

四、实验步骤

1．打开Word文档WSC-8-1.docx后，以“WSX8+学号.docx”为名将文件另存到“WSX8+学号”文件夹中。

[操作1] 在磁盘驱动器及文件夹中找到Word文档WSC-8-1.docx，双击打开。

[操作2] 在WSC-8-1.docx文档窗口单击“文件”→“另存为”命令。

[操作3] 选择驱动器及“WSX8+学号”文件夹。

[操作4] 在“文件名”列表框中输入文件名“WSX8+学号”。

[操作5] 单击“保存”按钮。

2．将文档页面格式设置为上下边距各为4cm，左右边距各为3.3cm，纸张大小为A4。

[操作1] 单击“页面布局”的“页面设置”组中的显示对话框按钮，如图3-54所示，弹出“页面设置”对话框。

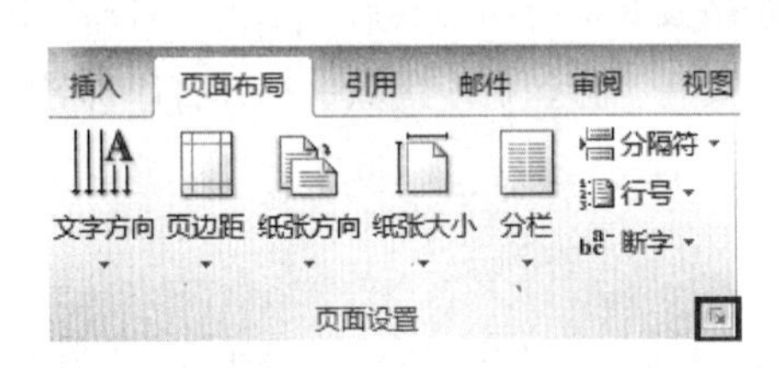

图3-54 页面设置按钮

[操作2] 在“页边距”选项卡中进行“页边距”设置。

[操作3] 在“纸张”选项卡中进行“纸张大小”设置，单击“确定”按钮。

具体操作过程如图3-55所示。

3．在文件开头插入分节符为下一页。

[操作1] 将插入点定位到文章起始位置。

[操作2] 在“页面布局”选项卡的“页面设置”组单击“分隔符”按钮，打开“分隔符”下拉列表，如图3-56所示。

[操作3] 选择“分节符”类型栏的“下一页”命令按钮，插入分节符。

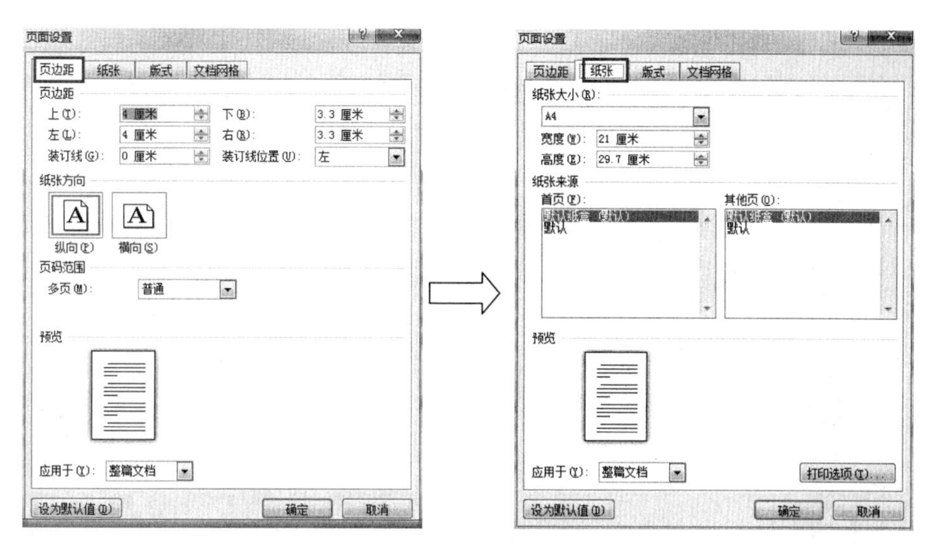

图 3-55　页面设置操作

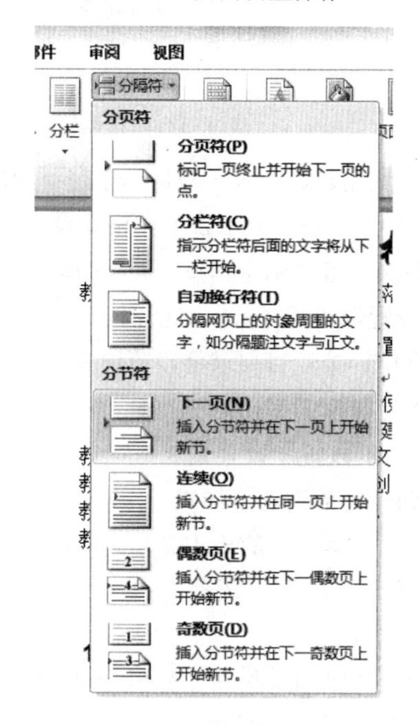

图 3-56　分隔符窗口

4. 新建样式：样式名称为“讲义标题”，“字符格式”为：“字体”华文行楷，“字号”二号，“颜色”红色，“字形”加粗。“段落格式”为：“对齐方式”为“居中”，“段后”距离为 8 磅。

[操作 1] 在“开始”选项卡的“样式”组中，单击“样式”右侧按钮，显示“样式”窗格，如图 3-57 所示。

[操作 2] 单击“样式”窗格左下角“新建样式”按钮，显示“根据格式设置创建新样式”对话框，如图 3-58 所示。在“根据格式设置创建新样式”对话框中的“名称“框中输入“讲义标题”。

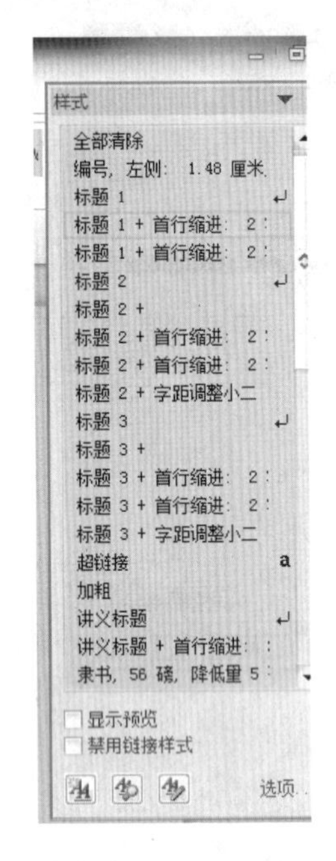

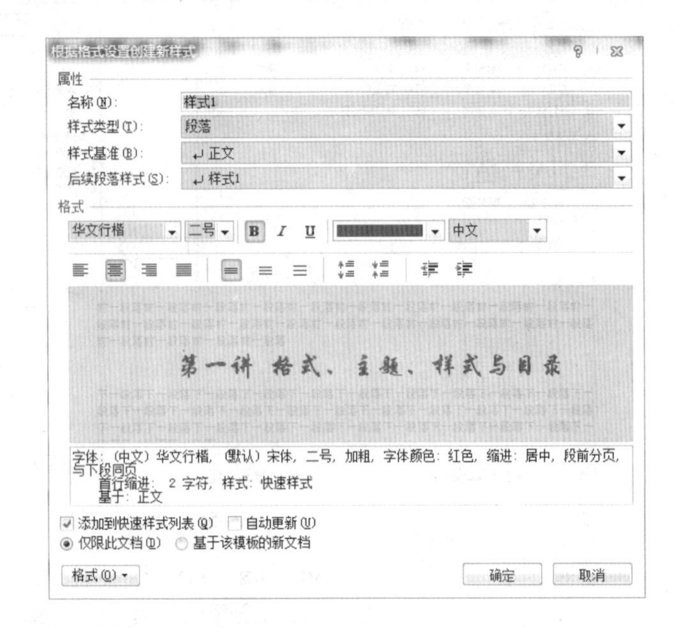

图 3-57 “样式”窗格　　　　图 3-58 “根据格式设置创建新样式”对话框

[操作 3] 单击“根据格式设置创建新样式”对话框中左下角的“格式”按钮，选择“字体”选项，在弹出的“字体”对话框中，按题目要求将字体格式设置成“字体”华文行楷，“字号”二号，“颜色”红色，“字形”加粗。单击“确定”按钮，“字体”设置完成。

[操作 4] 单击“根据格式设置创建新样式”对话框中左下角的“格式”按钮，选择“段落”命令，在弹出的“段落”对话框中，按题目要求将段落设置成“对齐方式”为“居中”，“段后”距离为 8 磅。设置好后单击“确定”按钮退出。

[操作 5] 单击“确定”按钮，“段落”设置完成。

[操作 6] 单击“确定”按钮，完成创建新样式。

5. 修改样式：将样式名称为“标题 1”的格式做如下的修改：“字符格式”为：“字体”隶书，“字号”二号，“颜色”蓝色，“字形”加粗。“段落格式”为：“对齐方式”为“居中”，“段后”距离为 8 磅。

[操作 1] 右击样式菜单中的“标题 1”按钮，弹出针对该标题的快捷菜单，如图 3-59 所示，在弹出的快捷菜单中选择“修改”选项，打开“修改样式”对话框，如图 3-60 所示。

[操作 2] 单击“修改样式”对话框中左下角的“格式”按钮，选择“字体”选项，在弹出的“字体”对话框中，按题目要求将字体格式设置成：“字体”隶书，“字号”二号，“颜色”蓝色，“字形”加粗；单击“确定”按钮，“字体”设置完成。

[操作 3] 单击“修改样式”对话框中左下角的“格式”按钮，选择“段落”命令，在弹出的“段落”对话框中，按题目要求将段落设置成“对齐方式”为“居中”，“段后”距离为 8 磅。设置好后单击“确定”按钮退出。

[操作 4] 单击“确定”按钮，“段落”设置完成。

[操作 5] 单击“确定”按钮，完成样式的修改。

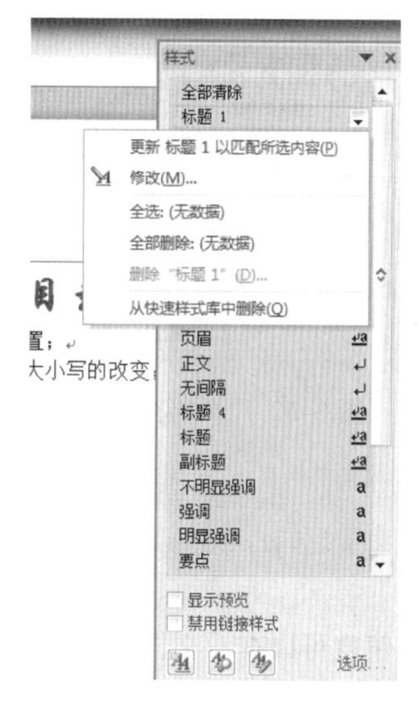

图 3-59　样式操作快捷菜单

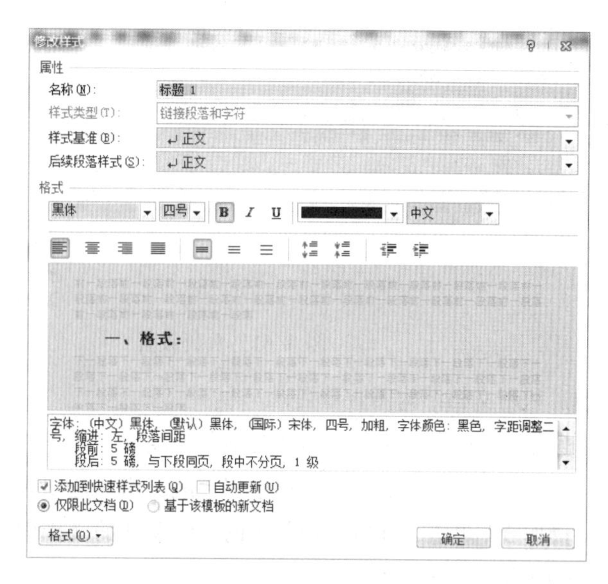

图 3-60　“修改样式”对话框

6. 应用样式：将文件中的第一行应用样式名为“讲义标题”的样式，将凡是有编号“一、二、三……”的红色字应用样式名为“标题 1”的样式，将凡是有编号“1、2、3……”的红色字应用样式名为“标题 2”的样式，凡是有编号“1）、2）、3）……”的红色字应用样式名为“标题 3”的样式。

［操作 1］将光标放在文章的正文第一行的任意位置，在“样式”窗格中单击“讲义标题”应用样式。

［操作 2］将光标放在段落“一、格式”的任意位置，在“样式”窗格中单击“标题 1”应用样式。其他需要设置成标题 1 的段落进行同样的操作。

［操作 3］将光标放在段落“1、字条格式”的任意位置，在“样式”窗格中单击“标题 2”应用样式。其他需要设置成标题 2 的段落进行同样的操作。

在设置过程中，如果要设置为“标题 1”，可以按快捷键<Ctrl>+<Alt>+<1>，如果要设置为“标题 2”，则按快捷键<Ctrl>+<Alt>+<2>，如果要设置为“标题 3”，则按快捷键<Ctrl>+<Alt>+<3>。

7. 插入页码：将光标放到文件的第二页，插入页码，页码格式为起始页码为 1，在页脚中插入页码“第 X 页”，其中 X 采用“1，2，3，…”格式，居中显示。

［操作 1］单击“插入”→“页眉和页脚”组里的“页码”按钮，选择“页面底端”选项中的“普通数字 2”选项，如图 3-61 所示。

［操作 2］在页脚区中“X”选项前后添加文字“第”“页”，呈现“第 X 页”。

插入页码的时候，如果需要以不同样式的数字显示页脚的话，选中页脚中的“X”，选择“插入”→“页眉和页脚”→“页码”→“设置页码格式”选项，在“页码格式”对话框中，“编号格式”选择其他所需要的格式，“起始页码”选项选择所需要的起始页码值，如图 3-62 所示。

［操作 3］设置完毕后，单击“确定”按钮。

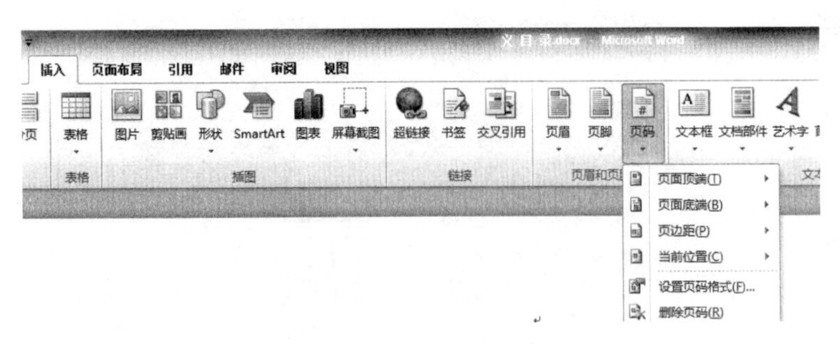

图 3-61 页码设置

图 3-62 “页码格式”对话框

8．利用文档结构图查看目录。

［操作 1］单击主菜单中的“视图”选项卡。

［操作 2］单击“显示”中选中“导航窗格”选项。

［操作 3］单击“导航窗格”中的“浏览您的文档中的标题”按钮就可以查看文档结构图了，如图 3-63 所示。

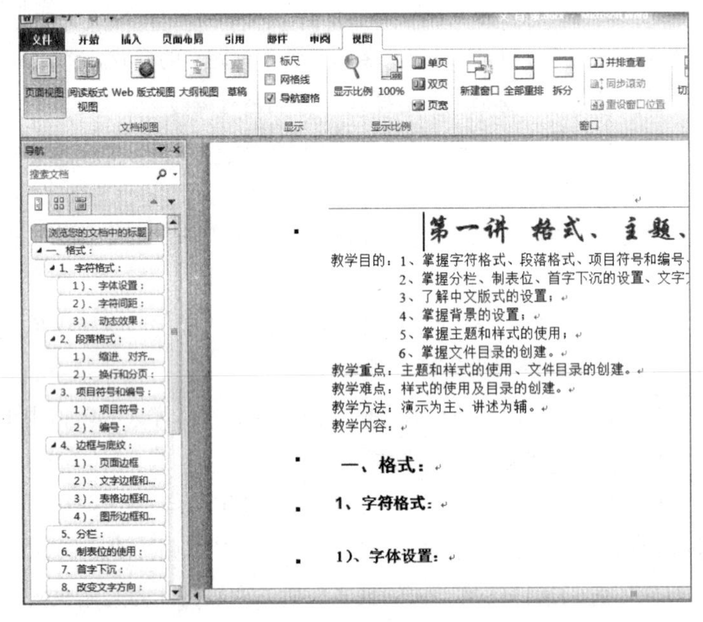

图 3-63 文档结构图

9．提取文档的目录形成一个单独的目录页：在该文件的开头插入目录，目录级别为 4 级，“讲义标题”为 1 级，“标题 1”为 2 级，“标题 2”为 3 级，“标题 3”为 4 级。

［操作 1］将光标放在第 1 页，即空白页，输入文字“讲义目录”，并按要求设置好格式

［操作 2］将光标定位到“讲义目录”的后面，单击“引用”→“目录”按钮，在打开的下拉列表中单击“插入目录”选项，打开“目录”对话框，如图 3-64 所示。

［操作 3］单击“目录”选项卡，设置为显示页码、右对齐、显示级别为 3。

［操作 4］单击“确定”按钮，单击“确定”按钮，生成目录，如图 3-65 所示。

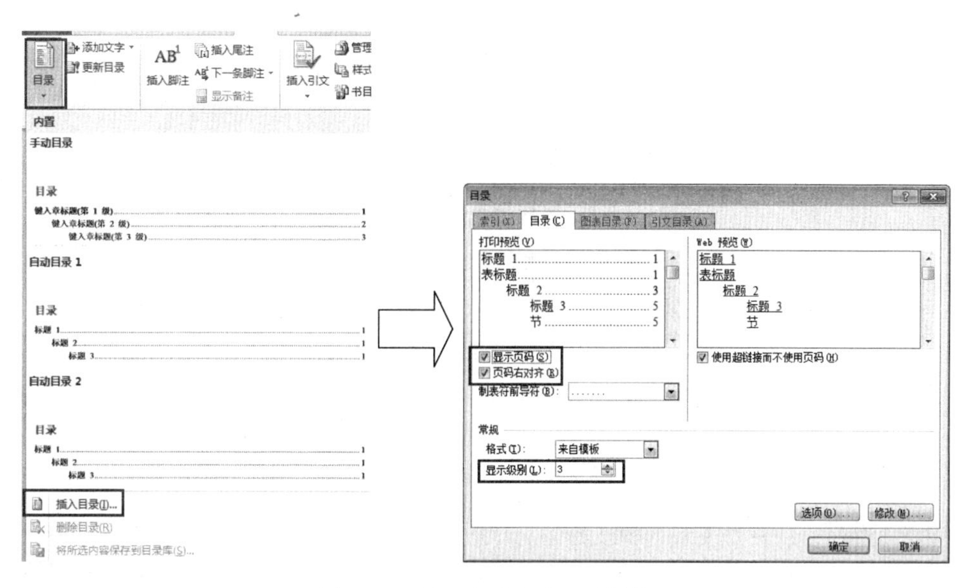

图 3-64　插入自动生成目录操作

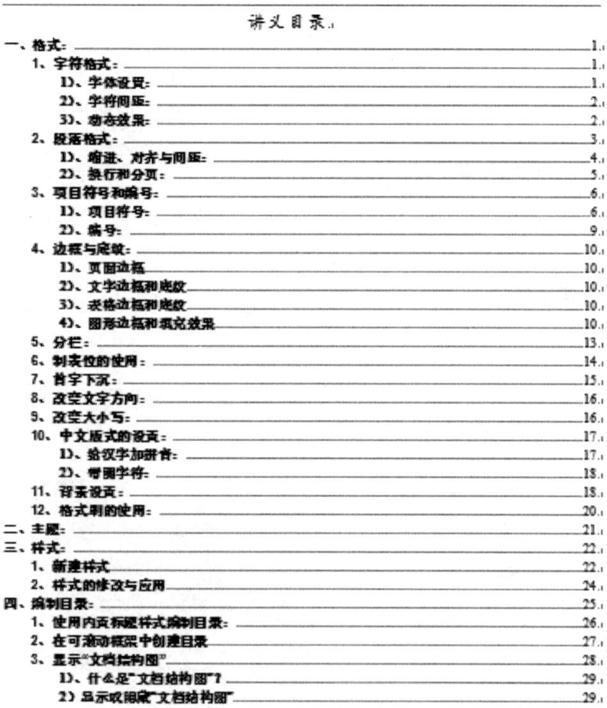

讲义目录

一、格式：1
1、字符格式：1
1)、字体设置：1
2)、字符间距：2
3)、动态效果：2
2、段落格式：3
1)、缩进、对齐与间距：4
2)、换行和分页：5
3、项目符号和编号：6
1)、项目符号：6
2)、编号：9
4、边框与底纹：10
1)、页面边框 10
2)、文字边框和底纹 10
3)、表格边框和底纹 10
4)、图形边框和填充效果 10
5、分栏：13
6、制表位的使用：14
7、首字下沉：15
8、改变文字方向：16
9、改变大小写：16
10、中文版式的设置：17
1)、给汉字加拼音：17
2)、带圈字符：18
11、背景设置：18
12、格式刷的使用：20
二、主题：21
三、样式：22
1、新建样式 22
2、样式的修改与应用 24
四、编制目录：25
1、使用内置标题样式编制目录：26
2、在可滚动框架中创建目录 27
3、显示"文档结构图" 28
1)、什么是"文档结构图"？29
2) 显示或隐藏"文档结构图" 29

图 3-65　目录生成效果

10．设置文档保护。

［操作 1］单击“文件”菜单，选择“信息”选项卡。

［操作 2］单击“信息”选项卡中的“权限”按钮，选择“保护文档”选项。此时将显示可供选择的保护选项，如图 3-66 所示。

图 3-66　文档保护设置

［操作 3］选择“用密码进行加密”选项，弹出“加密文档”对话框，如图 3-67 所示。

［操作 4］在“密码”文本框中输入密码并单击“确定”按钮后会弹出“确认密码”对话框，如图 3-68 所示，在“密码”文本框中输入前面相同的密码并单击“确定”按钮。在此过程中，如果两次输入的密码不一致，系统会弹出“确认密码与原密码不相同”的对话框，需要单击“确定”按钮后重新输入密码。

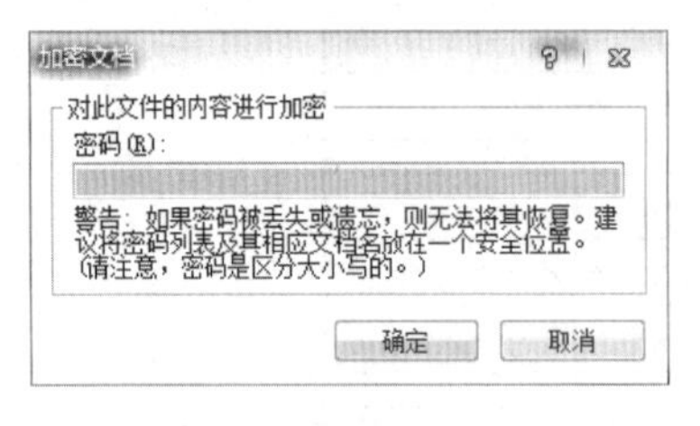

图 3-67　“加密文档”对话框

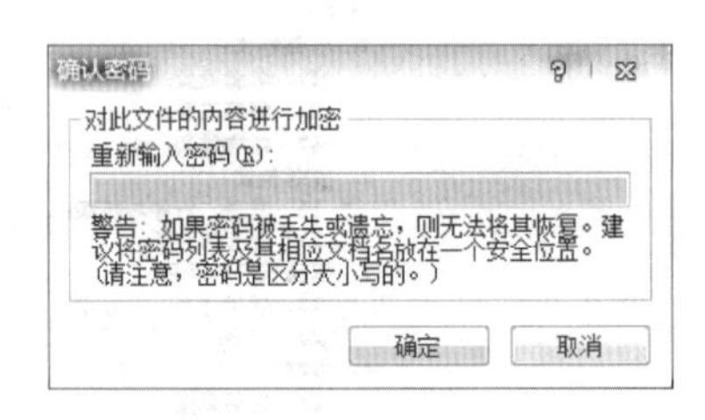

图 3-68　“确认密码”对话框

11．打印预览与打印文档。

［操作 1］单击快速工具栏中的“打印预览和打印”按钮或单击“文件”→“打印”命令，进入打印预览，显示预览效果，如图 3-69 所示。

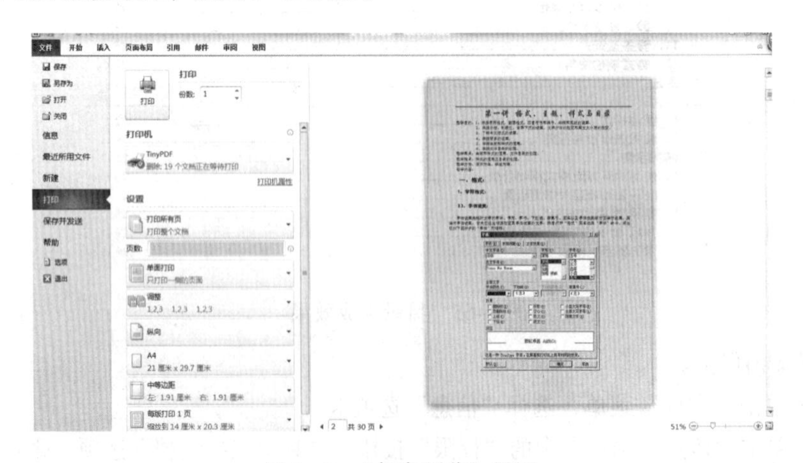

图 3-69　“打印预览”界面

［操作 2］拖动预览窗口右下角的缩放滑块调整预览界面的显示比例。

［操作 3］如果需要打印，则在打印预览和打印窗口中设置要打印的页面范围、打印的份数，设置完毕后单击“打印”按钮，开始打印文档。

习题 3　Word 2010 文字处理软件选择题

1. 在 Word 2010 中，“页面设置”对话框不能设置页面的（　　）。
   A. 上下边距　　B. 左右边距　　C. 纸张大小　　D. 对齐方式
2. 当前正在编辑的 Word 2010 文档的名称显示在窗口的（　　）中。
   A. 标题栏　　B. 菜单栏　　C. 工具栏　　D. 状态栏
3. 在编辑 Word 2010 文档时，若要插入文本框，可以通过执行（　　）选项卡中的相关按钮来完成。
   A. “文件”　　B. “编辑”　　C. “视图”　　D. “插入”
4. 在 Word 2010 中，执行（　　）选项卡中“字体”组上的按钮，可以对一篇文章的字体进行设置。
   A. 编辑　　B. 开始　　C. 格式　　D. 插入
5. 在编辑 Word 2010 文档时，若要将选定的文本字形设置为斜体，可以单击“字体”组上的（　　）。
   A. “**B**”按钮　　B. “U”按钮　　C. “*I*”按钮　　D. “A”按钮
6. 段落标记是在按（　　）键后产生的。
   A. <Esc>　　B. <Ins>　　C. <Enter>　　D. <Shift>
7. 在 Word 2010 文档中，默认的格式是（　　）。
   A. 居中　　B. 两端对齐　　C. 左对齐　　D. 右对齐。
8. 在 Word 2010 中，系统默认的中/英文字体的字号是（　　）。
   A. 二　　B. 三　　C. 四　　D. 五
9. 在 Word 2010 中，（　　）显示方式可查看与打印效果一致的各种文档。
   A. 大纲视图　　B. 页面视图　　C. 普通视图　　D. 主控文档
10. Word 2010 进行强制分页的方法是按（　　）组合键。
    A. <Ctrl>+<Shift>　　B. <Ctrl>+<Enter>　　C. <Ctrl>+<Space>　　D. <Ctrl>+<Alt>
11. 执行分栏命令后，Word 2010 自动在分栏的文本内容上下各插入一个（　　），以便与其他文本区别。
    A. 分页符　　B. 分节符　　C. 分段符　　D. 分栏符
12. 选定整个文档，使用组合键（　　）。
    A. <Ctrl>+<A>　　B. <Ctrl>+<Shift>+<A>　　C. <Shift>+<A>　　D. <Alt>+<A>
13. 在 Word 2010 中，文档可以多栏并存，以下（　　）视图可以看到分栏效果。
    A. 普通　　B. 页面　　C. 大纲　　D. 主控文档
14. 在 Word 2010 中，每个段落的标记在（　　）。
    A. 段落中无法看到　　B. 段落的结尾处
    C. 段落的中部　　D. 段落的开始处

15. 在 Word 2010 中，单击文档左侧的文本选定区，则可选择（　　）。
    A. 插入点所在行　　B. 插入点所在列　　C. 整篇文档　　D. 什么都不选
16. 当输入一个 Word 2010 文档到右边界时，插入点会自动移到下一行最左边，这是 Word 2010 的（　　）功能 。
    A. 自动更正　　B. 自动回车　　C. 自动格式　　D. 自动换行
17. Word 2010 中的宏是（　　）。
    A. 一种病毒　　B. 一种固定格式　　C. 一段文字　　D. 一段应用程序
18. 按快捷键<Ctrl>+<S>的功能是（　　）。
    A. 删除文字　　B. 粘贴文字　　C. 保存文件　　D. 复制文字
19. 下列操作中，（　　）能实现选择整个文档。
    A. 将光标移到文档中某行的左边，待指针改变方向后，左键单击
    B. 将光标移到文档中某行的左边，待指针改变方向后，左键双击
    C. 将光标移到文档中某行的左边，待指针改变方向后，左键三击
    D. 将光标移到文档内的任意字符处，左键三击
20. Word 2010 具有分栏功能，下列关于分栏的说法正确的是（　　）。
    A. 最多可以分 4 栏　　B. 各栏的宽度必须相同
    C. 各栏的宽度可以不同　　D. 各栏之间的间距是固定的
21. 下列方式中，可以显示出页眉和页脚的是（　　）
    A. 普通视图　　B. 页面视图　　C. 大纲视图　　D. 全屏视图
22. Word 2010 的编辑状态下，如果设置了标尺，可以同时显示水平标尺和垂直标尺的视图是（　　）。
    A. 普通视图　　B. 页面视图　　C. 大纲视图　　D. 全屏视图
23. 下列视图中，不是 Word 2010 提供的视图是（　　）
    A. Web 视图　　B. 页面视图　　C. 草稿视图　　D. 合并视图
24. Word 2010 中，现有前后两个段落且段落格式也不同，当删除前一个段落结尾结束标记时（　　）。
    A. 两个段落合并为一段，原先格式不变
    B. 仍为两段，且格式不变
    C. 两个段落合并为一段，并采用前一段落格式
    D. 两个段落合并为一段，并采用后一段落格式
25. 要快速选中一行文本或一个段落，首先将鼠标移到文档左侧的（　　）中，当鼠标指针变成向右倾斜的箭头形状时，单击鼠标可以选中一行，双击鼠标可选中一个段落。
    A. 选定栏　　B. 工具栏　　C. 符号栏　　D. 标题栏
26. Word 2010 窗口中，利用（　　）可方便地调整段落的缩进、页面上下左右的边距、表格的列宽。
    A. 标尺　　B. 格式工具栏　　C. 常用工具栏　　D. 表格工具栏
27. Word 2010 文档中，选择一块矩形文本区域，需利用（　　）键。
    A. <Shift>　　B. <A1t>　　C. <Ctrl>　　D. <Enter>

28. 在 Word 2010 中，使用标尺可以直接设置缩进，标尺的顶部三角形标记代表（　　）

A. 左端缩进　　B. 右端缩进　　C. 首行缩进　　D. 悬挂式缩进

29. 要将插入点快速移动到文档开始位置，应按（　　）键。

A. <Ctrl>+<Home>　　B. <Ctrl>+<Page Up>

C. <Ctrl>+<↑>　　D. <Home>

30. 在 Word 2010 表格中，对当前单元格左边的所有单元格中的数值求和，应使用（　　）公式。

A. = SUM(RIGHT)　　B. = SUM(BELOW)

C. = SUM(LEFT)　　D. = SUM(ABOVE)

31. 使用（　　）可以进行快速格式复制操作。

A. 编辑菜单　　B. 段落命令

C. 格式刷　　D. 格式菜单

32. 下列（　　）不属于 Word 2010 文档视图。

A. Web 版式视图　　B. 浏览视图

C. 大纲视图　　D. 草稿视图

33. 在 Word 2010 中制作表格时，按（　　）组合键，可以移到前一个单元格。

A. <Tab>　　B. <Shift>+<Tab>

C. <Ctrl>+<Tab>　　D. <Alt>+<Tab>

34. 要将选定的文字应用超链接，应使用（　　）选项卡。

A. 插入　　B. 开始　　C. 引用　　D. 视图

35. 如果文档很长，那么用户可以用 Word 2010 提供的（　　）技术，同时在两个窗口中滚动查看同一文档的不同部分。

A. 拆分窗口　　B. 滚动条　　C. 排列窗口　　D. 帮助

36. 在 Word 2010 中，如果使用了项目符号或编号，则项目符号或编号在（　　）时会自动出现。

A. 每次按<Enter>键　　B. 一行文字输入完毕并按<Enter>键

C. 按<Tab>键　　D. 文字输入超过右边界

37. 设定打印纸张大小时，应当使用的按钮在（　　）。

A. “开始”选项卡的“页面设置”组　　B. “页面布局”选项卡的“页面设置”组

C. “插入”选项卡的“页面设置”组　　D. “视图”选项卡的“页面设置”组

38. 如果制作标签、信封、成绩单，可以用 Word 2010 中特有的（　　）选项卡。

A. 审阅　　B. 页面布局　　C. 引用　　D. 邮件

39. 将选定的文本从文档的一个位置复制到另一个位置，可按住（　　）键再用鼠标拖动。

A. <Ctrl>　　B. <Alt>　　C. <Shift>　　D. <Enter>

40. 在 Word 2010 中，下列说法正确的是（　　）。

A. 文档的符号只能从键盘输入

B. 文档中的特殊符号从“插入”选项卡“符号”组中插入

C. GBK 输入法中包含了约两万多汉字

D. 在插入的表格中不可自动进行数值计算

41. Word 2010 进行强制分页的方法是（　　）。

A. <Ctrl>+<Shift>　B. <Ctrl>+<Enter>　C. <Ctrl>+<Space>　D. <Ctrl>+<Alt>

42. Word 2010 中可通过“页面设置”组进行（　　）操作。

A. 设置行间距　B. 设置水印　C. 设置段落格式　D. 设置分栏

43. 改写和插入的切换是按（　　）键进行的。

A. <Esc>　B. <Ins>　C. <Enter>　D. <Shift>

44. 在 Word 2010 文档中，默认的字体是（　　）。

A. 黑体　B. 楷体　C. 宋体　D. 仿宋体

45. 在 Word 2010 中，对话框中“确定”按钮的作用是（　　）。

A. 结束程序　B. 确认各个选项并开始执行

C. 退出对话框　D. 关闭对话框不做任何动作

46. 在 Word 2010 中，邮件合并功能不能完成（　　）的制作。

A. 标签　B. 信封　C. 成绩单　D. 书签

47. 使用（　　）选项卡中的“显示”组中“标尺”选项，可以显示或隐藏标尺。

A. 工具　B. 插入　C. 开始　D. 视图

48. 在 Word 2010 中，更改样式在（　　）。

A. “插入”选项卡　B. “开始”选项卡

C. “引用”选项卡　D. “审阅”选项卡

49. 在 Word 2010 中，文档可以多栏并存，以下（　　）视图可以看到分栏效果。

A. 草稿　B. 页面　C. 大纲　D. 主控文档

50. 在 Word 2010 编辑状态下进行“替换”操作，应使用（　　）选项卡的按钮。

A. 插入　B. 格式　C. 视图　D. 开始

51. 菜单项呈灰度显示，表明（　　）

A. 将打开对话框　B. 不可选择　C. 有下级菜单　D. 有联级菜单

52. 段落缩进分四种，悬挂缩进、左缩进、右缩进和（　　）

A. 首行缩进　B. 两端缩进　C. 对齐缩进　D. 字体缩进

53. 如果设置精确的缩进量，应该使用（　　）对话框。

A. 标尺　B. 样式　C. 段落　D. 页面设置

54. 在 Word 2010 中，设置“标题 1”“标题 2”时，用户应在（　　）设置。

A. WEB 版式视图　B. 大纲视图　C. 页面视图　D. 草稿视图

55. 如果在一篇文档中，所有的“大纲”二字都被录入员误输为“大刚”，如何最快捷地改正（　　）。

A. 用“开始”选项卡中的“定位”按钮

B. 用“撤销”和“恢复”按钮

C. 用“开始”选项卡中的“替换”按钮

D. 用插入光标逐字查找，分别改正

56. 将段落的首行向右移进两个字符位置，应该用哪个操作实现（　　）。

A. 标尺上的“缩进”游标　B. “格式”选项卡中的“样式”按钮

C. “格式”选项卡中的“段落”按钮　D. 以上都不是

57. 将一页从中间分成两页，正确的操作是（　　）。

A. “格式”选项卡中的“字体”　　B. “开始”选项卡中的“分隔符”

C. “插入”选项卡中的“分页”　　D. “插入”选项卡中的“自动图文集”

58. Word 2010 中，文本框是可以包含（　　）的图形对象。

A. 文字和图形　　B. 自定义符号　　C. 只包含图形　　D. 只包含文字

59. Word 2010 编辑状态下，对于选定文字，（　　）。

A. 可移动，不可复制　　B. 可复制，不可移动

C. 可移动或复制　　D. 可同时进行移动复制

60. Word 文档中插入图形，正确的方法是（　　）。

A. 选择“开始”选项卡中的“形状”按钮，再绘制图形

B. 选择“视图”选项卡中的“形状”按钮，再绘制图形

C. 选择“插入”选项卡中的“形状”按钮，再绘制图形

D. 选择“引用”选项卡中的“形状”按钮，再绘制图形

第 4 章　电子表格处理软件 Excel 2010

实验 4-1　Excel 2010 工作表的建立

一、实验目的

1. 掌握工作表中数据的输入。
2. 掌握数据的编辑修改。
3. 掌握数据的移动、复制和选择性粘贴。
4. 掌握单元格及区域的插入和删除。

二、预备知识

1. 启动和退出

（1）启动

方法一：单击任务栏的“开始”按钮，选择“所有程序”→Microsoft Office→Microsoft Excel 2010 选项。

方法二：如果桌面上有 Microsoft Excel 快捷图标，双击该图标。

方法三：双击任何一个 Excel 文件，Excel 就会启动并把该文件打开。

（2）退出

方法一：单击 Excel 窗口右上角的“关闭”按钮。

方法二：双击左上角的窗口控制按钮。

方法三：单击左上角的窗口控制按钮，在出现的控制菜单中选择“关闭”命令。

方法四：单击“文件”→“退出”命令。

方法五：如果窗口为当前窗口，按<Alt>+<F4>组合键。

2. 工作簿

一个工作簿以一个文件的形式存放在磁盘上，扩展名为 xlsx。

（1）新建工作簿

方法一：单击快速访问工具栏上的按钮，然后在下拉列表中单击“新建”命令。

方法二：单击“文件”选项卡中的“新建”命令。

方法三：右击窗口空白处，在快捷菜单中选择“新建”→“Microsoft Excel 工作表”命令。

（2）打开文件

方法一：单击快速访问工具栏上的按钮，然后在下拉列表中单击“打开”命令。

方法二：单击“文件”选项卡中的“打开”命令。

方法三：双击要打开的文件。

（3）保存文件

方法一：单击快速访问工具栏上的“保存”按钮。

方法二：单击“文件”选项卡中的“保存”命令或“另存为”命令。

3．工作表

（1）工作表的重新命名

双击工作表标签，输入新名称，再按<Enter>键即可。

（2）插入工作表

方法一：在“开始”选项卡中单击插入，在下拉列表中单击“插入工作表”命令。

方法二：单击工作表标签右侧的按钮。

（3）删除工作表

方法一：选中工作表，在“开始”选项卡中单击删除，在下拉列表中单击“删除工作表”命令。

方法二：右击需要删除的工作表标签，在快捷菜单中单击“删除工作表”命令。

（4）移动或复制工作表

- 在同一个工作簿内移动和复制工作表

方法一：移动：单击要移动的工作表标签，然后沿着工作表标签行将该工作表标签拖放到新的位置。复制：按住<Ctrl>键，然后执行移动操作。

方法二：右击需要移动或复制的工作表标签→“移动或复制(M)...”→在“移动或复制工作表”对话框中，选中“建立副本”复选框即为复制，否则就是移动。

- 在不同的工作簿间移动或复制工作表

方法一：直接用鼠标拖动。把两个工作簿同时打开并出现在窗口上，在一个工作簿中选定要移动或复制的工作表标签，然后直接拖动（或按住<Ctrl>键再拖动）到目的工作簿的标签行中。

方法二：使用菜单操作。与在同一工作簿中的操作类似。

4．单元格和单元格区域

（1）单元格地址的表示

相对地址：直接用列号和行号组成，如 A1、IV25 等。

绝对地址：在列号和行号前都加上$符号，如$B$2、$E$3 等。

混合地址：在列号或行号前加上$符号，如$B2、E$8 等。

一个完整的单元格地址除了列号、行号外，还要加上工作簿名和工作表名。如：[stu.xls]Sheet1!C3。

（2）单元格区域

单元格区域的地址由矩形对角的两个单元格的地址组成，中间用冒号（:）相连。

（3）单元格区域的选择。

选择区域的方法有多种：

方法一：单击鼠标左键并拖动。

方法二：按住<Shift>键，同时单击鼠标左键选择连续区域；按住<Ctrl>键同时单击鼠标左键选择不连续区域。

方法三：在编辑栏的“名称”框中，直接输入单元格区域名称。

（4）单元格或区域的命名

方法一：首先选中要命名的单元格或区域，然后在“名称”框内输入一个名称，并按<Enter>键。

方法二：右击要命名的单元格或区域，选择“定义名称(A)...”命令，在“新建名称”对话框中输入名称。

5. 工作表信息的输入

一个单元格的信息包含三个部分：内容、格式和批注。内容和批注需要输入，而格式是通过Excel提供的命令和工具进行设置的。

（1）数据的输入

向单元格中输入数据，先选中要输入数据的单元格，输入数字、文字或其他符号。输入过程中发现有错误，可用<Backspace>键删除。按<Enter>键或用鼠标单击编辑栏中出现的✓完成输入。若要取消，可直接按<Esc>键或用鼠标单击编辑栏中出现的✕取消输入。

Excel能够识别两种形式的内容输入：常量和公式。

- 简单数字和字符：直接输入即可。
- 日期和时间：输入日期时，用“/”或“-”连接，输入时间时，冒号（:）分隔，AM或PM（A或P）分别表示上午或下午。同时输入日期和时间，在日期和时间中间用空格分离。
- 把数字作为文本输入：在第一个字母前用单引号 ’。
- 分数的输入应先输入“0”和空格，然后输入分数值。

（2）输入批注

批注的输入可通过“审阅”选项卡→“批注”组中“新建批注”按钮来完成。

（3）输入有规律的数据

自动填充数据：通过拖动填充柄可以自动填充按序列增长的数据。

“序列”对话框：在“开始”选项卡的“编辑”组中单击“填充”按钮，在下拉列表中单击“系列(S)...”选项，打开“序列”对话框，通过序列对话框可以定义序列。

自定义序列：其他的一些特殊的序列，可以在“自定义序列”中先定义后使用。单击“文件”→“选项”命令，弹出“Excel选项”对话框，单击对话框左侧的“高级”选项，在右边对话框列表中找到 Web选项(P)... 按钮，单击 编辑自定义列表(O)... 按钮，在“自定义序列”对话框中列出的序列在以后填充数据时均可以用自动填充方法输入，如图4-1所示。

（4）在同一行或列中复制数据

方法一：选定包含需要复制数据的单元格，用鼠标拖动填充柄到最后一个目标单元格，然后释放鼠标按键。

方法二：选定包含需要复制数据的单元格，按组合键<Ctrl>+<C>，选定目标单元格，按组合键<Ctrl>+<V>。

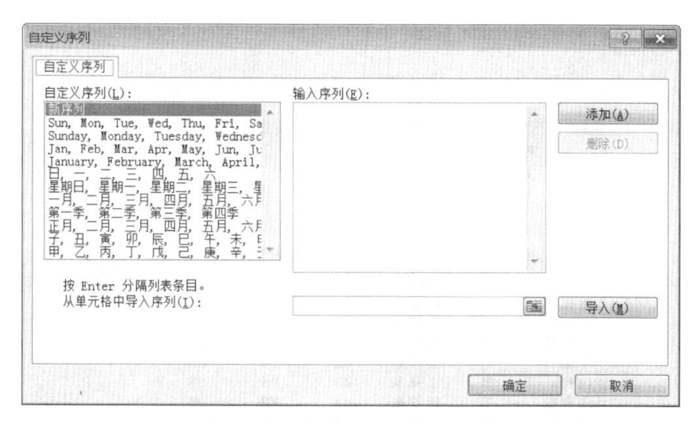

图 4-1　“自定义序列”对话框

6．数据的编辑

（1）编辑单元格中的数据

方法一：选中要编辑的单元格，然后单击编辑栏，插入点就显示在编辑栏中，此时就可以进行编辑。

方法二：双击单元格，或选中单元格并按<F2>功能键，插入点也就显示在单元格内容的最后。编辑完成后按<Enter>键表示确认，按<Esc>键表示取消编辑。

（2）单元格的定位

除了用鼠标进行定位外，还常使用如下快捷键：

使用上下左右（↑、↓、←、→）箭头键：向上、下、左、右移动一个单元格。<Page Up>、<Page Down>翻页键：向上或向下的移动一屏。<Home>键：定位到行的始端。<End>和<Enter>键（先按<End>，再按<Enter>键）：定位到当前行有效区域（有数据）的最右端。<Ctrl>+<Home>：定位到单元格 A1。<Ctrl>+<End>：定位到工作表有效区域（有数据）的右下角。<Ctrl>+↑、↓、←、→：定位到当前数据区的边缘。

7．使用图形对象

单击“插入”选项卡，在“插图”组中根据需要单击相应的按钮，实现不同类型图片的插入。如果要删除某个图形对象，可以用鼠标单击选中它，再按<Del>键。

8．工作簿或工作表的保护

单击“审阅”选项卡，在“更改”组中，可以根据需要单击“保护工作表”“保护工作簿”等，进入相应的对话框进行设置，其中最常用的设置是密码设置。

三、实验内容

1．启动 Excel，选择名称为 Sheet1 的工作表，在空白工作表中输入数据，如图 4-2 所示。

2．将工作表命名为“学生成绩表”。

3．选择 D1:F9 区域，将其单元格区域命名为“成绩”。

4．在“学生成绩表”前插入一个新的工作表，并将“学生成绩表”的姓名列复制到新表中第二列，并将新表命名为“学生信息表”。

5．在“学生信息表”的 A1 中输入“学号”，在 C1 中输入“名次”，在 D1 中输入“年级”，在 E1 中输入“值日时间”。

	A	B	C	D	E	F	G
1	姓名	性别	系别	外语	计算机	数学	总分
2	张强	男	财金系	89	98	89	
3	赵小丽	女	外语系	72	76	90	
4	陈大斌	男	信管系	78	86	80	
5	李珊	女	会计系	82	76	82	
6	冯哲	男	工商系	83	88	85	
7	张青松	男	信管系	82	72	90	
8	封小莉	女	工程系	74	82	86	
9	周晓	女	法管系	78	82	74	
10							
11							

图 4-2　学生成绩表

6. 用序列填充的方式输入学号。

7. 用自定义序列的方式输入名次。

8. 用复制的方式输入年级。

9. 用自动填充的方式输入值日时间。

10. 将学生信息表复制到学生成绩表后。

11. 在复制的表中输入分数 1/2，在 A2 中将 201510 作为字符输入。

12. 给自己的工作簿文件加上密码保护。

13. 将文件命名为 E1.xlsx 保存到 D 盘以“班级+学号+姓名”命名的文件夹中。

四、实验步骤

1. 启动 Excel，选择名称为 Sheet1 的工作簿，将其改为学生成绩表，在空白工作表中输入数据，如图 4-2 所示。

[操作 1] 启动 Excel 2010 应用程序。选择“开始”→“所有程序”→Microsoft Office→Microsoft Excel 2010 命令。

[操作 2] 鼠标双击相应单元格。

[操作 3] 选择输入法，进行数据输入。

2. 将工作表命名为“学生成绩表”。

[操作 1] 鼠标双击 Sheet1。

[操作 2] 输入“学生成绩表”。

3. 选择 D1:F9 区域，将其单元格区域命名为“成绩”，如图 4-3 所示。

[操作 1] 鼠标单击 D1。

[操作 2] 选择 D1，当鼠标变成空心十字时，按下鼠标左键拖动至 F9。

[操作 3] 单击名称框，输入“成绩”。

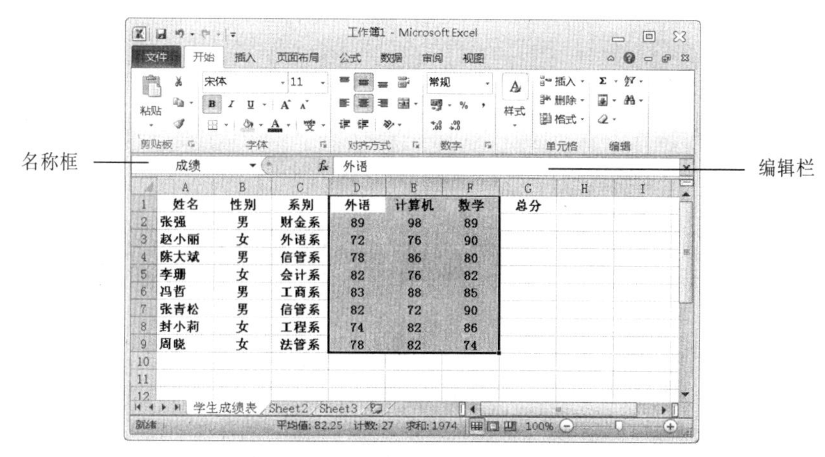

图 4-3　单元格区域命名

4. 在“学生成绩表”前插入一个新的工作表，并将“学生成绩表”的姓名列复制到新表中第二列，并将新表命名为“学生信息表”。

［操作 1］单击“学生成绩表”。

［操作 2］在“开始”选项卡中单击“单元格”组中“插入”按钮，在下拉列表中单击“插入工作表”命令。

［操作 3］选择“学生成绩表”的 A1:A9 单元格区域。

［操作 4］在选定区域上右击，从弹出菜单中单击“复制”命令。

［操作 5］在新工作表中选择 B1 单元格。

［操作 6］右击 B1 单元格，在弹出菜单中单击“选择性粘贴”命令项下的“粘贴”按钮或在“开始”选项卡中单击“剪贴板”组中“粘贴”按钮。

［操作 7］新表命名方式参照 2。

注意：剪切、复制和粘贴操作也可以分别使用<Ctrl>+<X>、<Ctrl>+<C>和<Ctrl>+<V>三组组合键。

5. 在“学生信息表”的 A1 中输入“学号”，在 C1 中输入“名次”，在 D1 中输入“年级”，在 E1 中输入“值日时间”。

操作方法参照 1。

6. 用序列填充的方式输入学号。

［操作 1］在 A2 中输入“201501”。

［操作 2］选择 A2:A9 区域。

［操作 3］在“开始”选项卡中单击“编辑”组中按钮，在下拉列表中选择“系列(S)...”选项，打开序列对话框，设置如图 4-4 所示。

［操作 4］单击“确定”按钮。

7. 用自定义序列的方式输入名次。

［操作 1］单击“文件”→“选项”选项，弹出“Excel 选项”对话框，单击对话框左侧“高级”选项，在右边对话框列表中找到 Web 选项(P)... 按钮，单击 编辑自定义列表(O)... 按钮，在“自定义序列”对话框“输入序列”列表框中输入数据，如图 4-5 所示，并单击“添加”按钮，然后单击“确定”

按钮。

［操作 2］选择 C2 单元格，输入“第一名”。

［操作 3］将鼠标移至 C2 单元格右下角，鼠标变成“+”状，按住左键拖动至 C10。

图 4-4 填充序列

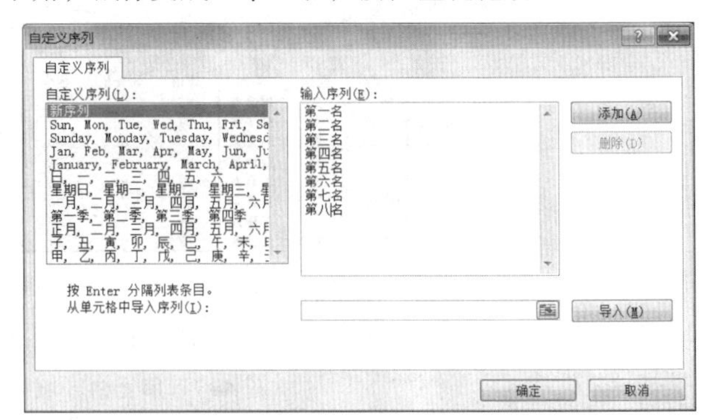

图 4-5 自定义序列

8．用复制的方式输入年级。

［操作 1］选择 D2 单元格，输入“大一”。

［操作 2］将鼠标移至 D2 单元格右下角，鼠标变成“+”状，按住左键拖动至 D9。

9．用自动填充的方式输入值日时间。

［操作 1］选择 E2 单元格，输入“2015/09/01”。

［操作 2］将鼠标移至 E2 单元格右下角，鼠标变成“+”状，按住左键拖动至 E9。

10．将学生信息表复制到学生成绩表后。

［操作 1］单击“学生信息表”。

［操作 2］按住<Ctrl>键。

［操作 3］按下鼠标左键沿工作表标签拖动至“学生成绩表”后，松开鼠标。

4～10 题操作参考结果如图 4-6 所示。

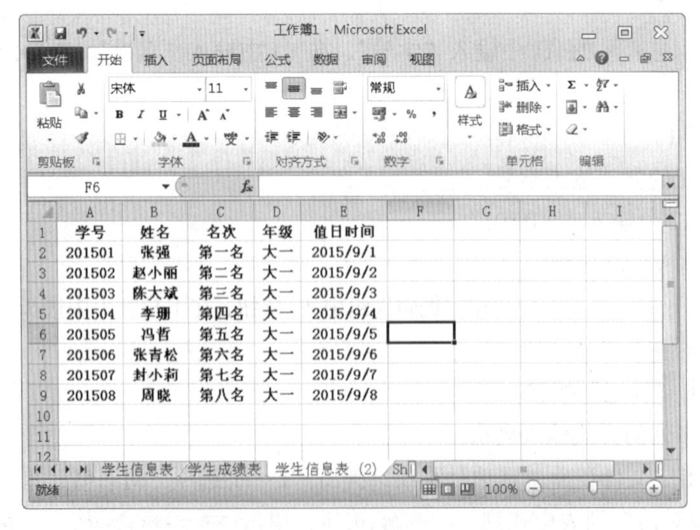

学号	姓名	名次	年级	值日时间
201501	张强	第一名	大一	2015/9/1
201502	赵小丽	第二名	大一	2015/9/2
201503	陈大斌	第三名	大一	2015/9/3
201504	李珊	第四名	大一	2015/9/4
201505	冯哲	第五名	大一	2015/9/5
201506	张青松	第六名	大一	2015/9/6
201507	封小莉	第七名	大一	2015/9/7
201508	周晓	第八名	大一	2015/9/8

图 4-6 学生信息表

11．在 Sheet2 的 A1 单元格输入分数 1/2，在 A2 中将 201510 作为字符输入。

[操作 1] 单击 A1 单元格，在编辑栏中输入 0，再输入空格，最后输入 1/2。

[操作 2] 单击 A2 单元格，在编辑栏中输入'201510。(注意：单引号必须为英文状态的单引号。)

12．给自己的工作簿文件加上密码保护。

[操作] 单击“审阅”选项卡，在“更改”组中单击“保护工作簿”按钮，进入“保护结构和窗口”对话框进行设置，如图 4-7 所示，在密码输入框输入密码。

13．将文件命名为 E1.xlsx 保存到 D 盘以“班级+学号+姓名”命名的文件夹中。

[操作] 选择菜单“文件”→“保存”命令，在“另存为”对话框中选择保存位置为 D 盘，在 D 盘选中以“班级+学号+姓名”命名的文件夹（如果没有则需要自己建立），文件名输入 E1，单击“保存”按钮。

五、课后实验

建立图 4-8 所示的工作表并以 E11.xlsx 命名，与 E1.xlsx 保存到同一目录，注意数据输入方法。

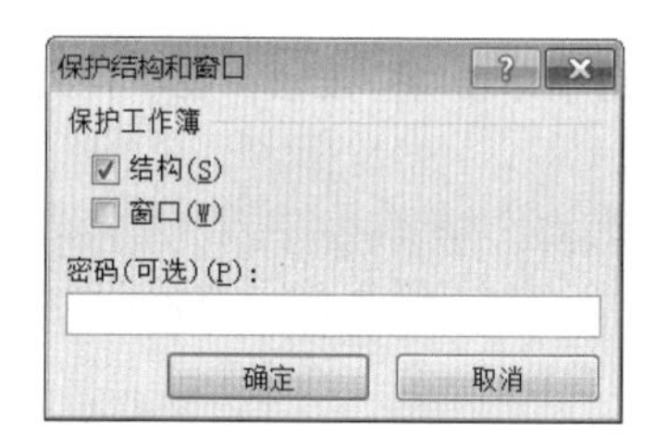

图 4-7 “保护结构和窗口”对话框

	A	B	C	D	E	F	G	H	I
1	工资发放表 2015.09								
2	制表日期：	2015/9/1							
3	姓名	部门	银行卡号	基本工资	绩效工资	扣款	应发工资	扣税	实发工资
4	王平	销售	6282123654239642	1800.00		-100			
5	董非	财务	6284213654239245	2000.00		200			
6	李强	销售	5282533654239875	1800.00		150			
7	于芳	财务	4382824696425423	2000.00		170			
8								合计：	

图 4-8 样表

实验 4-2 Excel 2010 工作表的编辑和格式化

一、实验目的

1．掌握单元格数据的编辑和修改。

2．掌握公式和函数的使用。

3．掌握数据的移动、复制和选择性粘贴。

4．掌握工作表的格式化。

二、预备知识

1．单元格的插入

(1) 插入行、列和单元格

- 选定某行（或列）中的单元格，若需插入多行（或列），则要选中相同的行数（或列数）。
- 单击“开始”选项卡，在“单元格”组中单击“插入”按钮，在下拉列表中选择“插入工作表行(R)”（“插入工作表列(C)”）命令，则在该行（或列）上方（左边）插入一（多）行（或列）。

(2) 插入单元格

- 选中某一单元格。

- 单击“开始”选项卡，在“单元格”组中单击插入按钮，在下拉列表中选择“插入单元格(I)...”命令，打开“插入”对话框，根据需要在四个选项中选择一个，如选择“活动单元格右移(I)”命令，可在选中的单元格左边插入一个单元格。
- 单击“确定”按钮。

2．行、列和单元格的删除

（1）删除行或列

选中要删除的行或列，单击“开始”选项卡，在“单元格”组中单击删除按钮，在下拉列表中选择“删除工作表行(R)”（“删除工作表列(C)”）命令，则删除该行（或列）。

（2）删除单元格

选中要删除的单元格，单击“开始”选项卡，在“单元格”组中单击删除按钮，在下拉列表中选择“删除单元格(I)...”命令，打开“删除”对话框，根据需要在四个选项中选择，如图4-9所示。

3．单元格的合并

选中要合并的单元格，单击“开始”选项卡，在“对齐方式”组中单击按钮，在下拉列表中选择需要的合并选项。

4．数据修改

方法一：先选定单元格，鼠标单击编辑栏进行修改。

方法二：双击单元格直接修改。

5．数据删除

（1）数据清除（对象为数据）

选中数据所在的单元格，单击“开始”选项卡，在“编辑”组中单击按钮，根据需要在下拉列表中选择相应选项（“全部清除(A)”“清除格式(F)”“清除内容(C)”“清除批注(M)”“清除超链接(L)”）。如果只是删除数据内容，则选定对象后按<Delete>键。

（2）数据删除（对象为单元格）

方法同单元格删除。

6．数据的复制和移动

（1）复制、移动和粘贴

数据的复制、移动和粘贴同Word操作相似，先选择源单元格或源数据，进行复制或移动操作，然后选择目标区域进行粘贴操作。

注意：目标区域在选取时，可只选取区域中第一个单元格，如果选取整个区域时，目标区域与源区域必须存在倍数关系。

（2）选择性粘贴

在“选择性粘贴”对话框中（见图4-10）单击相应的按钮。

7．使用公式和函数

（1）公式运算符

- 数学运算符：　+，　—，*，/，%，^

- 比较运算符：> , < , <= , <=, <>
- 文字运算符：&

图 4-9　删除

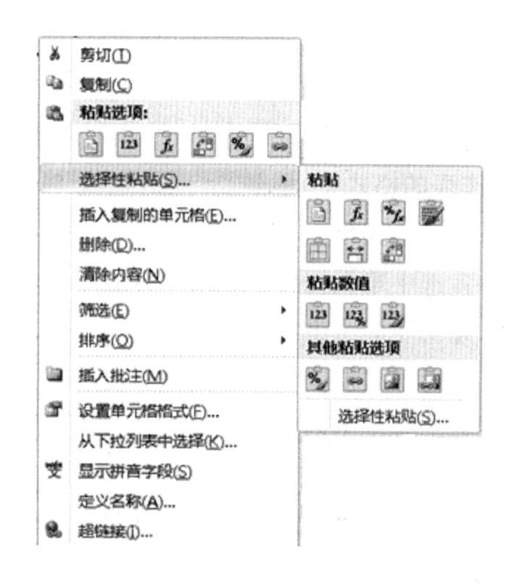

图 4-10　选择性粘贴菜单

（2）公式的输入

选取单元格→输入公式。（公式要以“=”符号开头）。

（3）函数的输入

方法一：选取单元格→单击编辑栏上 *fx* 按钮。

方法二：单击“公式”选项卡，在“函数库”组中单击“插入函数”按钮，打开“插入函数”对话框，选取函数，然后根据弹出的对话框进行函数的设置，如图 4-11 所示。

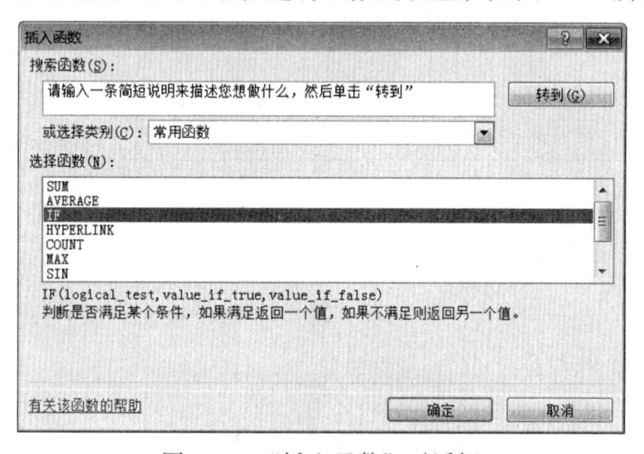

图 4-11　“插入函数”对话框

方法三：也可仿照公式的输入方法直接输入函数。

8. 工作表窗口的拆分与冻结

（1）工作表窗口的拆分

先选择行、列或单元格，单击“视图”选项卡，在“窗口”组中单击 拆分 按钮。

水平拆分：选择拆分线的下一行行号或行首单元格。

垂直拆分：选择拆分线的右边一列或列首单元格。

水平垂直同时拆分：选择非首单元格。

（2）工作表窗口的冻结

单击“视图”选项卡，在“窗口”组中单击冻结窗格按钮，在下拉列表中根据需要选择冻结项，如果要“冻结拆分窗格(F)”，则需要先选中单元格。

9．工作表的格式化

（1）自定义格式化

方法一：选中单元格后，单击“开始”选项卡，根据需要选用“字体”“对齐方式”“数字”、“样式”“单元格”等组中相应的按钮进行设置。

方法二：打开“设置单元格格式”对话框进行设置，如图 4-12 所示，“设置单元格格式”对话框的打开方式有以下两种。

- 单击“开始”选项卡，在“对齐方式”组中单击按钮。
- 单击“开始”选项卡，在“单元格”组中单击“格式”按钮，单击下拉列表底部的“设置单元格格式(E)...”命令。

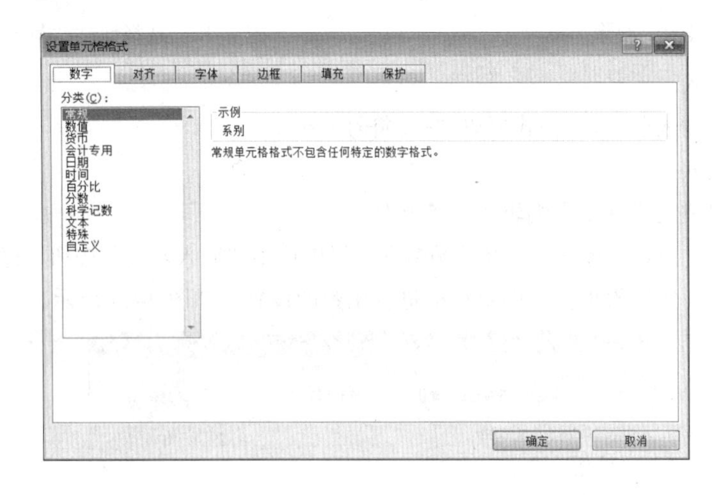

图 4-12 “设置单元格格式”对话框

（2）条件格式

单击“开始”选项卡，在“样式”组中单击条件格式按钮，在下拉列表中设置规则或新建规则（清除规则、管理规则）。

（3）自动化格式

单击“开始”选项卡，在“样式”组中单击套用表格格式按钮，在下拉列表中选择需要的样式，如果没有需要的样式，也可单击列表下的新建表样式(N)...按钮，新建样式。

（4）格式的复制和删除

格式的复制：单击“开始”选项卡，在“剪贴板”组中单击按钮，选择目标单元格，在“剪贴板”组中单击“粘贴”按钮，在“粘贴选项”中单击（或在“粘贴选项”列表中单击“选择性粘贴(S)...”命令，在“选择性粘贴”对话框中选择“格式(T)”单选按钮，单击“确定”按钮，如图 4-13 所示。

图 4-13 “选择性粘贴”对话框

格式删除：选择要删除格式的单元格，单击“开始”选项卡，在“编辑”组中单击按钮，单击“清除格式(F)”命令。

10. 行高和列宽的设置

方法一：通过鼠标直接拖动行号间的分隔线或列号间的分隔线来设置。

方法二：单击“开始”选项卡，在“单元格”组中单击格式按钮，在下拉列表中设置行高和列宽。

三、实验内容

1. 打开文件 E1.xlsx，在“学生成绩表”第一行前插入一行，输入“学生成绩表及分析”。

2. 选择第五行，将窗口进行水平拆分，然后再撤销拆分。

3. 将 A2:A10 复制到 H2:H10，并将 H2 的字体颜色设置为红色。

4. 删除单元格 H2 中的“姓名”，将其改为 Name，然后将 H2 的格式复制到 H3:H10，清除 H2 单元格的格式。

5. 删除 H 列，并在总分后加入等级列。在相应的单元格中输入等级（H2），最高分（C11）、最低分（C12）、平均分（C13）、总人数（C14），优秀数（G14）、优秀率（G15）。

6. 利用公式求出每名同学的总分。

7. 使用函数求出等级、最高分、最低分、平均分、总人数、优秀数、优秀率。

8. 对“学生成绩表”进行如下格式化：

（1）使表格标题与表格空一行，然后将表格标题设置成蓝色、粗楷体、16 磅大小、加双下画线，并采用合并及居中对齐方式。

（2）各栏标题设置成粗体、居中；再将表格中的其他内容居中，平均分保留 1 位小数。

（3）将“优秀率”设置为 45 度方向，其值用百分比式样表示并垂直居中。

（4）设置表格边框线：外框为最粗的单线，内框为最细的单线，表格各列标题的下框线为双线。

（5）设置单元格填充色：对各栏标题设置 25%的灰色。

（6）对学生的总分设置条件格式：总分≥255，在条件格式对话框中设置：图案中选择 6.25%灰色，颜色为红色、字体加粗斜体。

（7）将数学、外语及计算机各列宽度设置为“自动调整列宽”。

（8）将表格标题栏的行高设置为 25 磅，并将该栏的文字垂直居中。

9. 对“学生信息表”自动套用“表样式浅色 1”格式。

10. 存盘，将 E1.xlsx 文档以 E2.xlsx 命名保存到同一文件夹。

四、实验步骤

1．打开文件 E1.xlsx，在“学生成绩表”第一行前插入一行，输入“学生成绩表及分析”。

［操作 1］选择“文件”→“打开”菜单命令，按照打开文件的方式打开 E1.xlsx。

［操作 2］单击第一行行号，选中第一行。

［操作 3］单击“开始”选项卡，在“单元格”组中单击插入按钮，在下拉列表中选择“插入工作表行(R)”命令。

［操作 4］在 A1 单元格输入“学生成绩表及分析”。

2．选择第五行，将窗口进行水平拆分，然后再撤销拆分。

［操作 1］选择 A5 单元格（或单击第五行行号），单击“视图”选项卡，在“窗口”组中单击拆分按钮。。

［操作 2］再次单击拆分按钮。

3．将 A2:A10 复制到 H2:H10，并将 H2 的字体颜色设置为红色。

［操作 1］选中单元格区域 A2:A10，单击“开始”选项卡，在“剪贴板”组中单击按钮。（或按<Ctrl>+<C>）组合键。

［操作 2］选中 H2 单元格，单击“开始”选项卡，在“剪贴板”组中单击“粘贴”按钮。（或按<Ctrl>+<V>）组合键。

［操作 3］单击 H2 单元格，单击“开始”选项卡，在“字体”类别组中单击按钮，在下拉列表中选择红色。（或打开“设置单元格格式”对话框，单击“字体”选项卡，在“颜色”下拉列表中进行设置。）

4．删除单元格 H2 中的“姓名”，将其改为 Name，然后将 H2 的格式复制到 H3:H10，清除 H2 单元格的格式。

［操作 1］单击单元格 H2，然后按<Delete>键。

［操作 2］在 H2 中输入 Name，并单击编辑栏确认输入按钮✔。

［操作 3］选中 H2 单元格，然后进行复制（参考 3 题）操作。

［操作 4］在“开始”选项卡“剪贴板”组中单击，按住鼠标左键从 H3 拖动至 H10。或选择 H3:H10 单元格区域，在“剪贴板”组中单击“粘贴”按钮，在“粘贴选项”中单击。或在“粘贴选项”列表中单击“选择性粘贴(S)...”命令，在“选择性粘贴”对话框中选择“格式(T)”单选按钮，单击“确定”按钮。

［操作 5］单击 H2 单元格，在“开始”选项卡“剪贴板”组中单击按钮，在下拉列表中选择“清除格式(F)”命令。

5．删除 H 列，并在总分后加入等级列。在相应的单元格中输入等级（H2），最高分（C11）、最低分（C12）、平均分（C13）、总人数（C14），优秀数（G14）、优秀率（G15）。

［操作 1］选中要删除的行或列，单击“开始”选项卡，在“单元格”组中单击删除按钮，在下拉列表中选择 “删除工作表列(C)”命令。或右击选定列，在弹出菜单中单击“删除”命令。

［操作 2］选择相应的单元格后分别输入如题所示的内容。

6．利用公式求出每名同学的总分。

［操作 1］选中 G3 单元格，输入“=D3+E3+F3”后按<Enter>键。

［操作 2］将鼠标置于 G3 单元格右下角，当鼠标变成“+”时，按下左键拖动至 G10，完成复制操作。

7. 使用函数求出等级、最高分、最低分、平均分、总人数、优秀数、优秀率。

求等级（总分>=255 为“优秀”）：

［操作 1］选取 H3 单元格，单击编辑栏上 *fx* 按钮（或单击“公式”选项卡，在“函数库”组中单击“插入函数”按钮），打开“插入函数”对话框，如图 4-11 所示。

［操作 2］在“插入函数”对话框中选择“常用函数”中的 IF 函数（见图 4-11），单击“确定”按钮。

［操作 3］在弹出的 IF“函数参数”对话框中，输入图 4-14 所示的内容，单击“确定”按钮。

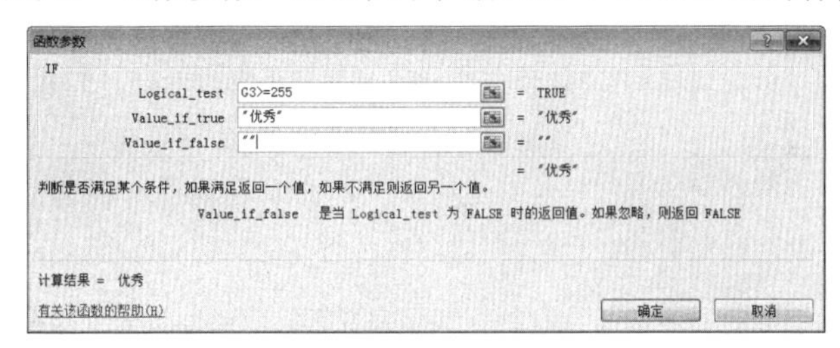

图 4-14 If“函数参数”对话框

［操作 4］选中 H3 单元格，参照第 6 题［操作 2］的方式在 H4:H10 单元格进行函数的复制。

方法一：参照插入 IF 函数的方式分别用 MAX、MIN、AVERAGE、COUNT 函数求最高分、最低分、平均分、总人数，其中 MAX、MIN、AVERAGE 函数的 Number1 参数和 COUNT 函数中的 Value1 参数设置为要统计的单元格区域。

方法二：在“公式”选项卡的“函数库”中，单击 Σ 自动求和 ▾ 按钮，在下拉列表中选择相应选项。

求优秀数时使用函数 COUNTIF，其参数设置如图 4-15 所示。

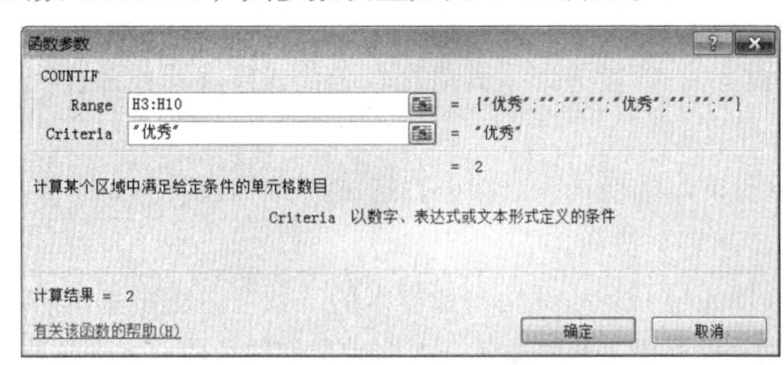

图 4-15 COUNTIF 函数的参数设置

求优秀率：

［操作］选中 H15，输入“=H14/D14”。

8. 对“学生成绩表”进行如下格式化：

（1）使表格标题与表格空一行，然后将表格标题设置成蓝色、粗楷体、16 磅大小、加双下画线，并采用合并及居中对齐方式。

［操作 1］在第 2 行前插入一行。

［操作 2］选择标题所在的 A1 单元格，在“开始”选项卡的“字体”组中找到相应的按钮进行设置。或打开“设置单元格格式”对话框（打开方式参考预备知识第 9 项），选择“字体”选项进行设置。

［操作 3］选中单元格区域 A1:H1。

［操作 4］在“开始”选项卡的“对齐方式”组中单击 ▾按钮。或在“设置单元格格式”对话框中单击“对齐”选项卡，勾选“合并单元格(M)”复选框，如图 4-16 所示。

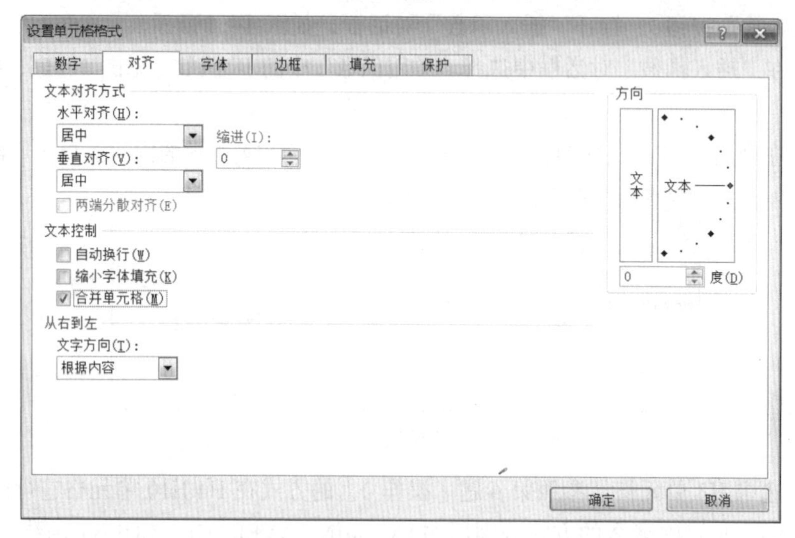

图 4-16 “对齐”选项卡

（2）各栏标题设置成粗体、居中；再将表格中的其他内容居中，平均分保留 1 位小数。

［操作 1］选中 A3:H3 单元格区域后，在“开始”选项卡的“字体”组中单击 **B** 和“段落”组中的 ≡ 按钮。

［操作 2］选中表格其他内容后，单击“段落”组中的 ≡ 按钮。

［操作 3］选中 D14:F14 后，在“开始”选项卡的“数字”组中单击 .00→.0 按钮。

（3）将“优秀率”设置为 45 度方向，其值用百分比式样表示并垂直居中。

［操作 1］选中 G16 单元格。

［操作 2］打开“设置单元格格式”对话框，选“对齐”选项，如图 4-16 所示，在“方向”中输入“45”度，单击“确定”按钮。

［操作 3］选择 H16 单元格，在“开始”选项卡的“数字”组中单击 % 按钮。

（4）设置表格边框线：外框为最粗的单线，内框为最细的单线，表格各列标题的下框线为双线。

［操作 1］选中 A1:H16，在“开始”选项卡的“字体”组中单击 田 ▾按钮，在下拉列表中选择“其他边框(M)...”命令，打开“设置单元格格式”对话框，在“边框”选项卡中进行设置。（注意：在选外边框或内边框之前，先选线条样式。）操作完后单击“确定”按钮。

［操作 2］选中 A3:H3，打开“设置单元格格式”对话框，在“边框”选项卡中，先选择线条样式“═══”，再单击 按钮。或直接在 田 ▾按钮下拉列表中选择“双底框线(B)”选项。

（5）设置单元格填充色：对各栏标题设置 25%的灰色。

［操作］选中 A3:H3 单元格区域，在“开始”的“单元格”组中单击“格式”按钮，单击下

拉列表底部的“设置单元格格式(E)...”命令，打开“设置单元格格式”对话框，单击“填充”选项，在“图案样式(P)”下拉列表中选择“25%灰色”，单击“确定”按钮。

（6）对学生的总分设置条件格式：总分≥255，在“条件格式”对话框中设置：图案中选择“6.25%灰色”，颜色为“红色”、字体“加粗斜体”。

［操作 1］选中 G4:G11 单元格区域。

［操作 2］单击“开始”选项卡，在“样式”组中单击 条件格式 按钮，选择“突出显示单元格规则(H)”→“其他规则(M)...”命令，打开“新建格式规则”对话框，编辑规则说明，如图 4-17 所示，然后单击“格式”按钮，打开“设置单元格格式”对话框，单击“填充”选项卡，在“图案颜色”和“图案样式”下拉列表中分别作相应的设置。单击“字体”选项卡设置字体“加粗、倾斜”。设置完后单击“确定”按钮。

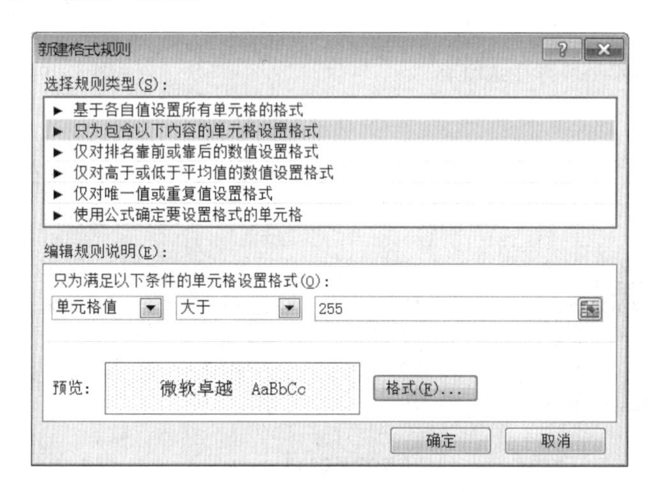

图 4-17　“新建格式规则”对话框

（7）将数学、外语及计算机各列宽度设置为“自动调整列宽”。

［操作］选择数学、外语及计算机三列，在“开始”选项卡的“单元格”组中单击“格式”按钮，在下拉列表中选择“自动调整列宽”命令。

（8）将表格标题栏的行高设置为 25 磅，并将该栏的文字垂直居中。

［操作 1］选中第一行，在“开始”选项卡的“单元格”组中单击“格式”按钮，在下拉列表中选择“行高(H)... ”命令，在打开的“行高”对话框中输入“25”，设置完后单击“确定”按钮。

［操作 2］选中第一行，在“开始”选项卡“对齐方式”类别组中单击 ≡。或打开“设置单元格格式”对话框，选择“对齐”选项卡，在“垂直对齐”中选择“居中”。

9. 对“学生信息表”自动套用“表样式浅色 1”格式。

［操作］单击“学生信息表”标签，选中数据区中任一单元格，在“开始”选项卡的“样式”组中单击 套用表格格式 按钮，在下拉列表中选择“表样式浅色 1”样式。

10. 存盘，将 E1.xlsx 文档以 E2.xlsx 命名保存到同一文件夹。

［操作 1］单击“文件”选项卡→“另存为”→“另存为”对话框。

［操作 2］在“保存位置”中选择相应的驱动器，单击“确定”按钮。

本实验最终操作结果如图 4-18 和图 4-19 所示。

	A	B	C	D	E	F	G	H	I
1	学生成绩表及分析								
2									
3	姓名	性别	系别	外语	计算机	数学	总分	等级	
4	张强	男	财金系	89	98	89	276	优秀	
5	赵小丽	女	外语系	72	76	90	238		
6	陈大斌	男	信管系	78	86	80	244		
7	李珊	女	会计系	82	76	82	240		
8	冯哲	男	工商系	83	88	85	256	优秀	
9	张青松	男	信管系	82	72	90	244		
10	封小莉	女	工程系	74	82	86	242		
11	周晓	女	法管系	78	82	74	234		
12			最高分	89	98	90			
13			最低分	72	72	74			
14			平均分	79.8	82.5	84.5			
15			总人数	8			优秀数	2	
16							优秀率	25%	

图 4-18　学生成绩表

	A	B	C	D	E
1	学号	姓名	名次	年级	值日时间
2	201501	张强	第一名	大一	42248
3	201502	赵小丽	第二名	大一	42249
4	201503	陈大斌	第三名	大一	42250
5	201504	李珊	第四名	大一	42251
6	201505	冯哲	第五名	大一	42252
7	201506	张青松	第六名	大一	42253
8	201507	封小莉	第七名	大一	42254
9	201508	周晓	第八名	大一	42255

图 4-19　学生信息表

五、课后实验

1. 创建一个新的工作簿文件，以 E21.xlsx 为文件名与文件 E2.xlsx 保存在同一目录下。在工作表 Sheet1 中，输入图 4-20 所示求职简历的相关内容，并完成以下题目。

	A	B	C	D	E	F	G	H	I
1	求职简历								
2	个人情况	姓名		性别		出生年月		（近期照片）	
3		毕业院校		毕业时间		专业			
4		学历		学位		英语水平			
5		籍贯		民族		计算机水平			
6		政治面貌		联系电话		E-mail			
7	教育经历	起止时间		学校		学历			
8									
9									
10	工作经历	工作时间		工作单位及所在部门				职位	
11									
12									
13	自我评价								
14									
15									
16	爱好特长								
17									
18	个人荣誉								
19									
20									
21	应聘职位			期望的年收入					
22	备注								

图 4-20　“求职简历”相关内容

（1）将第 1 行的单元格区域 A1:I1 合并居中，行高设置为“25”，字体为“黑体”“18 号”。

（2）表格中其他部分的行高设置为“15”，字体为“宋体”“12 号”。

（3）分别将单元格区域 A2:A6 和 H2:I6 合并居中；将第 6 行以下其他对应的单元格区域合并，设置单元格内数据自动换行显示。

（4）分别将 H 列和 I 列的列宽设置为“4.25”。

（5）将表格中除标题外的其他部分数据区域的外边框设置为黑色的粗边框，内部表格线设置为黑色的细实线。

（6）将表中所有的日期数据格式设置为“2001 年 3 月 14 日”的格式。

（7）设置 B 列数据为“文本”格式。

2. 打开 E11.xlsx，进行如下操作，结果如图 4-21 所示：

	A	B	C	D	E	F	G	H	I
1	工资发放表 2015.09								
2	制表日期：	2015/9/1							
3	**姓名**	**部门**	**银行卡号**	**基本工资**	**绩效工资**	**扣款**	**应发工资**	**扣税**	**实发工资**
4	王平	销售	6282123654239×××	1800.00	5400	-100	7300.00	240.00	7060.00
5	董非	财务	6284213654239×××	2000.00	4000	200	5800.00	165.00	5635.00
6	李强	销售	5282533654239×××	1800.00	5400	150	7050.00	227.50	6822.50
7	于芳	财务	4382824696425×××	2000.00	4000	170	5830.00	166.50	5663.50
8								合计：	25181.00

图 4-21 “工资发放表”样张

（1）将 A1:I1 合并居中。

（2）将标题字体设置为“楷体”，字号：“12”。

（3）将表格外框设置成“粗匣框线”，内部框线设置为“细实线”，第一行下框线设置为“双实线”。

（4）标题设置 O 为“6.25%灰色”，并将列标题加粗显示。

（5）根据下列规则求出相应数据

- 绩效工资的计算公式。销售部门：基本工资*3，财务部门：基本工资*2。
- 应发工资=基本工资+职务工资-扣款。
- 如果应发工资>2 500，扣税=（应发工资-2 500）*0.05。
- 实发工资=应发工资-扣税。
- 合计为所有实发工资之和。

实验 4-3　Excel 2010 数据管理与分析

一、实验目的

1. 掌握数据的排序和筛选。
2. 掌握数据的分类汇总。
3. 掌握数据透视表的操作。

二、预备知识

1. 记录的排序

方法一：单击“开始”选项卡，在“编辑”组中单击“排序和筛选”按钮，在下拉列表中选择“升序(S)”（“降序(O)”、“自定义排序(U)...”），如果单击“自定义排序(U)...”选项，则打开“排序”对话框。在“排序”对话框中设置排序条件，完成排序操作。Excel 在排序时可设置“主要关键字”和“次要关键字”，当上级关键字相同时，Excel 自动选择次要关键字排序。单击“添加条件”按钮，可根据需要添加多个“次要关键字”。

Excel 默认状态为按字母顺序排序。如果需要按笔画排序，可以单击“排序”对话框的“选项(O)...”按钮，然后在弹出的“排序选项”对话框中进行设置。

方法二：单击“数据”选项卡，在“排序和筛选”组中单击 A↓Z 或 Z↓A，如果单击“排序”按钮则打开“排序”对话框。

2. 数据的筛选

Excel 提供自动筛选和高级筛选两种方法，其中自动筛选比较简单，而高级筛选可以使用复杂的条件进行筛选。

（1）自动筛选

方法一：单击“开始”选项卡，在“编辑”组中单击“排序和筛选”按钮，在下拉列表中选择“筛选(F)”选项，则进入自动筛选。

方法二：单击“数据”选项卡，在“排序和筛选”类别组中单击“筛选”按钮。

如果要进一步设置筛选条件，可以单击已处于筛选状态的工作表的筛选下拉列表框，进行条件的设置。

（2）高级筛选

单击“数据”选项卡，在“排序和筛选”组中单击高级按钮，打开“高级筛选”对话框进行设置，使用“高级筛选”的关键是条件区域的建立。

条件区域包括两个部分：标题行（也称字段名行或条件名行）和条件行（可以是一行或多行）。

在同一行不同列的筛选条件之间表示 AND（“与”）的关系，不同行内的条件表示 OR（“或”）的关系。

3. 分类汇总

分类汇总的表的每列数据必须具有列标题，汇总的方式包括求和、求平均值、统计个数等。分类汇总前先按汇总字段进行排序分类。

（1）分类汇总的设置

单击“数据”选项卡，在“分级显示”组中单击分类汇总按钮，打开“分类汇总”对话框进行设置。

（2）撤销分类汇总

打开“分类汇总”对话框，在“分类汇总”对话框中单击“全部删除”按钮即可恢复原来的数据清单。

注意：在排序、筛选和分类汇总操作时，当前单元格应该定位在数据区域，不能选择数据区域以外的单元格作为当前单元格。

4. 数据透视表和数据透视图

（1）建立数据透视表

单击“插入”选项卡，在“表格”组中单击“数据透视表”按钮，或在下拉列表中选择“数据透视表(T)”选项。

（2）创建数据透视图

单击“插入”选项卡，在“表格”组中单击“数据透视表”下拉列表按钮，在下拉列表中选择“数据透视图(C)”选项。

三、实验内容

打开实验 4-1 中所创建的 E1.xlsx。

1. 删除“学生信息表”和“学生信息表（2）”两个工作表，并将“学生成绩表”复制生成“学生成绩表（2）”。

2．将“学生成绩表”按系降序排列，同系学生按计算机成绩升序排列。

3．对“学生成绩表”进行如下筛选操作。

（1）使用自动筛选，找出外语>80 且计算机>85 的学生的记录。

（2）删除自动筛选。

（3）通过高级筛选出外语大于 80 或计算机>85 的学生的记录。

（4）清除筛选。

4．对“学生成绩表（2）”中的数据进行下列分类汇总操作：

（1）按性别分别求出男生和女生的各科平均成绩。

（2）在原有分类汇总的基础上，再汇总出男生和女生的人数（汇总结果放在平均值数据上面）。

（3）只显示汇总数据，不显示原数据。

（4）清除汇总结果，恢复原数据清单。

5．以“学生成绩表（2）”中的数据为基础，在工作表中建立图 4-22 所示的数据透视表。

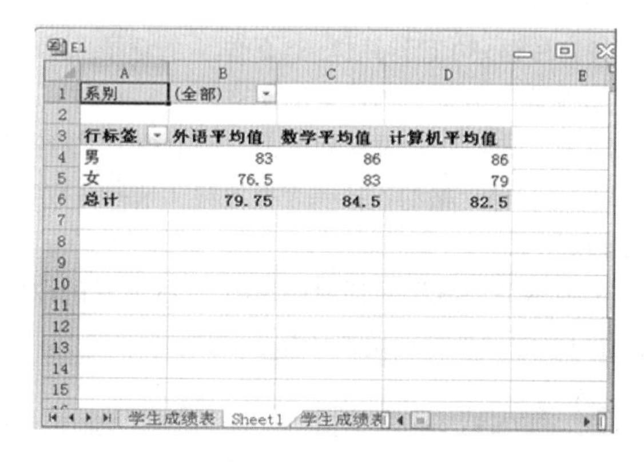

系别	(全部)		
行标签	外语平均值	数学平均值	计算机平均值
男	83	86	86
女	76.5	83	79
总计	79.75	84.5	82.5

图 4-22　数据透视表

6．根据数据透视表建立数据透视图。

7．将操作结果以 E3.xlsx 保存到原文件夹。

四、实验步骤

1．删除“学生信息表”和“学生信息表（2）”两个工作表，并将“学生成绩表”复制生成“学生成绩表（2）”。

［操作 1］打开 E1.xlsx。

［操作 2］右击“学生信息表”，在快捷菜单中选择“删除”命令，在 Microsoft Excel 警告框中单击“确定”按钮。按同样的方法删除“学生信息表（2）”。

［操作 3］选中“学生成绩表”，按住<Ctrl>键，按住鼠标左键沿标签行拖动“学生成绩表”，完成复制操作。

2．将“学生成绩表”按系降序排列，同系学生按计算机成绩升序排列。

［操作 1］单击“学生成绩表”标签，选中“学生成绩表”。

［操作 2］单击“学生成绩表”数据区的任意单元格。

［操作 3］单击“数据”选项卡→在“排序和筛选”组中单击　“排序”按钮，打开“排序”对话框。

［操作 4］在“排序”对话框（见图 4–23）的“主要关键”字下拉列表框中选择“系别”，在“次序”下拉列表中选择“降序”。单击“添加条件(A)”按钮，在“次要关键字”下拉列表框中选“计算机”，在“次序”下拉列表中选择“升序”。

［操作 5］勾选“数据包含标题(H)”复选框，单击“确定”按钮。

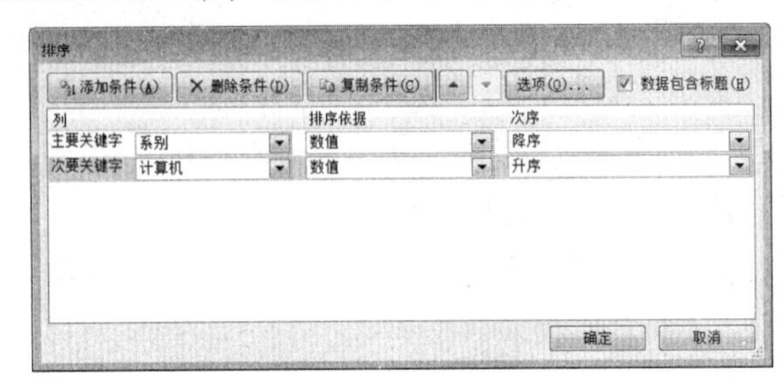

图 4–23 “排序”对话框

3. 对“学生成绩表”进行如下筛选操作。

（1）使用自动筛选，找出外语>80 且计算机>85 的学生的记录。

［操作 1］选中“学生成绩表”数据区的任意单元格。

［操作 2］单击“数据”选项卡，在“排序和筛选”组中单击“筛选”按钮。

［操作 3］单击标题“外语”单元格的下拉列表框按钮，选择“数字筛选(F) ”→“自定义筛选(F)...”命令，如图 4–24 所示。

［操作 4］在“自定义自动筛选格式”对话框中作图 4–25 所示的设置。

仿照［操作 3］、［操作 4］的设置方式设置计算机>85。

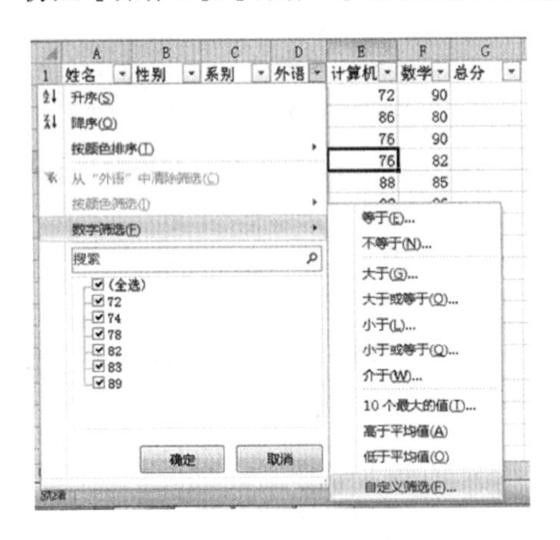

图 4–24 “自定义筛选”的选择

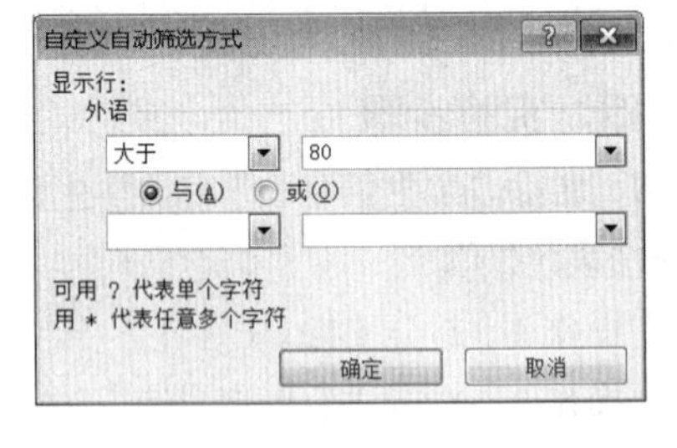

图 4–25 “自定义自动筛选格式”对话框

（2）删除自动筛选。

［操作］单击“数据”选项卡，在“排序和筛选”组中再次单击“筛选”按钮。

（3）通过高级筛选找出外语大于 80 或计算机>85 的学生的记录。

［操作 1］选择单元格 D11，输入“外语”，选择 E11 单元格，输入“计算机”。在 D12 中输入“>80”，在 E13 中输入“>85”，按<Enter>键。这样建立了一个从 D11:E13 的条件区域。（注意：E12 和 D13 中不要输入包括空格在内的任何信息。）

［操作 2］单击“数据”选项卡，在“排序和筛选”组中单击 高级 按钮，打开“高级筛选”对话框，如图 4–26 所示。

［操作 3］选中 A1:F9 数据区作为“列表区域”，选中 D11:E13 数据区作为“条件区域”。

［操作 4］单击“确定”按钮。

（4）清除筛选。

［操作］单击“数据”选项卡，在“排序和筛选”组中再次单击“筛选”按钮。

4. 对“学生成绩表（2）”中的数据进行下列分类汇总操作：

（1）按性别分别求出男生和女生的各科平均成绩。

［操作 1］单击“学生成绩表（2）”。

［操作 2］参照 2 中的排序操作，以性别作为主要关键字对“学生成绩表（2）”进行排序。

［操作 3］单击“数据”选项卡，在“分级显示”组中单击 分类汇总 按钮，打开“分类汇总”对话框进行设置。

［操作 4］在“分类字段”下拉列表框中选择“性别”，在“汇总方式”下拉列表框中选择“平均值”，在“选定汇总项”列表框中选中“外语”“计算机”“数学”复选框，如图 4–27 所示。

［操作 5］单击“确定”按钮。

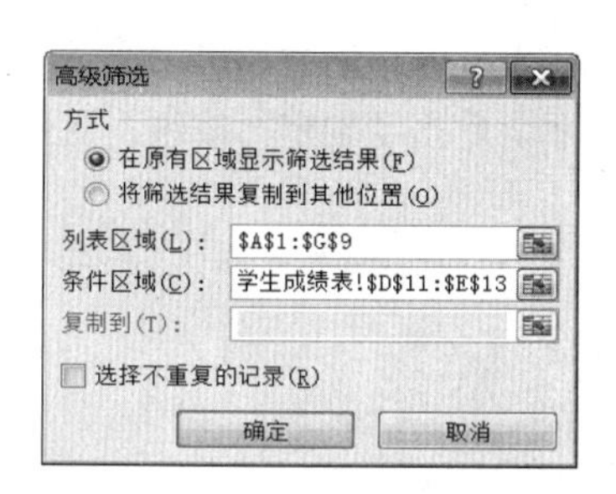

图 4–26　“高级筛选”对话框

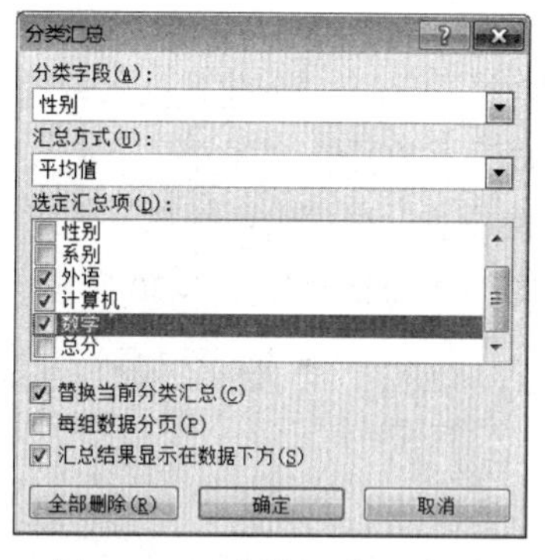

图 4–27　“分类汇总”对话框

（2）在原有分类汇总的基础上，再汇总出男生和女生的人数（汇总结果放在平均值数据上面）。

［操作 1］单击“数据”选项卡，在“分级显示”组中单击 分类汇总 按钮，弹出“分类汇总”对话框。

［操作 2］在“分类字段”下拉列表框中选择“性别”，在“汇总方式”下拉列表框中选择“计数”，在“选定汇总项”列表框中只选中“系别”复选框，取消勾选“替换当前分类汇总”复选框。

［操作 3］单击“确定”按钮。

（3）只显示汇总数据，不显示原数据。

［操作］单击 1 2 3 4 中的数字“3”按钮，结果如图 4–28 所示。

（4）清除汇总结果，恢复原数据清单。

［操作 1］单击“数据”选项卡，在“分级显示”组中单击 分类汇总 按钮，弹出“分类汇总”对话框。

［操作 2］单击“全部删除”按钮。

	A	B	C	D	E	F	G
1	姓名	性别	系别	外语	计算机	数学	总分
6		男 计数	4				
7		男 平均值		83	86	86	
12		女 计数	4				
13		女 平均值		76.5	79	83	
14		总计数	8				
15		总计平均值		79.8	82.5	84.5	

图 4-28 “分级显示”设置

5. 以“学生成绩表（2）”中的数据为基础，在工作表中建立图 4-22 所示的数据透视表。

［操作 1］单击“插入”选项卡，在“表格”组中单击“数据透视表”按钮，打开“创建数据透视表”对话框，如图 4-29 所示。

创建数据透视表
请选择要分析的数据
选择一个表或区域(S)
表/区域(T)：'学生成绩表 (2)'!$A$1:$F$9
使用外部数据源(U)
选择连接(C)...
连接名称：
选择放置数据透视表的位置
新工作表(N)
现有工作表(E)
位置(L)：
确定 取消

图 4-29 “创建数据透视表”对话框

［操作 2］打开“创建数据透视表”对话框，用鼠标在“学生成绩表（2）”中拖动选定数据区域 A1:F9，或直接在“选择一个表或区域(S)”文本框中输入“A1:F9”，同时选中“选择放置数据透视表的位置”选项组中选择好需要的位置，如图 4-29 所示。单击“确定”按钮，打开数据透视表工具设置窗格，如图 4-30 所示。

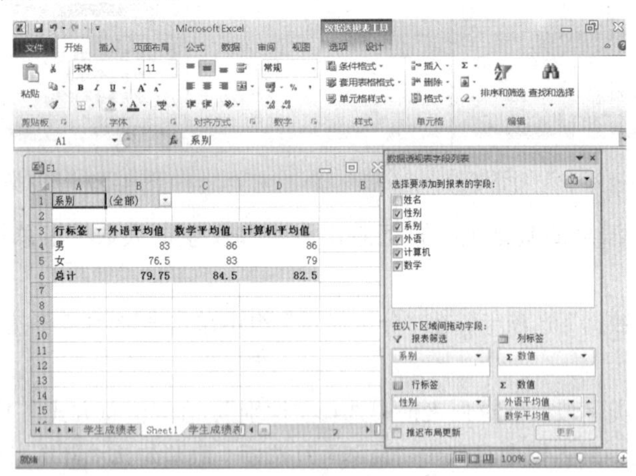

图 4-30 数据透视表工具

［操作 3］在数据透视表工具窗格的“数据透视表字段列表”中选择“性别”字段，按住鼠标左键拖动到“行标签”下的列表框，同样的方法将“系别”拖动到“报表筛选”，将“外语”“计算机”和“数学”拖动到“数值”下的列表框。

［操作 4］单击“数值”列表框中的“求和项：外语”，在弹出的菜单中选择“值字段设置(N)...”命令，打开“值字段设置”对话框。

［操作 5］在“值字段设置”对话框的下拉列表框中选择“平均值”选项，在“自定义名称(C):”

文本框中输入“外语平均值”，设置完成后单击“确定”按钮，如图 4–31 所示。

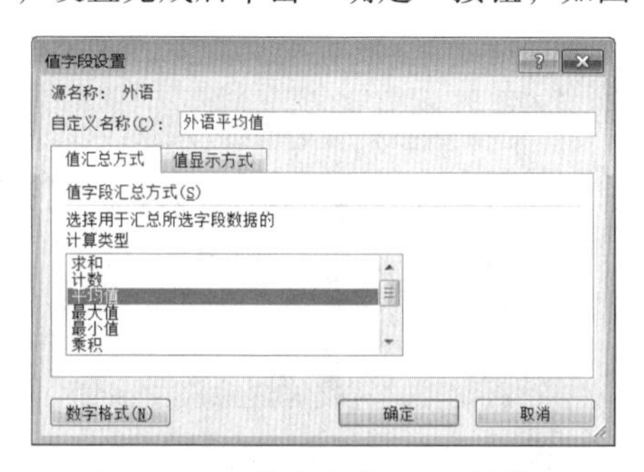

图 4–31　“值字段设置”对话框

［操作 6］以同样的方式将“计算机”和“数学”加入“数值”列表框并进行设置，设置完后单击“确定”按钮。

6．根据数据透视表建立数据透视图。

［操作 1］单击“插入”选项卡，在“表格”组中单击“数据透视图”按钮，打开创建数据透视图窗口，如图 4–32 所示。

图 4–32　数据透视图工具

［操作 2］进行“数据透视表字段列表”的设置（设置方法参考数据透视表的设置），各参数设置如图 4–33 所示，最后的结果如图 4–34 所示。

7．将操作结果以 E3.xlsx 保存到原文件夹。

［操作］打开“文件”选项卡，单击“另存为”命令，打开“另存为”对话框，选择保存路径，在文件名中输入 E3。

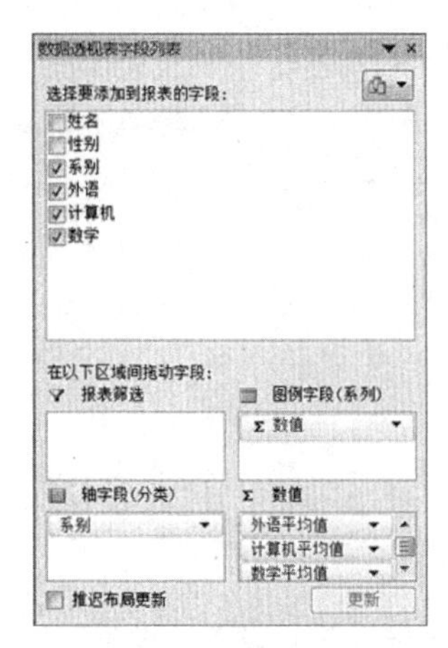

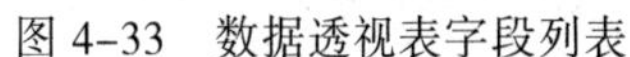

图 4-33　数据透视表字段列表

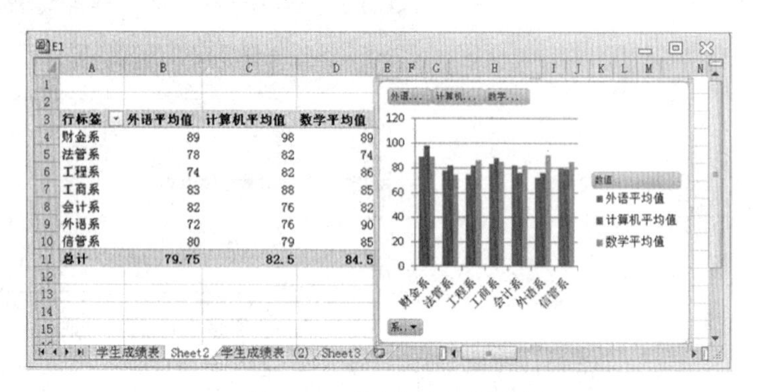

图 4-34　数据透视图结果图

五、课后实验

创建一个新的工作簿文件，按图 4-35 所示的数据建立工作表 Sheet1，并完成以下操作：

	A	B	C	D	E	F	G	H	I	J	K	L
1	员工姓名	员工工号	新员工工号	性别	出生年月	年龄	参加工作时间	工龄	工资	职称	岗位级别	是否符合评选教授职称
2	张山	Y101	Y0101	男	1970/9/2	45	1990/6/30	25	4500	副教授	2级	是
3	李斯	Y202	Y0202	女	1990/10/3	25	2010/7/1	5	3000	助教	5级	否
4	王武	Y203	Y0203	男	1981/1/5	34	2002/6/20	13	4000	讲师	3级	否
5	刘丽	Y304	Y0304	女	1978/7/15	37	2001/9/1	14	4000	讲师	3级	否
6	赵柳	Y405	Y0405	男	1969/8/7	46	1988/7/1	27	6000	教授	1级	否
7	陈晨	Y406	Y0406	男	1982/6/3	33	2004/5/30	11	3500	讲师	4级	否
8	周涛	Y507	Y0507	女	1992/9/20	23	2014/6/7	1	2500	助教	6级	否
9					统计条件	统计结果						
10					男员工人数	4		性别	年龄			
11					副教授	1		男	>40			
12					15年以上工龄	2						
13					助教平均工资	2750						
14	员工姓名	员工工号	新员工工号	性别	出生年月	年龄	参加工作时间	工龄	工资	职称	岗位级别	是否符合评选教授职称
15	张山	Y101	Y0101	男	1970/9/2	45	1990/6/30	25	4500	副教授	2级	是
16	赵柳	Y405	Y0405	男	1969/8/7	46	1988/7/1	27	6000	教授	1级	否

图 4-35　样张

1. 标题栏自动换行。

2. 使用 REPLACE 函数，将“员工工号”数字部分前添加一个“0”，将结果填入表中的“新员工工号”列。

3. 使用日期与时间函数，求出员工的“年龄”和“工龄”。

4. 使用统计函数，对工作表 Sheet1 中的数据，根据以下统计条件进行如下统计：

（1）统计男员工的人数。

（2）统计副教授的人数。

（3）统计工龄大于等于 15 的人数。

（4）统计助教的平均基本工资。

结果分别填入相应单元格。

5. 使用逻辑函数，判断员工是否有资格评“教授”。

评选条件为：工龄大于等于 15，且职称为“副教授”的员工。

6. 对工作表进行高级筛选，要求：

（1）筛选条件：性别为“男”且年龄大于“40”　。

（2）将结果保存在 Sheet1 中 A14 单元格开始的区域。

7. 根据工作表的数据，创建一张显示各职称的人数的数据透视图 Chart1，要求：

（1）X 轴字段设置为“职称”；

（2）计数项为职称；

（3）将对应的数据透视表保存在工作表 Sheet2 中。

8. 将文件以 E31.xlsx 命名，与 E1.xlsx 保存到同一文件夹下。

实验 4-4　Excel 2010 数据图表化和页面设置

一、实验目的

1. 掌握图表的创建。
2. 掌握图表的编辑。
3. 掌握图表的格式化。
4. 掌握页面设置和打印输出。

二、预备知识

Excel 提供插入图片和图表功能，帮助用户快速地完成图片的插入和图表的创建工作。Excel 的图表可以嵌入数据所在的工作表，也可以嵌入在一个新工作表上。所有的图表都依赖于生成它的工作表数据，当数据发生改变时，图表也会随着作相应的改变。

1. 插入图片

单击“插入”选项卡，在“插图”组中单击相应的按钮。

“图片”按钮：插入用户图片。

“剪贴画”按钮：插入系统剪贴画。

“形状”按钮：插入基本形状。

“SmartArt”按钮：插入结构图。

“屏幕截图”按钮：插入计算机屏幕截图。

2. 插入图表

单击“插入”选项卡，在“图表”组中单击相应的图形类别按钮进入图表的插入，如果需要更多的图表类型，单击“创建图表”按钮，打开“插入图表”对话框，如图 4-36 所示。

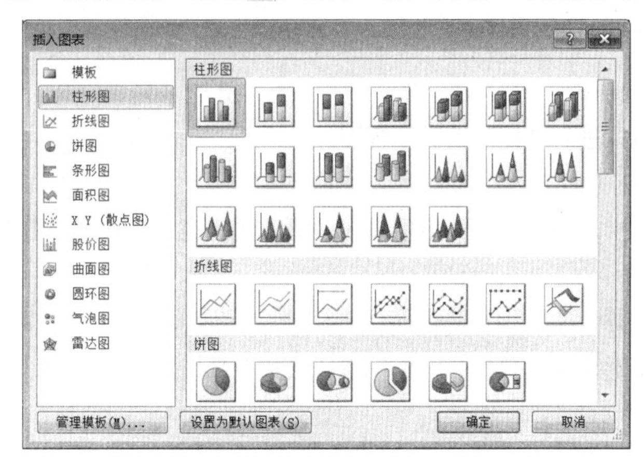

图 4-36　“插入图表”对话框

3. 图表的类型

Excel 提供了各种类型的图，不同类型的图特点不一样，在使用时根据数据源的特点选用合适的图，会使数据的表示更加清楚，常用的图表类型及特征如下。

（1）柱形图

柱形图用于显示一段时间内的数据变化或说明各项之间的比较情况。

（2）折线图

折线图可以显示随时间而变化的连续数据（根据常用比例设置），因此非常适用于显示在相等时间间隔下数据的趋势。

（3）饼图

饼图适合表示单一的数据系列，它特别能表示出每一数据点的相对关系及其与整体的关系。

（4）条形图

条形图显示各项之间的比较情况。

（5）面积图

面积图强调数量随时间而变化的程度，也可用于引起人们对总值趋势的注意。

（6）X，Y 散点图

X，Y 散点图显示若干数据系列中各数值之间的关系，或者将两组数字绘制为 XY 坐标的一个系列。

（7）股价图

股价图通常用来显示股价的波动，不过这种图表也可用于显示科学数据。

（8）曲面图

要找到两组数据之间的最佳组合，可以使用曲面图。

（9）圆环图

圆环图显示各个部分与整体之间的关系，但是它可以包含多个数据系列。

数据系列是在图表中绘制的相关数据点，这些数据源自数据表的行或列。图表中的每个数据系列具有唯一的颜色或图案，并且在图表中用图例表示。可以在图表中绘制一个或多个数据系列。

4. 图表元素

图表元素如图 4-37 所示。

5. 图表的编辑

选择需编辑的图表，进入“图表工具”视图。

（1）更改图表类型

单击“设计”选项卡，在“类型”组中单击“更改图表类型”按钮，打开“更改图表类型”对话框进行设置。

（2）更改图表数据源

单击“设计”选项卡，在“数据”组中单击“选择数据”按钮，打开“选择数据源”对话框进行设置，如图 4-38 所示。

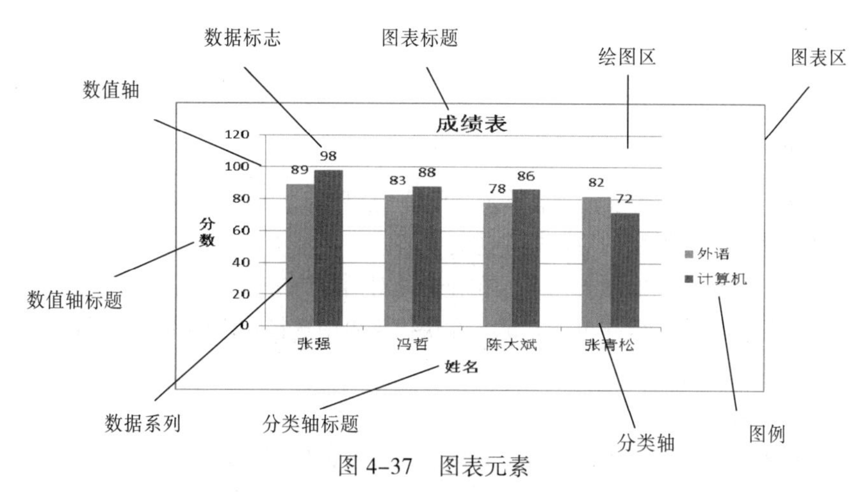

图 4-37　图表元素

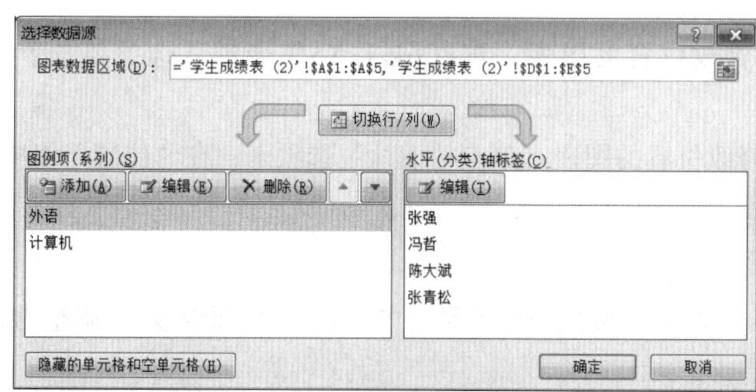

图 4-38　“选择数据源”对话框

（3）更改系列产生方式

单击“设计”选项卡，在“数据”组中单击“切换行/列”按钮。

（4）添加数据系列

• 打开“选择数据源”对话框，单击“图例项（系列）(S)”下的“添加(A)”按钮，打开“编辑数据系列”对话框，如图 4-39 所示。

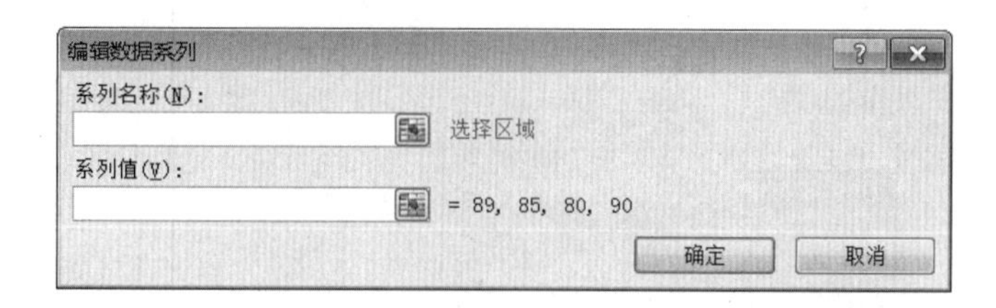

图 4-39　“编辑数据系列”对话框

• 在“系列名称(N):”框中输入系列名称，在“系列值(V):”框中选择系列单元格区域。

（5）删除数据系列

方法一：选中图表中要删除的数据系列，按<Delete>键。

方法二：打开“选择数据源”对话框，在“图例项（系列）”列表中单击系列名称，单击“删除”按钮。

（6）添加图表元素

选择需要更改类型的图表，进入“图表工具”视图，单击“布局”选项卡，单击相应的按钮进入图表元素的添加。

（7）图表元素格式的设置

方法一：选择需要设置的图表选项，单击“布局”选项卡，在“当前所选内容”组中单击“设置所选内容格式”按钮，在弹出的对话框中进行设置。

方法二：双击需要格式化的图表元素，在弹出的对话框中进行设置。

方法三：用鼠标指向该元素并单击右键，在快捷菜单中选择相应的设置格式命令，然后在弹出的格式对话框中进行设置。

（8）修改图表位置

在工作表中调整：选择要移动的图表，在图表中按下鼠标左键并拖动。

将图表放到其他工作表：

方法一：选中要修改位置的图表，按<Ctrl>+<X>组合键，选中要放置图表的工作表，按<Ctrl>+<V>组合键。

方法二：选中要修改位置的图表，单击“设计”选项卡，在“位置”组中单击“移动图表”按钮。

6. 页面设置

单击“页面布局”选项卡，根据需要可设置“主题”“页面设置”“调整为合适大小”“工作表选项”和“排列”。

7. 打印工作簿

Excel 工作簿的打印可分为打印活动工作表、某个选定区域或整个工作簿。单击“文件”→“打印”选项，打开打印窗口，如图 4-40 所示。在窗口的“设置”选项组中有“打印选定图表”“打印整个工作簿”和“打印选定区域”三种类型选择，其他设置与 Word 的打印设置相似。

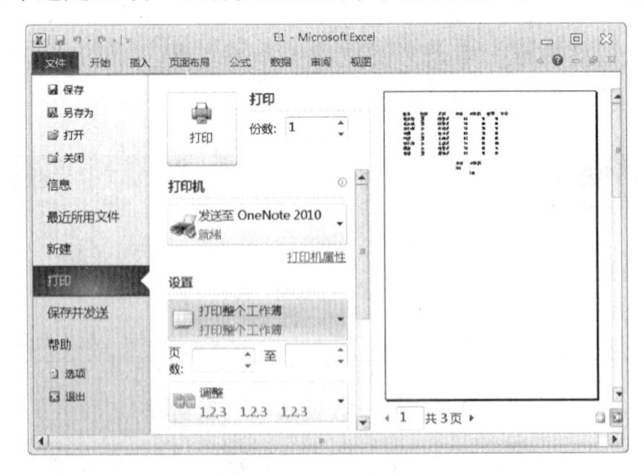

图 4-40 打印设置

（1）打印预览

如图 4-40 所示，右边窗格就是打印预览窗口。

（2）设置打印区域

选定一个区域，单击“页面布局”选项卡，在“页面设置”组中单击“打印区域”按钮，可将选定的区域设定为打印区域。

8. 打印图表

打印图表：选定要打印的图表，单击“文件”→“打印”选项，窗口“设置”自动设置为“打印选定图表”。（注意：必须选定要打印的图表。）

打印内嵌图表的工作表：选定数据区域，单击“文件”→“打印”选项，在打印窗口中的“设置”标题下选择“打印选定区域”选项并单击“确定”按钮，则只打印数据区而不打印嵌入的图表。

三、实验内容

1. 打开实验 4-1 中的 E1.xlsx，选中“学生成绩表”中的姓名、外语、计算机和数学四列数据，在当前工作表中创建嵌入“簇状柱形图”图表，将外语、计算机和数学作为系列，图表标题为“学生成绩表”。

2. 对创建的嵌入图表进行如下编辑操作：

（1）将该图表移动、放大。

（2）将图表中外语和数学的数据系列删除，然后再将外语数据系列添加到图表中。

（3）为图表中计算机的数据系列增加以分数显示的数据标记。

（4）为图表添加分类轴标题“姓名”及数值轴标题“分数”。

3. 对创建的嵌入图表进行如下格式化操作：

（1）将图表区的字体大小设置为 11 号，并选用最粗的圆角边框。

（2）将图表标题“学生成绩表”设置为粗体、14 号、单下画线。

（3）将标题“分数”设置为 45 度方向。

（4）将数值轴的主要刻度间距改为 15。

（5）给绘图区加上白色大理石图案。

4. 选择姓名为“张强”的学生的姓名、外语、计算机、数学四列数据，创建名为“黑白饼图”的独立图表。

5. 对“学生成绩表”进行如下打印设置：

（1）打印内嵌图表。

（2）打印工作表数据，不打印内嵌的图表，并给数据设置“学生成绩表”作为页眉。

6. 将操作结果以 E4.xlsx 命名保存到原文件夹。

四、实验步骤

1. 打开实验 4-1 中的 E1.xlsx，选中“学生成绩”中的姓名、外语、计算机和数学四列数据，在当前工作表中创建嵌入“簇状柱形图”图表，将外语、计算机和数学作为系列，图表标题为“学生成绩表”。

[操作 1] 打开 E1.xlsx，选中“姓名”列，然后按住<Ctrl>键，选择另外三列。（注意选择时要将列标题选入。）

[操作 2] 单击“插入”选项卡，在“图表”组中单击“柱形图”按钮，在下拉列表中选择“二维柱形图”类中的“簇状柱形图”，插入图形，系统自动进入“图表工具”视图。

[操作 3] 在“图表工具”视图中单击“布局”选项卡，单击“标签”组中的“图表标题”按钮，在下拉列表中单击“图表上方”命令，在编辑栏输入“学生成绩表”，按<Enter>键确认。（也

可双击图表标题，进入编辑模式后输入。）

2. 对创建的嵌入图表进行如下编辑操作：

（1）将该图表移动、放大。

［操作］选中图表后，图表边框加粗显示，在边框的四角和边框的中央出现“点”，鼠标置于“点”上，按下鼠标左键拖动即可。

（2）将图表中外语和数学的数据系列删除，然后再将外语数据系列添加到图表中。

［操作 1］单击绘图区外语数据系列，选中该系列，然后按<Delete>键。（数学数据系列的删除同外语数据系列的删除类似。）

［操作 2］打开“选择数据源”对话框，单击“图例项（系列）(S)”下的“添加(A)”按钮，打开“编辑数据系列”对话框，如图 4-39 所示。

［操作 3］在“系列名称(N)：”下输入“外语”。在“系列值(V):”框中选择“D1:D9”单元格区域。

（3）为图表中计算机的数据系列增加以分数显示的数据标记。

［操作 1］单击绘图区计算机数据系列。

［操作 2］在“图表工具”视图中单击“布局”选项卡，单击“标签”组中的“数据标签”按钮，在下拉列表中单击“数据标签外”选项。

（4）为图表添加分类轴标题“姓名”及数值轴标题“分数”。

［操作 1］在“图表工具”视图中单击“布局”选项卡，单击“标签”组中的“坐标轴标题”→“主要横坐标轴标题(H)”→“坐标轴下方标题”选项，如图 4-41 所示。在编辑栏输入“姓名”，按<Enter>键确认。

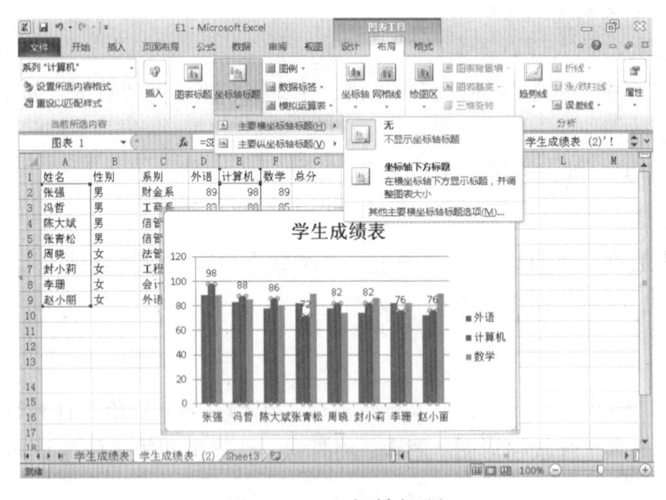

图 4-41　坐标轴标题

［操作 2］在“图表工具”视图中单击“布局”选项卡，单击“标签”组中的“数据标签”→“主要纵坐标轴标题(H)”→“竖排标题”命令，在编辑栏输入“分数”，按<Enter>键确认。

3. 对创建的嵌入图表进行如下格式化操作：

（1）将图表区的字体大小设置为 11 号，并选用最粗的圆角边框。

［操作 1］右击图表区，单击快捷菜单中的“字体”命令，打开“字体”对话框，将“大小”

设置为 11。

［操作 2］在“图表工具”视图中单击“格式”选项卡，单击“形状样式”组中的按钮，打开“设置图表区格式”对话框，选择“边框样式”，勾选“圆角(R)”复选框，单击“关闭”按钮，如图 4–42 所示。

图 4–42　圆角边框的设置

（2）将图表标题“学生成绩表”设置为粗体、14 号、单下画线。

［操作］右击“图表标题”，单击快捷菜单中的“字体”命令，打开“字体”对话框，在“字体样式(Y):”下拉列表框中选择“加粗”，“大小(S):”中输入 14，“下画线线型(U):”下拉列表框中选择“单下画线”，单击“确定”按钮。

（3）将标题“分数”设置为 45 度方向。

［操作］右击坐标轴标题“分数”，单击快捷菜单中的“设置坐标轴标题格式(F)...”命令，打开“设置坐标轴标题格式”对话框，单击“对齐方式”选项卡，在“文字版式”选项组中设置“文字方向(X):”为“横排”，在“自定义角度(U):”文本框中输入 45 度，单击“关闭”按钮。

（4）将数值轴的主要刻度间距改为 15。

［操作］右击数值轴，单击快捷菜单中的“设置坐标轴标题格式(F)...”命令，打开“设置坐标轴格式”对话框，单击“坐标轴选项”选项，在“主要刻度单位”后选定“固定”，然后在右边文本框中输入“15”，单击“关闭”按钮。

（5）给绘图区加上白色大理石图案。

［操作］右击绘图区，单击快捷菜单中的“设置绘图区格式(F)... ”命令，打开“设置图表区格式”对话框，单击“填充”选项，选择“图片或纹理填充(P)”选项，单击“填充”右的下拉列表，在列表中选择“白色大理石”选项，单击“关闭”按钮。

以上操作的结果如图 4–43 所示。

4. 选择姓名为“张强”的学生的姓名、外语、计算机、数学四列数据，创建名为“黑白饼图”独立图表。

［操作 1］同时选择 A1:A2 和 D1:F2 两个单元格区域（不连续区域的选择结合<Ctrl>键。）。

［操作 2］单击“插入”选项卡，在“图表”组中单击“饼图”按钮，下拉列表中选择“二维饼图”类中的“饼图”，插入图形。

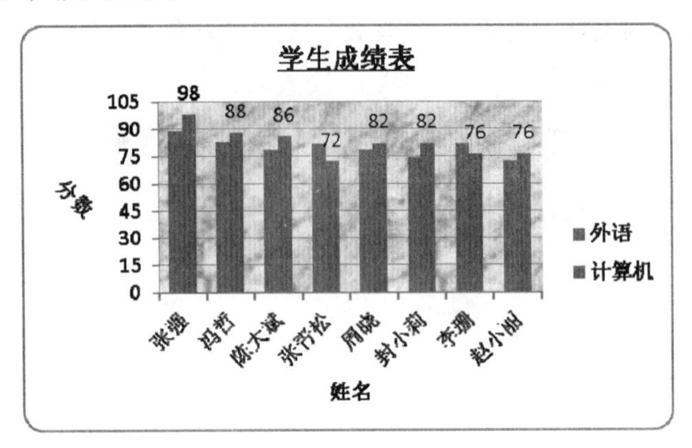

图 4–43　图表样张

［操作 3］在“图表工具”视图中单击“设计”选项卡，在“图标样式”组中单击“样式 1”。

［操作 4］在“图表工具”视图中单击“设计”选项卡，在“位置”组中，单击“移动图标”，打开“移动图表”对话框，选择“新工作表(S):”单选按钮，将图表作为独立图表。

［操作 5］在“图表工具”视图中单击“设计”选项卡，在“图表布局”组中单击选择“布局 1”。

［操作 6］在“图表工具”视图中单击“布局”选项卡，在“标签”组中单击“数据标签”，在数据标签列表中选择“数据标签外”选项。单击“图表标题”，在下拉列表中选择“图表上方”选项。结果如图 4–44 所示。

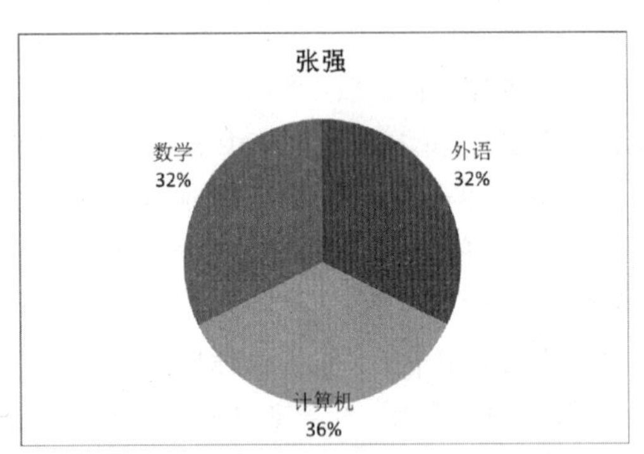

图 4–44　黑白饼图

5. 对“学生成绩表”进行如下打印设置：

（1）打印内嵌图表。

［操作］选中内嵌图表，选定要打印的图表，单击“文件”→“打印”选项，窗口“设置”自动设置为“打印选定图表”。（注意：必须选定要打印的图表。）

（2）打印工作表数据，不打印内嵌的图表，并给数据设置“学生成绩表”作为页眉。

［操作 1］选择 A1:G9 单元格区域。

［操作 2］单击“页面布局”选项卡，在“页面设置”组中单击“打印区域”按钮，在下拉列

表中选择“设置打印区域”选项。

［操作 3］单击“页面布局”选项卡，单击“页面设置”组中的 按钮，打开“页面设置”对话框，如图 4-45 所示，单击“页眉 /页脚”选项卡中的“自定义页眉”按钮，打开“页眉”对话框，在“中”文本框中输入“学生成绩表”，单击“确定”按钮，如图 4-46 所示。

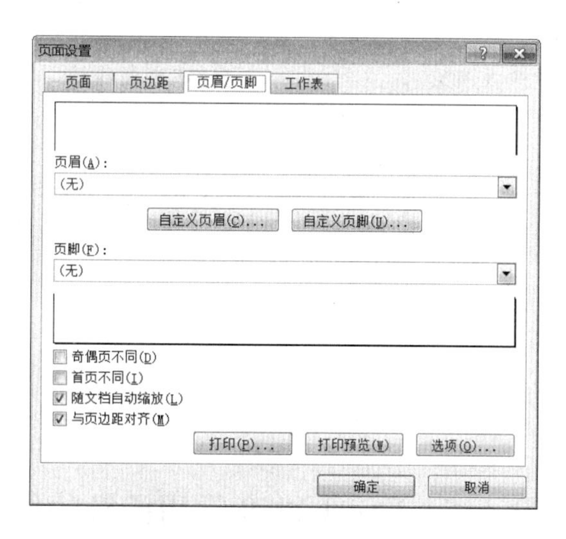

图 4-45　“页面设置”对话框

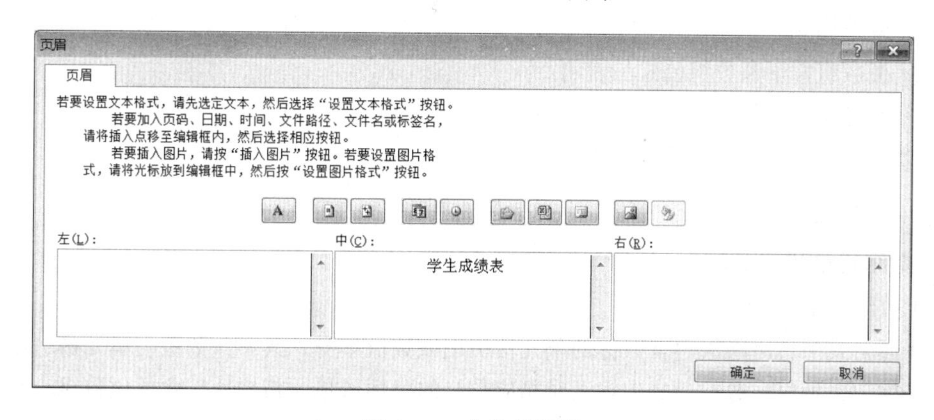

图 4-46　自定义页眉

6. 将操作结果以 E4.xlsx 命名保存到原文件夹。

［操作］打开“文件”选项卡，单击“另存为”，打开“另存为”对话框，选择保存路径，在文件名中输入 E4。

五、课后实验

在当前工作表中建立图 4-47 所示工作表数据，进行下列操作。

1. 建立“带数据标记的折线图”，横坐标为月份，纵坐标为产量。

2. 将图形置于表格右边。

3. 将图例位置置于图表上部，设置折线图的标题“2015 年产量统计”、横坐标标题“月份”和纵坐标标题“产量”。添加主要纵网格线，设置图形形状效果为“内部左上角”阴影。

4．设置产量曲线的线型和颜色，其中一车间曲线用蓝色，数据标记用方块，填充白色，大小为 6 磅，二车间曲线用绿色，数据标记用三角形，填充白色，大小为 6 磅。

5．设置纸张大小为 B4，方向纵向，页边距上下左右各 2 厘米。

6．设置页眉为产量统计表，居中显示。

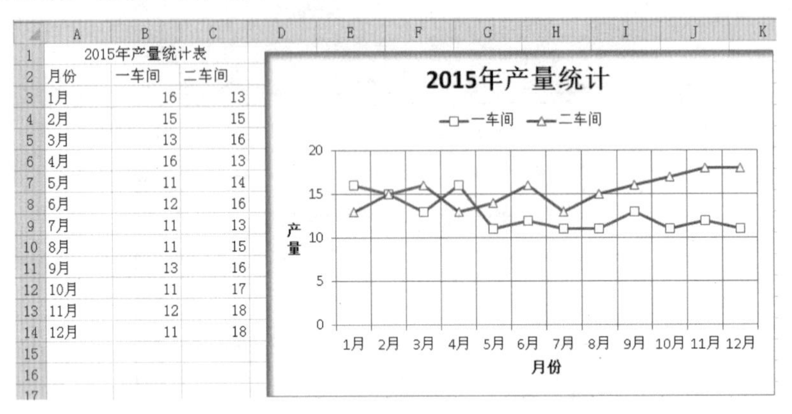

2015年产量统计表		
月份	一车间	二车间
1月	16	13
2月	15	15
3月	13	16
4月	16	13
5月	11	14
6月	12	16
7月	11	13
8月	11	15
9月	13	16
10月	11	17
11月	12	18
12月	11	18

图 4-47 样张

实验 4-5 Excel 2010 常用函数的使用

一、实验目的

1．掌握数组常量和数组公式的使用。

2．掌握常用函数的使用。

3．掌握常用函数的简单综合应用。

二、预备知识

1．数组常量和数组公式

（1）数组常量

在普通公式中，可输入包含数值的单元格引用或数值本身，其中该数值与单元格引用被称为常量。同样，也可以在数组公式中输入对相应数组的引用或单元格中所包含的值数组，其中该数组或值数组称为数组常量。数组公式可以按与非数组公式相同的方式接收常量，但是必须按特定格式输入数组常量。数组常量可包含数字、文本、逻辑值（如 TRUE、FALSE 或错误值#N/A）等不同类型的数值。数组常量置于大括号{ }中，不同列的数值用逗号分开。例如，若要表示数值 10、20、30 和 40，必须输入{10,20,30,40}。这个数组常量是一个 1 行 4 列数组，相当于一个 1 行 4 列的引用。不同行的值用分号隔开。例如，如果要表示一行中的 10、20、30、40 和下一行中的 50、60、70、80，应该输入一个 2 行 4 列的数组常量：{10,20,30,40；50,60,70,80}。

（2）数组公式

数组公式可以同时进行多个计算并返回一种或多种结果。数组公式对两组或多组被称为数组参数的数值进行运算。每个数组参数必须有相同数量的行和列。除了用 <Ctrl>+<Shift>+<Enter> 生成公式外，创建数组公式的方法与创建其他公式的方法相同。

2．常用函数

（1）数学函数

常用的数学函数有 SUM、ROUND、INT、MOD、SUMIF、ABS 等。SUM 函数的应用在前面的实验中已经学习过，其他函数简要介绍如下：

ROUND：返回某个数字按指定位数进行四舍五入后的数字。

语法：ROUND(number,num_digits)，其中，number：需要进行四舍五入的数字；num_digits：指定的位数，按此位数进行四舍五入，如果 num_digits 大于 0（零），则将数字四舍五入到指定的小数位；num_digits 等于 0，则将数字四舍五入到最接近的整数；num_digits 小于 0，则在小数点左侧进行四舍五入。

INT、MOD、ABS 的功能分别是向下舍入到整数，求两数相除的余数（符号与余数一致）和求绝对值。

SUMIF：根据指定条件对若干单元格求和。

语法：SUMIF(range,criteria,sum_range)，其中 range 为用于条件判断的单元格区域；criteria 为确定被相加求和的条件，其形式可以为数字、表达式或文本；sum_range 是需要求和的实际单元格。

（2）查询和引用函数

常用的查询和引用函数有：LOOKUP、VLOOKUP、HLOOKUP、INDEX、MATCH、ROW、COLUMN。

LOOKUP：函数 LOOKUP 的向量形式是在单行区域或单列区域（向量）中查找数值，然后返回第二个单行区域或单列区域中相同位置的数值。

语法一：LOOKUP (lookup_value,lookup_vector,result_vector)，其中 lookup_value 为函数 LOOKUP 在第一个向量中所要查找的数值。lookup_vector 为只包含一行或一列的区域。result_vector 为只包含一行或一列的区域，其大小必须与 lookup_vector 相同。

函数 LOOKUP 的数组形式是在数组的第一行或第一列中查找指定的值，然后返回数组的最后一行或最后一列中相同位置的值。

语法二：LOOKUP(lookup_value，array)，其中 lookup_value 为 lookup 在数组中搜索的值，array 为包含要与 lookup_value 进行比较的文本、数字或逻辑值的单元格区域。

VLOOKUP：搜索某个单元格区域（区域：工作表上的两个或多个单元格，区域中的单元格可以相邻或不相邻）的第一列，然后返回该区域相同行上任何单元格中的值。当比较值位于数据表首列时，可以使用函数 VLOOKUP 代替函数 HLOOKUP。

语法：VLOOKUP(lookup_value,table_array,col_index_num,range_lookup)，其中 lookup_value 为需要在数组第一列中查找的数值；lookup_value 可以为数值、引用或文本字符串；table_array 为需要在其中查找数据的数据表，可以使用对区域或区域名称的引用。col_index_num 为 table_array 中待返回的匹配值的列序号；range_lookup 为一逻辑值，指明函数 VLOOKUP 返回时是精确匹配还是近似匹配，如果为 TRUE 或省略，则返回近似匹配值，否则函数 VLOOKUP 将返回精确匹配值。

HLOOKUP 的用法参见 VLOOKUP。

INDEX：返回表或区域中的值或值的引用。

语法：INDEX(array,row_num,column_num)，其中：array 为单元格区域或数组常量；row_num

为数组中某行的行序号，函数从该行返回数值；column_num 为数组中某列的列序号，函数从该列返回数值。

MATCH：可在单元格中搜索指定项，然后返回该项在单元格区域中的相对位置。如果需要找出匹配元素的位置而不是匹配元素本身，则应该使用 MATCH 函数而不是 LOOKUP 函数。

语法：MATCH(lookup_value,lookup_array,match_type)，其中：lookup_value 为需要在 look_array 中查找的数值对数字、文本或逻辑值的单元格引用；lookup_array 为可能包含所要查找的数值的连续单元格区域。match_type 为数字-1、0 或 1，用来指明如何在 lookup_array 中查找 lookup_value。match_type 取值：

- 1 或省略：MATCH 函数会查找小于或等于 lookup_value 的最大值。lookup_array 参数中的值必须按升序排列。
- 0：MATCH 函数会查找等于 lookup_value 的第一个值。lookup_array 参数中的值可以按任何顺序排列。
- -1：MATCH 函数会查找大于或等于 lookup_value 的最小值。lookup_array 参数中的值必须按降序排列。

ROW：返回引用的行号。

语法：ROW(reference)，其中 reference 为需要得到其行号的单元格或单元格区域。

COLUMN：返回给定引用的列标。

语法：COLUMN(reference)，其中 reference 为需要得到其列标的单元格或单元格区域。

（3）统计函数

常用的统计函数有：COUNT、COUNTIF、RANK.AVG、RANK.EQ、FREQUENCY、MIN。COUNT 和 COUNTIF 函数的应用在前面的实验中已经学习过，其他函数简要介绍如下：

RANK.AVG：返回一个数字在数字列表中的排位，数字的排位是其大小与列表中其他值的比值，如果多个值具有相同的排位，则将返回平均排位。

RANK.EQ：返回一个数字在数字列表中的排位，其大小与列表中的其他值相关，如果多个值具有相同的排位，则返回该组数值的最高排位。

语法：RANK.AVG(number,ref, [order])和 RANK.EQ(number,ref, [order])，其中，number 为需要找到排位的数字；ref 为数字列表数组或对数字列表的引用；ref 中的非数值型参数将被忽略；Order 指明排位的方式，为 0 或省略为降序，其他为升序。

FREQUENCY：计算数值在某个区域内的出现频率，然后返回一个垂直数组。例如，使用函数 FREQUENCY 可以计算在给定的分数范围内各测验分数的个数。

语法：FREQUENCY(data_array,bins_array)，其中，data_array 为一数组或对一组数值的引用，要为它计算频率；bins_array 为区间数组或对区间的引用，该区间用于对 data_array 中的数值进行分组。

MIN：返回一组值中的最小值。

语法：MIN(number1,number2,...)，其中 Number1, number2,...是要从中找出最小值的 1～30 个数字参数。

（4）逻辑函数

常用的逻辑函数有 IF，IF 函数的应用请参考前面的学习内容。

（5）日期和时间函数

常用的日期和时间函数有 DATEDIF、TODAY、NOW 等，简要介绍如下：

DATEDIF 函数用于计算两个日期之间的天数、月数或年数。

语法：DATEDIF（start_date,end_date,unit），其中，start_date 代表起始日期，end_date 代表结束日期，unit 为所需要返回的类型。

TODAY：返回当前日期的序列号。序列号是 Microsoft Excel 日期和时间计算使用的日期–时间代码。

语法：TODAY()

NOW：返回计算机系统内部时钟的当前日期。

语法：NOW()

三、实验内容

1. 打开实验 4–1 中的 E1.xlsx，在 F 列后插入一列，在 G1 中输入平均分，求出每个人的平均分，并进行四舍五入，保留两位小数，如图 4–48 所示。

2. 统计信管系学生的数学总分，如图 4–49 所示。

3. 查找平均分为 80 分的学生的外语成绩，如图 4–50 所示。

4. 利用 INDEX 和 MATCH 函数求出总分为 240 分学生的姓名，结果显示在 H10 单元格，如图 4–51 所示。

5. 利用 RANK.EQ 函数对学生数学成绩进行排名（按降序），如图 4–52 所示。

6. 分别统计总分在 230 分以下，230～250、250～270 以及 270 分以上的人数，将结果显示在第 K 列，如图 4–53 所示。

7. 制作学生成绩通知书，如图 4–54 所示。

8. 在成绩单表下面加上当前日期。

9. 将操作结果以 E5.xlsx 保存到原文件夹。

四、实验步骤

1. 打开实验 4–1 中的 E1.xlsx，在 F 列后插入一列，在 G1 中输入平均分，求出每个人的平均分，并进行四舍五入，保留两位小数，如图 4–48 所示。

［操作 1］打开 E1.xlsx。

［操作 2］选中 G 列，单击“开始”选项卡，在“单元格”组中单击“插入”按钮，在下拉列表中选择“插入工作表列(C)”选项。

［操作 3］在 G1 单元格中输入“平均分”。

［操作 4］选中 G2 单元格中输入“=ROUND(AVERAGE(D2:F2),2)”。

2. 统计信管系学生的数学总分，如图 4–49 所示。

［操作 1］在 E10 单元格输入“数学总分”。

［操作 2］在 F10 单元格输入“=SUMIF(C2:C9,"信管系",F2:F9)”，或用插入函数的方式完成输入。

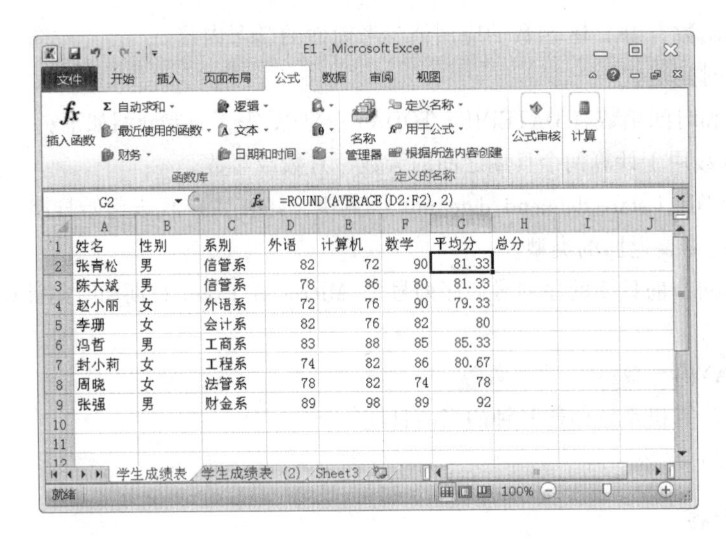

图 4-48　平均分统计

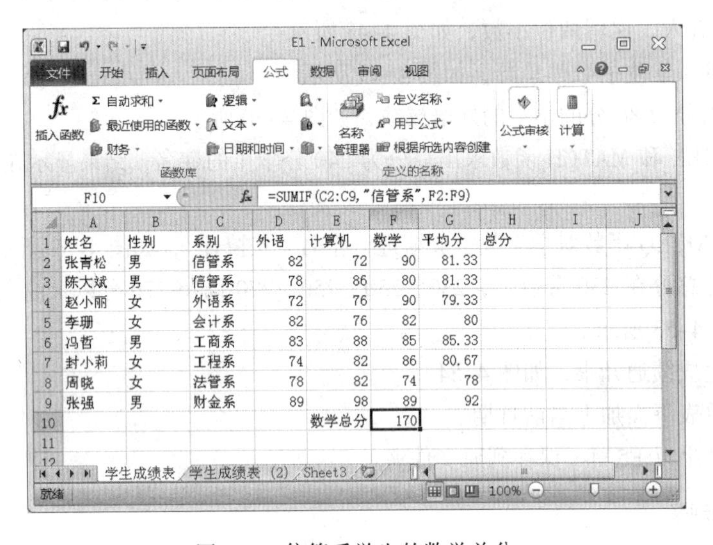

图 4-49 信管系学生的数学总分

3．查找平均分为 80 分的学生的外语成绩，如图 4-50 所示。

［操作 1］将“学生成绩表”按平均分升序排序。

［操作 2］选择 G10 单元格，输入函数“=LOOKUP(80,G2:G9,D2:D9)”。

4．利用 INDEX 和 MATCH 函数求出总分为 240 分学生的姓名，结果显示在 H10 单元格，如图 4-51 所示。

［操作 1］求出每个人的总分，单击 H10 单元格。

［操作 2］输入“=INDEX(A1:A9,MATCH(240,H1:H9,0))”。

5．利用 RANK.EQ 函数对学生数学成绩进行排名（按降序），如图 4-52 所示。

［操作 1］在 I1 中输入“总分排名”。

［操作 2］在 I2 单元格中输入“=RANK.EQ(H2,$H$2:$H$9,0)”。

［操作 3］将公式复制到 I3 到 I9 单元格。

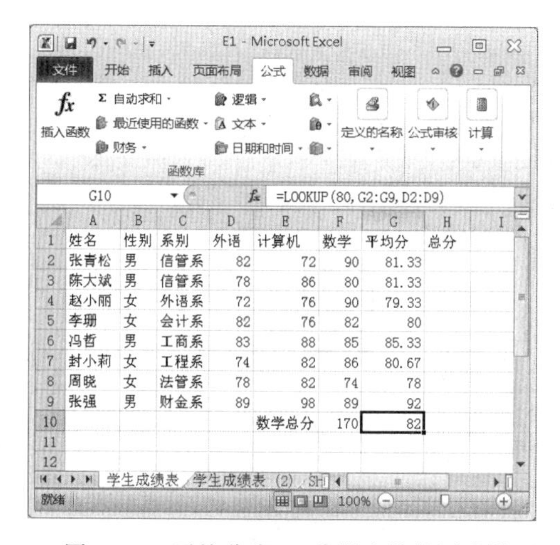

	A	B	C	D	E	F	G	H
1	姓名	性别	系别	外语	计算机	数学	平均分	总分
2	张青松	男	信管系	82	72	90	81.33	
3	陈大斌	男	信管系	78	86	80	81.33	
4	赵小丽	女	外语系	72	76	90	79.33	
5	李珊	女	会计系	82	76	82	80	
6	冯哲	男	工商系	83	88	85	85.33	
7	封小莉	女	工程系	74	82	86	80.67	
8	周晓	女	法管系	78	82	74	78	
9	张强	男	财金系	89	98	89	92	
10					数学总分	170	82	

图 4-50　平均分为 80 分学生的外语成绩

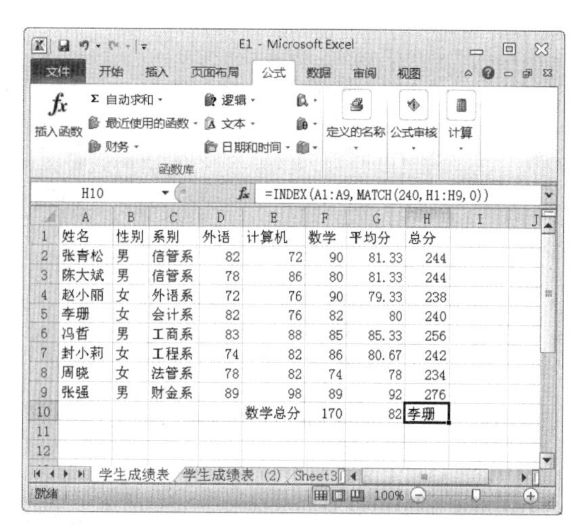

	A	B	C	D	E	F	G	H
1	姓名	性别	系别	外语	计算机	数学	平均分	总分
2	张青松	男	信管系	82	72	90	81.33	244
3	陈大斌	男	信管系	78	86	80	81.33	244
4	赵小丽	女	外语系	72	76	90	79.33	238
5	李珊	女	会计系	82	76	82	80	240
6	冯哲	男	工商系	83	88	85	85.33	256
7	封小莉	女	工程系	74	82	86	80.67	242
8	周晓	女	法管系	78	82	74	78	234
9	张强	男	财金系	89	98	89	92	276
10					数学总分	170	82	李珊

图 4-51　总分为 240 分学生的姓名

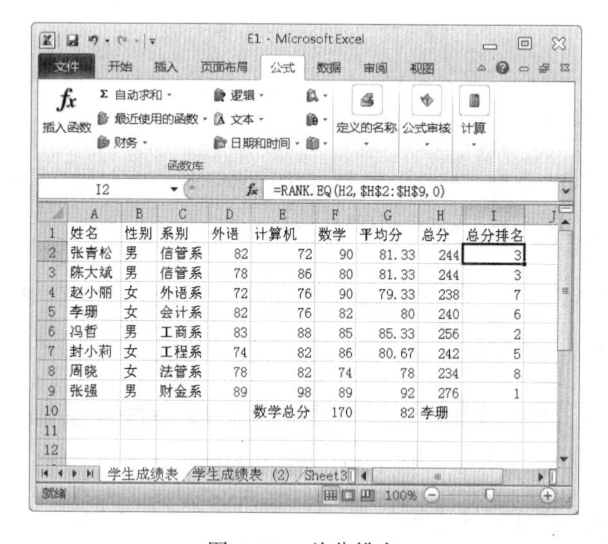

	A	B	C	D	E	F	G	H	I
1	姓名	性别	系别	外语	计算机	数学	平均分	总分	总分排名
2	张青松	男	信管系	82	72	90	81.33	244	3
3	陈大斌	男	信管系	78	86	80	81.33	244	3
4	赵小丽	女	外语系	72	76	90	79.33	238	7
5	李珊	女	会计系	82	76	82	80	240	6
6	冯哲	男	工商系	83	88	85	85.33	256	2
7	封小莉	女	工程系	74	82	86	80.67	242	5
8	周晓	女	法管系	78	82	74	78	234	8
9	张强	男	财金系	89	98	89	92	276	1
10					数学总分	170	82	李珊	

图 4-52　总分排名

6. 分别统计总分在 230 分以下，230～250、250～270 以及 270 分以上的人数，将结果显示在第 K 列，如图 4-53 所示。

[操作 1] 在 J1 中输入“分段区间”，J2、J3、J4 中分别输入 230、250、270。

[操作 2] 在 K1 中输入“分段统计”，选择 K2:K5 单元格区域，在编辑栏输入“=FREQUENCY(H2:H9,J2:J4)”，然后按<Ctrl>+<Shift>+<Enter>组合键，完成数组公式的输入。

7. 制作学生成绩通知书，如图 4-54 所示。

[操作 1] 在 E1.xlsx 中插入一个新工作表，将新的工作表改名为“学生成绩通知书”。将“学生成绩表（2）”工作表重命名为“学生原始成绩表”。

[操作 2] 选择“学生成绩通知书”作为当前工作表，在 A1 单元格输入：“=IF(MOD(ROW(),3)=0,"",IF(MOD(ROW(),3)=1,学生原始成绩表!A$1,INDEX(学生原始成绩表!$A$1:$G$9,INT((ROW()-1)/3+2),COLUMN())))”

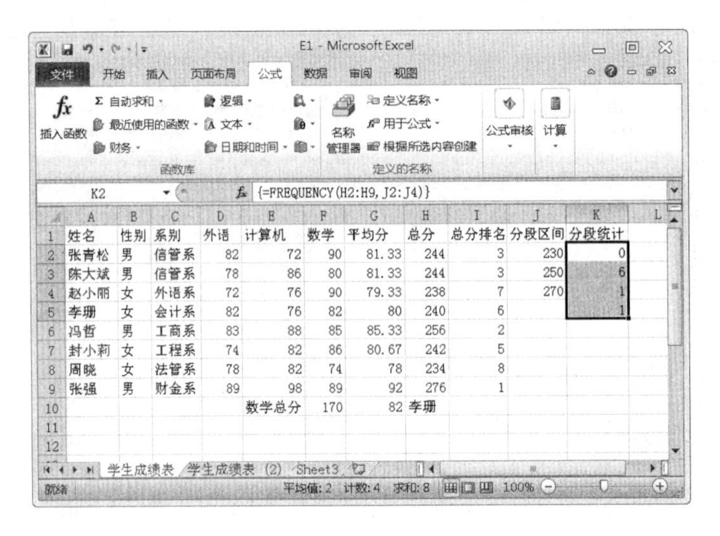

K2　{=FREQUENCY(H2:H9,J2:J4)}

姓名	性别	系别	外语	计算机	数学	平均分	总分	总分排名	分段区间	分段统计
张青松	男	信管系	82	72	90	81.33	244	3	230	0
陈大斌	男	信管系	78	86	80	81.33	244	3	250	6
赵小丽	女	外语系	72	76	90	79.33	238	7	270	1
李珊	女	会计系	82	76	82	80	240	6		1
冯哲	男	工商系	83	88	85	85.33	256	2		
封小莉	女	工程系	74	82	86	80.67	242	5		
周晓	女	法管系	78	82	74	78	234	8		
张强	男	财金系	89	98	89	92	276	1		
				数学总分	170	82	李珊			

图 4-53　人数分段统计

A1　=IF(MOD(ROW(),3)=0,"",IF(MOD(ROW(),3)=1,学生原始成绩表!A$1,INDEX(学生原始成绩表!$A$1:$C$9,INT((ROW()-1)/3+2),COLUMN())))

姓名	性别	系别	外语	计算机	数学	总分
张强	男	财金系	89	98	89	276
姓名	性别	系别	外语	计算机	数学	总分
冯哲	男	工商系	83	88	85	256
姓名	性别	系别	外语	计算机	数学	总分
陈大斌	男	信管系	78	86	80	244
姓名	性别	系别	外语	计算机	数学	总分
张青松	男	信管系	82	72	90	244
姓名	性别	系别	外语	计算机	数学	总分
周晓	女	法管系	78	82	74	234
姓名	性别	系别	外语	计算机	数学	总分
封小莉	女	工程系	74	82	86	242

图 4-54　成绩通知书

[操作 3] 复制公式，生成成绩通知书。

8. 在成绩单表下面加上当前日期。

[操作 1] 选择 A25 单元格，输入“打印日期:”。

[操作 2] 选择 B25 单元格，输入“=TODAY()”。

9. 将操作结果以 E5.xlsx 保存到原文件夹。

[操作] 打开“文件”选项卡，单击“另存为”命令，打开“另存为”对话框，选择保存路径，在文件名中输入 E5。

五、课后实验

创建一个新的工作簿文件，按图 4-55 所示的数据建立工作表 Sheet1，完成以下操作：

1. 使用 VLOOKUP 函数，对工作表 Sheet1 中的商品单价进行自动填充。

要求：根据“价格表”中的商品单价，利用 VLOOKUP 函数，将其单价自动填充到采购表中的“单价”列中。

2. 使用 VLOOKUP 函数，对工作表 Sheet1 中的商品折扣率进行自动填充。

要求：根据“折扣表”中的商品折扣率，利用相应的函数，将其折扣率自动填充到采购表中的“折扣”列中。

	A	B	C	D	E	F	G	H	I	J	K	L
1			采购表					折扣表			价格表	
2	项目	采购数量	采购时间	单价	折扣	总金额		数量	折扣率		项目	单价
3	帽子	30	2012/1/12					1	0%		帽子	100
4	鞋子	122	2012/2/5					100	8%		围巾	60
5	帽子	180	2012/2/5					200	10%		鞋子	150
6	围巾	210	2012/3/14					300	12%			
7	鞋子	260	2012/3/14									
8	帽子	380	2012/4/30						统计表			
9	围巾	310	2012/4/30					统计类别	采购总量	总金额	总金额排名	
10	鞋子	20	2012/5/15					帽子				
11	帽子	340	2012/5/15					围巾				
12	鞋子	260	2012/6/24					鞋子				

图 4-55　初始数据

3. 利用公式，计算工作表 Sheet1 中的“总金额”。

要求：根据“采购数量”“单价”和“折扣”，计算采购的“总金额”，结果保留整数。

计算公式：单价*采购数量*（1-折扣率）

4. 使用 SUMIF 函数，统计各种商品的“采购总量”和“总金额”，将结果保存在工作表 Sheet1 中的“统计表”相应的单元格内。

5. 使用 RANK 函数，求出各种商品总金额的“排名”，将结果保存在工作表 Sheet1 中的“统计表”相应的单元格内。

6. 对工作表 Sheet1 的“采购表”进行高级筛选。

（1）筛选条件为：“采购数量”>200，“折扣率”>10%；

（2）将筛选结果保存在工作表 Sheet1 中 A14 开始的区域中。

习题 4　Excel 2010 电子表格处理软件选择题

1. Excel 2010 软件是通常用于（　　）的软件。

A. 表格及表格数据处理　　B. 演示文稿制作

C. 图片处理　　D. 文字处理

2. 在默认情况下，一个 Excel 文件中包含（　　）个工作表。

A. 5　　B. 3　　C. 2　　D. 1

3. Excel 2010 中，一个工作簿中最多可以包含（　　）个工作表。

A. 16　　B. 256　　C. 1 204　　D. 1 111

4. Excel 2010 中，一个工作表最多可以包含（　　）行。

A. 65 536　　B. 1 048 576　　C. 256　　D. 无限制

5. Excel 中输入公式时，以下说法不正确的是（　　）。

A. Excel 中公式需要以“=”开头

B. 公式中的 A4 和 a4 指的不是同一个单元格

C. Excel 中的公式可以用填充柄进行填充

D. Excel 中的公式可以使用单元格名称来代替单元格中的数据

6. 关于 Excel 中的函数，以下说法不正确的是（　　）。
   A. 函数是由 Excel 预先定义好的特殊公式
   B. 函数通过参数来接收要计算的数据并返回计算结果
   C. Excel 中所有的函数都需要添加参数
   D. 输入函数时需要根据该函数的参数等要求进行输入
7. 工作表被保护后，该工作表中的单元格（　　）。
   A. 可任意修改　　B. 不可修改和删除　　C. 可被复制和填充　　D. 可以移动
8. Excel 中最小的操作单位是（　　）。
   A. 工作簿　　B. 工作表　　C. 工作区　　D. 单元格
9. Excel 2010 中每个单元格最多可包含（　　）个字符。
   A. 256　　B. 64　　C. 32 767　　D. 32
10. 若想在一个单元格中输入多行数据，可通过（　　）组合键在单元格内进行换行。
   A. <Ctrl>+<Enter>　　B. <Alt>+<Enter>　　C. <Shift>+<Enter>　　D. <Enter>
11. 在 Excel 2010 的工作表中，最后一列的列号为（　　）。
   A. AA　　B. AV　　C. XFD　　D. XXX
12. Excel 2010 中，可通过（　　）个视图方式来查看数据。
   A. 5　　B. 3　　C. 6　　D. 8
13. 在 Excel 中，（　　）输入的数据值不是-0.5。
   A. -0.5　　B. (.5)　　C. (-0.5)　　D. -.5
14. 在 Excel 中，公式“=5&”>6””的计算结果为（　　）。
   A. 5>6　　B. 1　　C. TRUE　　D. FALSE
15. 要选中一块连续的单元格区域，可通过两次鼠标单击并在第二次时单击时结合（　　）键。
   A. <Ctrl>　　B. <Alt>　　C. <Shift>　　D. <Tab>
16. 要选中多块不连续的单元格区域，可通过多次鼠标单击并在从第二次单击时开始每次单击鼠标时结合（　　）键。
   A. <Ctrl>　　B. <Alt>　　C. <Shift>　　D. <Tab>
17. 以下哪些操作不属于对 Excel 数据的安全保护操作（　　）。
   A. 设置保护工作表格式　　B. 设置文件打开密码
   C. 设置文件编辑密码　　D. 设置数据字体格式
18. 如果将选定单元格（或区域）的内容消除，单元格依然保留，称为（　　）。
   A. 重定　　B. 清除　　C. 改变　　D. 删除
19. Excel 中可通过选项（　　）中的组合键来输入当前时间。
   A. <Ctrl>　　B. <Alt>
   C. <Ctrl>+<Shift>+<;>　　D. <Tab>
20. 在 Excel 中输入文本时，将自动（　　）对齐。
   A. 左　　B. 右　　C. 居中　　D. 分散
21. 以下不属于 Excel 单元格区域引用的是（　　）。
   A. 交叉引用　　B. 混合引用　　C. 相对引用　　D. 绝对引用

22. 在复制的数据内容中含有公式时，可通过（　　）方式只粘贴这些公式的计算结果。

A. 默认粘贴　B. 直接粘贴　C. 选择性粘贴　D. 保留源格式粘贴

23. 以下描述中，不能表示由 A1，A2，A3，B1，B2 和 B3 六个单元格组成的区域的是（　　）。

A. A1:B3　B. B3:A1　C. B1:A3　D. B3:A3

24. 下列不属于 Excel 中的运算符的是（　　）。

A. <>　B. ^　C. %　D. &&

25. Excel 中要输入表示邮政编码的字符串 314001 时，以下合适的输入方法是（　　）。

A. “314001”　B. 314001　C. ‘314001　D. (314001)

26. 关于 Excel 单元格区域引用 Sheet1!A2:C4，下列说法中不正确的是（　　）。

A. 该区域共包含 9 个单元格　B. 该区域位于 Sheet1 工作表中

C. !可以省略　D. !称为三维引用运算符

27. 在 Excel 中，公式“=RANK(A3, $A$3:$A$10)”中的$A$3 表示的是（　　）引用方式。

A. 交叉　B. 混合　C. 相对　D. 绝对

28. 在 Excel 中选中单元格区域“A1:C1”后（均已有数据），使用“自动求和”按钮得到的结果位于（　　）单元格。

A. A1　B. C1　C. D1　D. A2

29. 公式“=SUM(A3 A4 A5)”的计算结果为（　　）。

A. 12　B. 13　C. 14　D. 公式出错

30. Excel 公式“=3<>3”的计算结果为（　　）。

A. 1　B. 0　C. FALSE　D. TRUE

31. 下列选项中，与公式“=SUM(B2:B4,D3:E4)”计算结果相等的是（　　）。

A. B2+B4+D3+E4　B. B2+B3+B4+D3+D4+E3+E4

C. B2+B4+D2+D3+E4　D. B2+B3+B4+D3+E4

32. 下列选项中，（　　）选项不能用于计算 A3:A5 区域上的数据和。

A. =A3+A4+A5　B. =SUM(A3:A5)

C. =SUM(A1:A5 A3:C7)　D. =SUM(A3,A5)

33. 公式“=AVERAGE(12,13,14)”的计算结果为（　　）。

A. 12　B. 13　C. 14　D. 公式出错

34. 在 Excel 中，将单元格 H2 中的公式“=SUM(A2:F2)”复制到单元格 H3 中后，H3 中显示的公式为（　　）。

A. =SUM(A2:F2)　B. =SUM(A3:F3)　C. =SUM(A4:F4)　D. 无法确定

35. Excel 中，各运算符的优先级由高到低的顺序为（　　）。

A. 算术运行符、比较运算符、字符串运算符　B. 算术运行符、字符串运算符、比较运算符

C. 字符串运算符、算术运行符、比较运算符　D. 各运算符的优先级相同

36. 下列关于 COUNT 函数的说法中不正确的是（　　）。

A. COUNT 函数主要是用于计数

B. COUNT 函数主要用于统计数值型数据的个数

C. COUNT 函数中可以包含多个参数

D. 以上说法均不正确

37. Excel 中很多函数均需要设置参数，其中各参数之间一般用（　　）分隔。

A. 逗号　　B. 空格　　C. 冒号　　D. 感叹号

38. Excel 公式在（　　）情况时需要使用绝对引用。

A. 单元格地址随新位置而变化　　B. 单元格地址不随新位置而变化

C. 范围随新位置而变化　　D. 范围不随新位置而变化

39. 已知单元格区域 A1:A4 上各单元格的值均为 2，单元格 A5 的内容为空，A6 的内容为一个字符串，则公式“=SUM(A1:A6)”的结果是（　　）。

A. 10　　B. 12　　C. 8　　D. 公式出错

40. 公式“=INT(-343.44)”的计算结果为（　　）。

A. 345　　B. -344　　C. -343　　D. -345

41. Excel 工作表中若有公式“=AVERAGE(A1:C5)”，当删除第二行数据后该公式将变为（　　）。

A. =AVERAGE(A1:C4)　　B. =AVERAGE(A1:C6)

C. =AVERAGE(A2:C6)　　D. 无变化

42. 以下函数中（　　）的计算结果为字符串型数据。

A. RANK　　B. WEEKDAY　　C. MID　　D. MOD

43. 以下输入中，Excel 无法识别的日期型数据为（　　）。

A. 10/23　　B. 23/10　　C. 10\23　　D. 10-23

44. 在 Excel 中，公式“=IF(4+8/2>3-6*0.2,9,-9)”的计算结果为（　　）。

A. TRUE　　B. FALSE　　C. -9　　D. 9

45. 在 Excel 公式中出现除零操作时，将出现错误提示信息（　　）。

A. #NUM!　　B. #DIV/0!　　C. #NAME　　D. #VALUE!

46. 在 Excel 中，公式“=MID(“HelloWorld”,7,2)”的结果是（　　）

A. Wor　　B. Wo　　C. or　　D. wo

47. 在 Excel 中，公式“=MOD(100,-9)+1>-9”的计算结果为（　　）。

A. 100　　B. 1　　C. TRUE　　D. FALSE

48. 在 Excel 中，执行自动筛选的数据清单，必须（　　）。

A. 无标题行且不能有其他数据夹杂其中　　B. 有标题行且不能有其他数据夹杂其中

C. 无标题行且能有其他数据夹杂其中　　D. 有标题行且能有其他数据夹杂其中

49. 产生图表的数据发生变化后，图表（　　）。

A. 会发生相应的变化　　B. 会发生相应的变化，但与数据无关

C. 不会发生变化　　D. 必须经过编辑后才会发生变化

50. 在 Excel 中，在对数据清单进行高级筛选时，筛选的条件区域中“与”关系的条件（　　）。

A. 必须写在同一行中　　B. 可以写在不同的行中

C. 一定要写在不同行　　D. 并无严格要求

51. 在 Excel 中，数据清单中的一行数据称为一条（　　）。

A. 数据　　B. 字段　　C. 记录　　D. 数据集

52. 在 Excel 中，双击图表标题将打开（　　）对话框。

A. 坐标轴格式　　B. 坐标轴标题格式　　C. 改变字体　　D. 图表标题格式

53. 关于 Excel 2010 中的图表下列描述不正确的是（　　）。
   A. 在 Office 2010 组件中，图表是 Excel 特有的工具
   B. 图表是常被用来表现数据关系的图形工具
   C. Excel 2010 中的图表不止一种类型
   D. 图表是基于一定的数据而生成的
54. 关于 Excel 2010 中的迷你图，以下说法不正确的是（　　）。
   A. 在打印效果中，迷你图将不被打印　　B. 迷你图是一种单元格中的微型图表
   C. 迷你图可以认为是一种单元格背景　　D. 以上说法均不正确
55. 关于 Excel 2010 的统计和分析功能，以下说法不正确的是（　　）。
   A. Excel 2010 中可以通过多种方式进行数据的统计和分析
   B. 在使用 Excel 2010 统计和分析数据时，常用函数来计算相应的统计结果
   C. Excel 2010 中的较多统计分析工具都是基于数据清单来进行的
   D. 以上说法均不正确
56. 在将工作表的第 3 行隐藏再打印该工作表时，对第 3 行的处理是（　　）。
   A. 打印第 3 行　　B. 不打印第 3 行　　C. 不确定　　D. 以上说法均不对
57. 默认情况下 Excel 中的表格线（　　）。
   A. 无法打印出虚线　　B. 无法打印出实线
   C. 可以打印出虚线　　D. 可以打印出实线
58. 在 Excel 中，若希望打印内容处于页面中心，可以选择“页面设置”中的（　　）。
   A. 水平居中　　B. 垂直居中
   C. 水平居中和垂直居中　　D. 无法实现
59. 以下关于 Excel 2010 描述错误的是（　　）。
   A. Excel 2010 是 Microsoft Office 2010 的重要组件之一
   B. Excel 2010 主要用于处理表格数据
   C. 默认状态下，Excel 2010 采用菜单的形式组织命令和功能
   D. 用户可以自定义 Excel 2010 的功能区等操作界面
60. 在 Excel 2010 中，以下关于文件输出描述错误的是（　　）。
   A. 默认状态下 Excel 2010 输出的文件格式为“.xlsx”
   B. 在用 Excel 2010 保存文件时，可对要保存的文件设置相应权限的密码
   C. Excel 2010 也可以输出以“.xls”为扩展名的文件
   D. 以上说法都不对

第 5 章　演示文稿制作软件 PowerPoint 2010

实验 5-1　PowerPoint 2010 演示文稿的建立及基本操作

一、实验目的

1. 掌握演示文稿的创建、编辑与格式化的基本操作。
2. 掌握在幻灯片中插入图片、表格、图表、声音和视频的方法。
3. 掌握修改幻灯片主题、版式、背景和主题方案的方法。

二、预备知识

PowerPoint 2010 是 Microsoft Office 办公套件中的一员，其主要功能是可以方便地制作演示文稿，包括各种提纲、材料、教案、演讲和简报等。

1. PowerPoint 2010 的启动和退出

（1）启动 PowerPoint 2010

单击“开始”按钮→所有程序→Microsoft Office→Microsoft PowerPoint 2010 选项，启动后的界面如图 5-1 所示。窗口分成三栏，中间宽大的是工作区，左边是幻灯片的序号，右边是任务属性窗格，幻灯片主要在中间的工作区中进行。

（2）PowerPoint 2010 的退出

方法一：选择“文件”→“退出”命令，先关闭当前正在被使用的演示文稿，如果该文稿修改了未被保存，PowerPoint 2010 将自动先提醒用户进行保存，然后再关闭；

方法二：单击应用程序右上角的“关闭”按钮 ⊠ ，其产生的效果与方法一相同。

2. 建立演示文稿

（1）新建空白演示文稿

选择“文件”菜单→“新建”命令，打开如图 5-2 所示的界面，选择“空白演示文稿”，单击“创建”按钮创建。

（2）新建其他演示文稿

选择“文件”菜单→“新建”命令，然后选择“样本模板”“主题”、Office.com 等可用的模板和主题来创建，单击“创建”按钮创建，操作如图 5-3 所示。

（3）打开现有的演示文稿

选择“文件”菜单→“打开”命令，打开已经存在的 PowerPoint 2010 演示文稿。

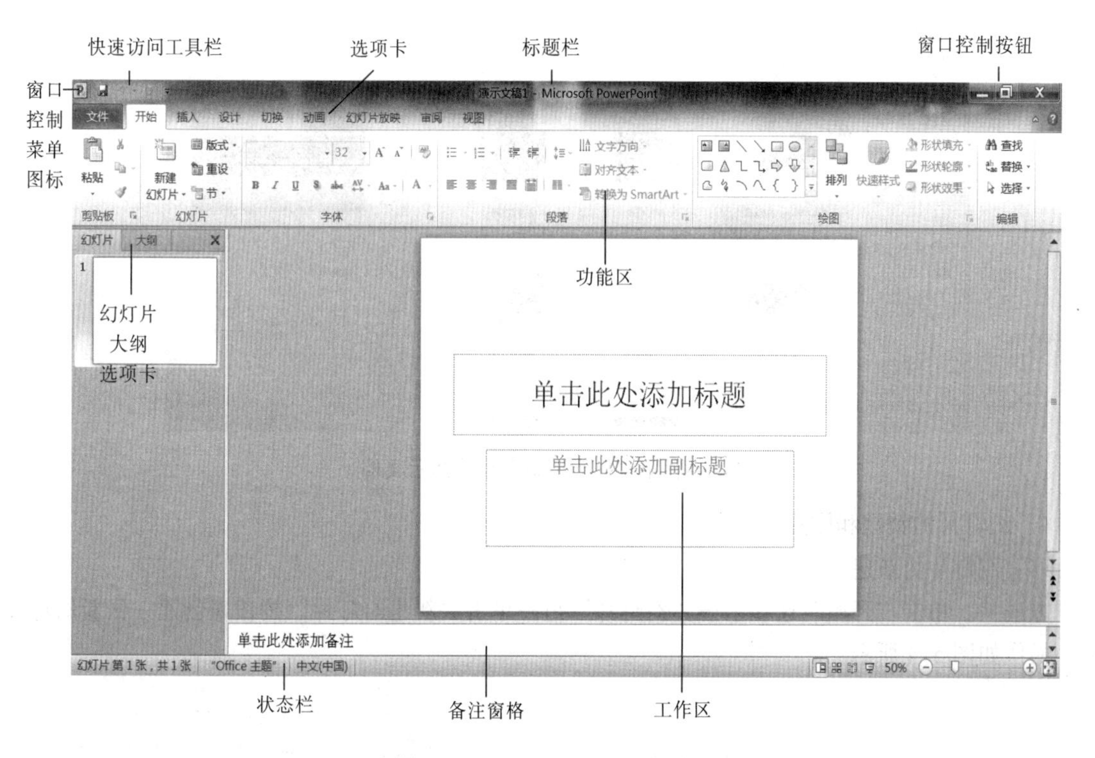

图 5-1　PowerPoint 2010 启动界面

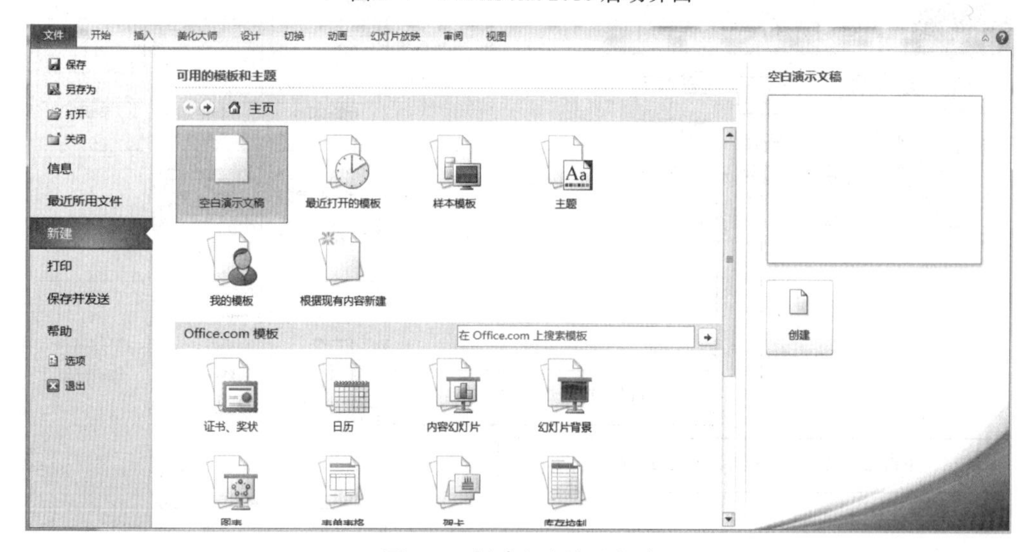

图 5-2　创建空白演示文稿

3. 选择幻灯片

（1）选择单张幻灯片：单击相应幻灯片即可选中。

（2）选择连续多张幻灯片：选中第一张幻灯片，按住键盘上的<Shift>键，单击最后一张幻灯片。

（3）选择非连续幻灯片：按住键盘上的<Ctrl>键依次选择各张幻灯片。

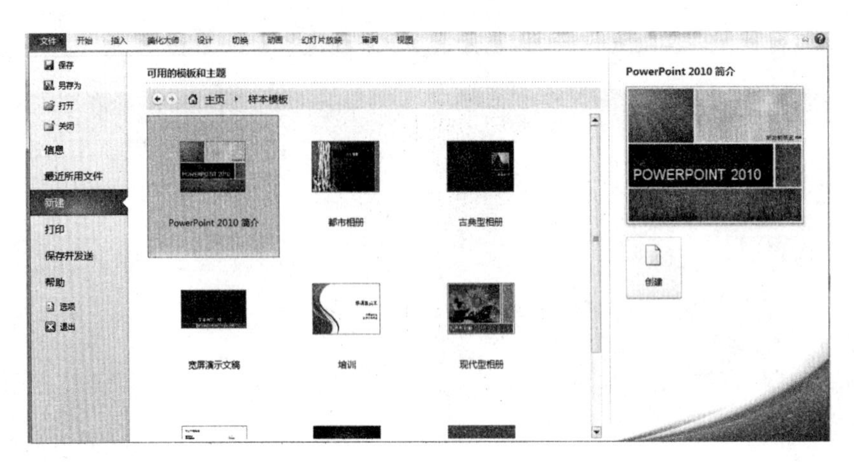

图 5-3 利用“样本模板”创建演示文稿

4. 幻灯片的新建和删除

（1）幻灯片的新建

方法一：单击“开始”选项卡→“幻灯片”组→单击“新建幻灯片”按钮来创建一张新幻灯片，操作如图 5-4 所示。

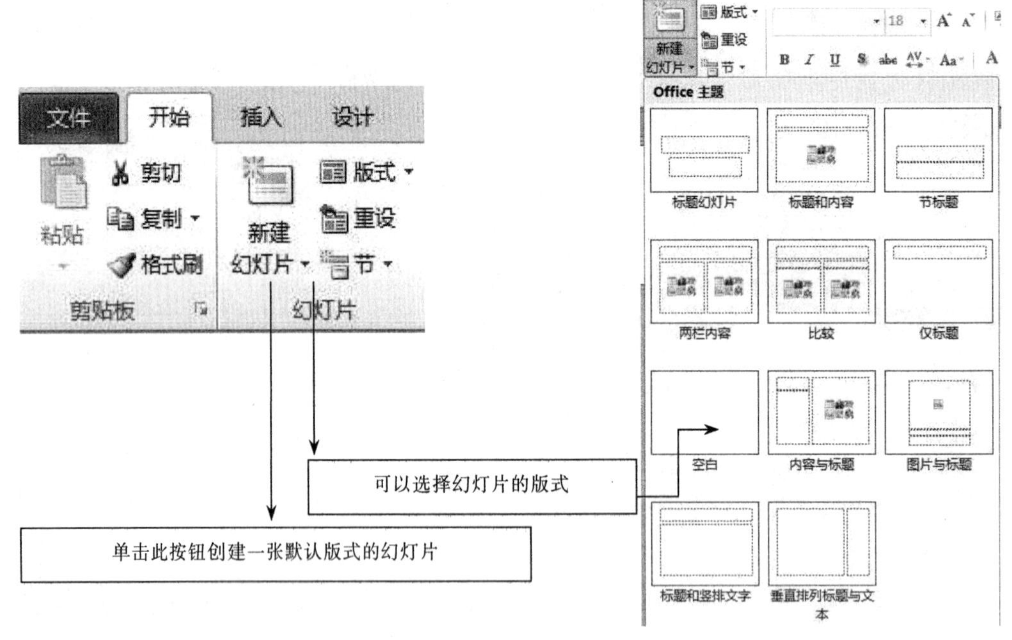

图 5-4 新建幻灯片

方法二：右击图 5-5 所示的幻灯片或者其下方空白灰色区域，在弹出的菜单中选择“新建幻灯片”命令创建新的幻灯片。

方法三：左键选择图 5-5 所示的幻灯片，直接按键盘上的<Enter>键（回车键）创建新的幻灯片。

（2）删除幻灯片

方法一：右击需要删除的幻灯片，在弹出的菜单中选择“删除幻灯片”命令即可。

方法二：选中需要删除的幻灯片，按键盘上的<Backspace>（退格键）或<Delete>（删除键）即可。

图 5-5　右击幻灯片新建幻灯片

5．幻灯片的复制和粘贴

（1）当前文档内复制幻灯片

选中需要复制的幻灯片并右击，选择“复制”或“复制幻灯片”命令复制，然后在当前文档指定的位置粘贴。

（2）不同的文档间复制幻灯片

选中需要复制的幻灯片并右击，选择“复制”或“复制幻灯片”命令复制，然后在另一文档合适的位置右击，选择“粘贴选项”命令下的选项进行复制即可，操作如图 5-6 所示。

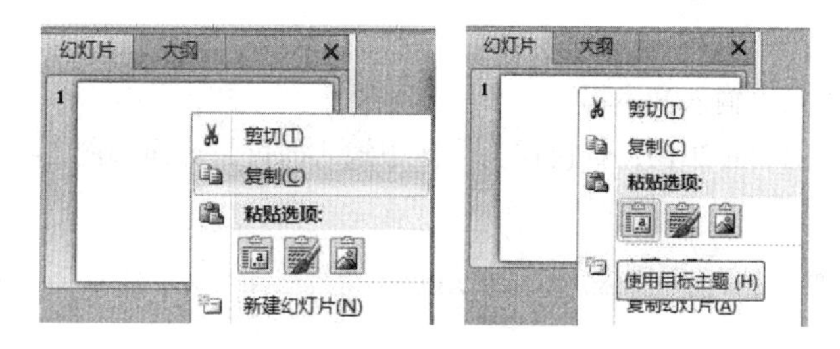

图 5-6　不同文档间复制幻灯片

6．移动幻灯片

方法一：鼠标左键直接拖动幻灯片进行移动；

方法二：选中需要移动的幻灯片并右击，选择“剪切”命令，然后在合适的位置右击，选择“粘贴选项”命令下的选项进行粘贴即可。

7．演示文稿保存/另存为

单击“文件”选项卡→选择“保存”或者“另存为”命令保存即可。

保存和另存为的区别：

初次编辑文件时，没有什么区别，都是保存。编辑再次打开的文件时，“保存”会覆盖当前的文件，而“另存为”会重新生成一个文件，对原来那个文件没影响。

8．幻灯片放映的启动与退出

（1）幻灯片放映的启动

方法一：单击“幻灯片放映”选项卡→“开始放映幻灯片”组→“从头开始”/“从当前幻灯片开始”按钮，如图 5-7 所示；

方法二：选择右下角的“状态栏快捷按钮”，单击“幻灯片放映”（单击此按钮实现从当前幻灯片开始放映）即可，如图 5-8 所示。

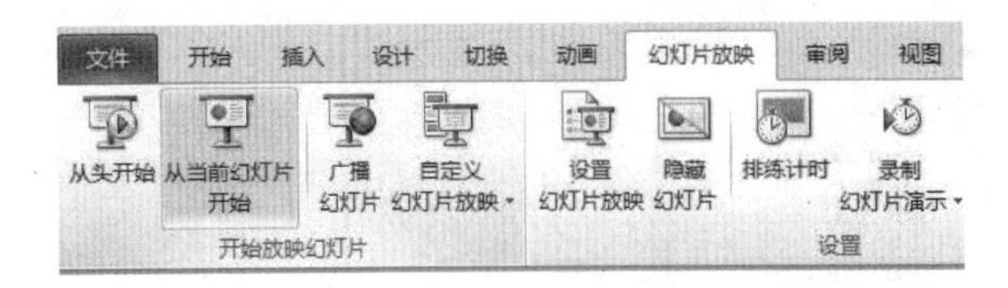

图 5-7　幻灯片的放映

图 5-8　“幻灯片放映”快捷按钮

（2）幻灯片放映的退出

按键盘左上角的<Esc>键即可退出放映。

三、实验内容

1. 学习 PowerPoint 2010 的基本操作。
2. 制作“湖南财政经济学院.pptx”演示文稿。
3. 演示文稿的保存与放映。

四、实验步骤

1. 学习 PowerPoint2010 的基本操作。

（1）输入文字的方法

① 通过默认的占位符输入文本即可。

[操作] 打开 PowerPoint 2010，直接在工作区中输入即可，界面如图 5-9 所示。

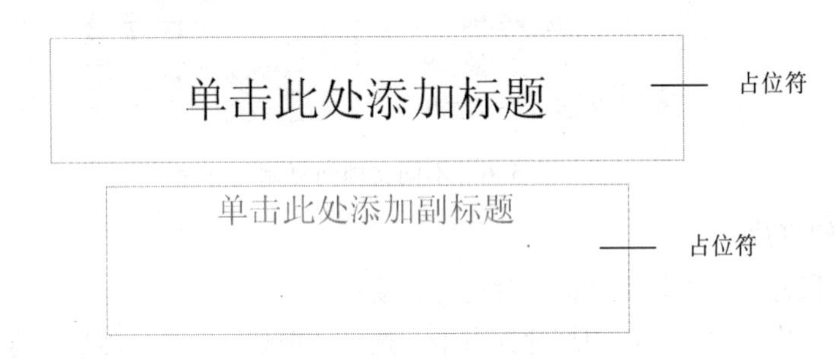

图 5-9　通过默认的“占位符”输入文本

② 利用文本框输入文本。

[操作] 在“插入”选项卡中选择“文本”组中的“文本框”按钮，选择输入的文本框类型后，在工作区界面单击，最后输入文字即可，操作如图 5-10 所示。

图 5-10　利用文本框输入文本

（2）调整文本框大小及设置文本框格式

［操作］可以通过两种方法设置文本框的大小和格式。

方法一：将鼠标移动至文本框边线上，当光标变为双向箭头时，鼠标左键直接拖动文本框控制点即可对大小进行粗略设置。

方法二：选中需要设置的文本框，选择“绘图工具/格式”选项卡精确设置数值，如图 5-11 所示。

图 5-11　“格式”选项卡

（3）选择文本及文本格式化

① 选择文本

［操作］选择文本有两种方法。

方法一：利用鼠标左键拖动选择文本。

方法二：选中文本框也可以选择该文本框内的文本。

② 文本格式化

［操作］选中文本，在“开始”选项卡中即可对文本进行字体、段落等格式化操作，也可以单击每一个选项组右下角对应的选项按钮，通过打开的设置对话框进行更加详细的设置，如图 5-12 所示。

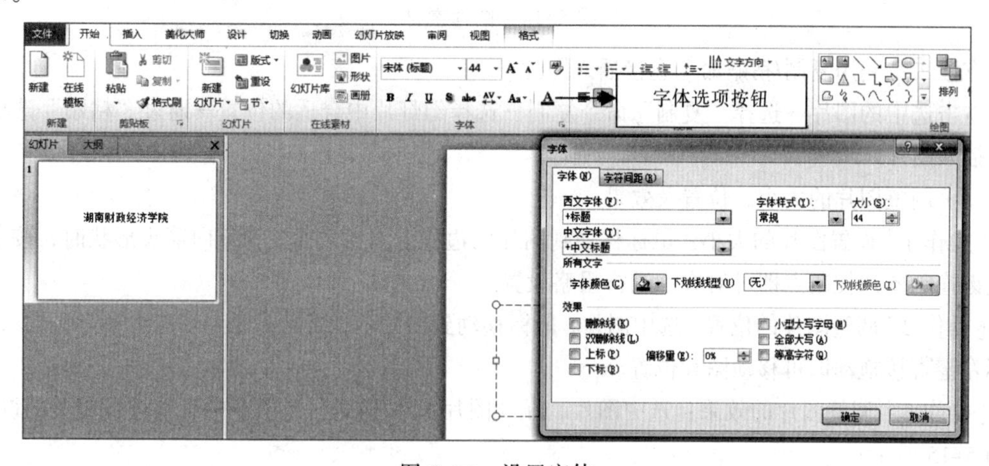

图 5-12　设置字体

（4）插入图片

［操作］插入图片的方法有两种。

方法一：选中“插入”选项卡，如图 5-13 所示，在“在线素材”“图像”或“插图”组中选择需要插入的图片类型。在这里，我们选择“在线素材”进行相关操作。

图 5-13 “插入”选项卡

打开“在线素材”中的图片，如图 5-14 所示，可以在打开的对话框右侧的图片类型中该选择“节日庆祝”类型（也可以选择其他想要的类型）。

单击要插入图片的右下角的“插入”按钮即可插入图片，如图 5-14 所示。

图 5-14 图片素材

方法二：利用复制/粘贴命令直接插入图片。

右击选中的图片→选择“复制”命令复制→选择幻灯片中合适的位置→通过“粘贴”选项或命令插入图片。

（5）调整图片的大小、位置及效果

[操作 1] 设置图片的大小：鼠标移动到图片的边线上，当光标变为双向箭头形状时，按下鼠标左键拖动图片控制点即可对大小进行粗略设置。

[操作 2] 调整图片的位置：选中图片，鼠标移动到图片上，当光标变为双向十字箭头形状时，鼠标左键直接拖动即可移动图片位置。

[操作 3] 调整图片的效果：选中图片，在“图片工具/格式”选项卡中可以进行相关的设置，如图 5-15 所示。

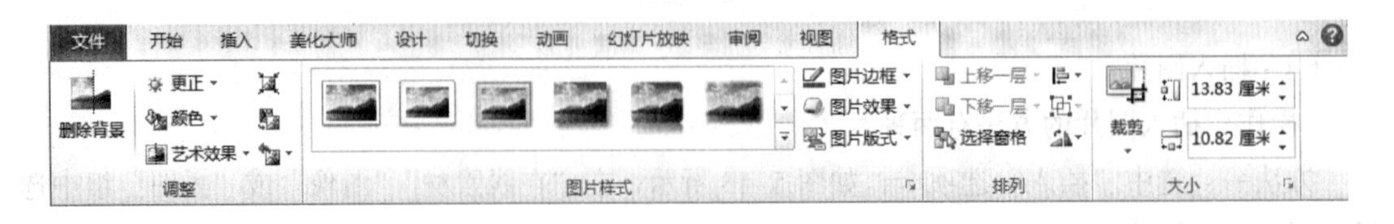

图 5-15 图片设置

[操作 4] 设置图片的叠放次序：单击“选择窗格”按钮，在右侧的“选择和可见性”面板中，

可以对幻灯片对象的可见性和叠放次序进行调整，如图 5-16 所示。

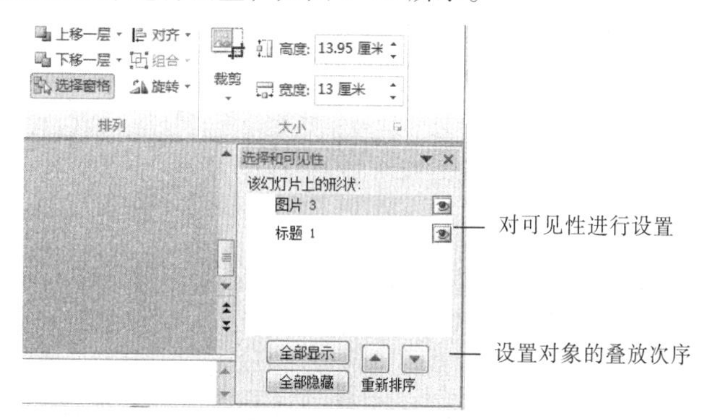

图 5-16　设置图片的叠放次序

（6）图片的裁剪

[操作] 选中图片→“图片工具/格式”选项卡→“大小”组→裁剪，如图 5-17 所示。

① 尝试采用两种不同的纵横比模式裁剪图片，比较效果。

② 尝试采用形状模式裁剪图片，效果如图 5-18 所示。

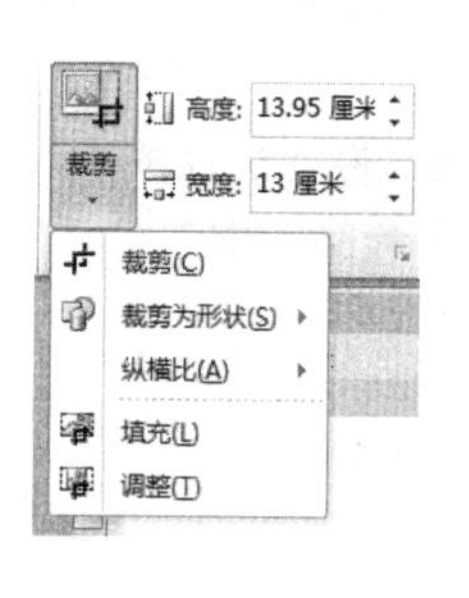

图 5-17　裁剪图片

图 5-18　采用“形状”裁剪的前后效果对比

（7）设置幻灯片背景

[操作 1] 选择“设计”选项卡→“背景”组→背景样式→“设置背景格式”对话框（见图 5-19）→填充→选择纯色填充/渐变填充/图片或纹理填充/图案填充。

[操作 2] 插入图像，利用图片工具中的“下移一层”选项，将图像设置为置于底层。

2. 制作“湖南财政经济学院.pptx”演示文稿。

（1）使用“空白演示文稿”制作“湖南财政经济学院.pptx”演示文稿，包括 “湖南财政经济学院的历史”“湖南财政经济学院的文化传承”“湖南财政经济学院机构设置”“湖南财政经济学院展望”和“湖南财政经济学院与我”等内容，篇幅为 10 页，其中首页标题为“湖南财政经济学院简介”，标题文字设置为宋体，54 号字。

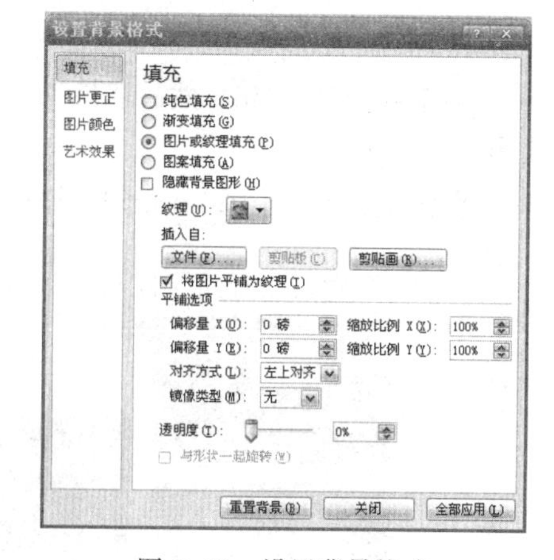

图 5-19　设置背景格式

[操作 1] 打开 PowerPoint 2010，通过新建幻灯片的方式建立图 5-20 所示的 10 张幻灯片页

面，输入对应的页面标题。

[操作 2] 选择第一张幻灯片，将标题文字设置为宋体、54 号字。

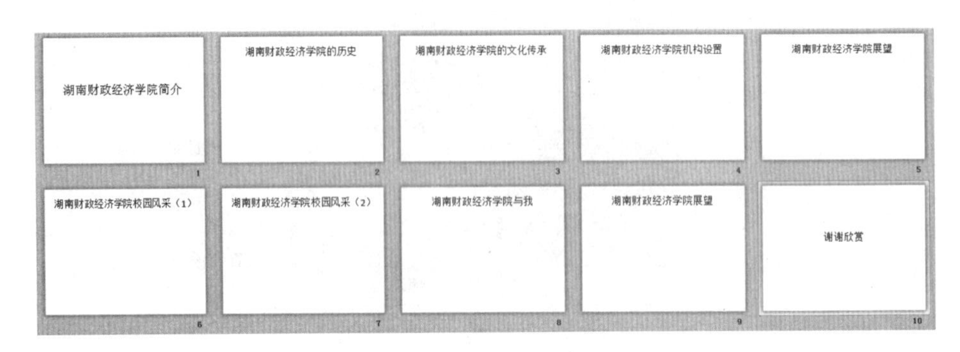

图 5-20　幻灯片页面设置

（2）在该演示文稿的第 3 张幻灯片中插入文本框，输入文字“笃信文化”，将文字设置为粗体、隶书、72 号字，颜色设置为红色，第 4 张幻灯片中插入表格（学校机构设置），第 6 张和第 7 张幻灯片中插入合适的图片。

[操作 1] 选择第 3 张幻灯片，在“插入”选项卡中选择“文本框”→“横排文本框”选项，输入文字“笃信文化”。

[操作 2] 在“开始”选项卡中将文字设置为粗体、隶书、72 号字，颜色设置为红色。

[操作 3] 选择第 4 张幻灯片，选择“插入表格”命令，插入一个 3 行 4 列的表格，如图 5-21 所示。

会计系	财政金融系	工商管理系	信息管理系
法学与公共管理系	外语系	工程管理系	思想政治理论课部
基础课部	体育课部	重点实验室	

图 5-21　“机构设置”表格

[操作 4] 选中表格，然后选择“表格工具”选项卡中的“布局”选项卡中，设置文字对齐方式为“顶端对齐”。

[操作 5] 分别选中第 6 张幻灯片和第 7 张幻灯片，设置图 5-22 所示的幻灯片效果。

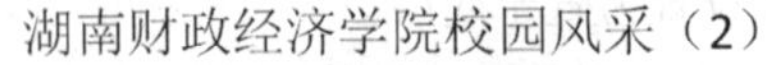

图 5-22　“校园风采”幻灯片

（3）将第 5 张幻灯片删除。

［操作］选择第 5 张幻灯片，按<Delete>键删除指定幻灯片。

（4）新建第一张幻灯片，设置幻灯片主题为“我的大学”。

［操作 1］在第一张幻灯片之前右击，选择“新建幻灯片”命令创建第一张幻灯片。

［操作 2］在幻灯片主题中输入“我的大学”，并设置文字格式为：粗体、72 号字体。

（5）先后将“湖南财政经济学院的文化传承”和“湖南财政经济学院与我”两张幻灯片依次移动到最后。

［操作 1］选择“湖南财政经济学院的文化传承”幻灯片，按<Ctrl>+<X>组合键剪切，然后在最后一张幻灯片后单击鼠标左键，按<Ctrl>+<V>组合键粘贴即可。

［操作 2］选择“湖南财政经济学院与我”幻灯片，操作同［操作 1］。

（6）将除第一张幻灯片以外的其余幻灯片的主题设为“波形”。

［操作 1］选中除第一张幻灯片以外的其余幻灯片。

［操作 2］选择“设计”选项卡，在“主题”组中，右击“波形”主题，在弹出的快捷菜单中选择“应用于选定幻灯片”命令即可。

（7）对于建立的演示文稿，自定义主题颜色方案，配置如下：

文字/背景 深色 1：RGB 值分别为：51、51、0；

文字/背景 浅色 1：RGB 值分别为：255、255、204；

文字/背景 深色 2：RGB 值分别为：102、51、0；

文字/背景 浅色 2：RGB 值分别为：204、236、217。

［操作 1］选择第一张幻灯片。

［操作 2］选择“设计”选项卡的“主题”组中选择“颜色”选项下的“新建主题颜色”选项。

［操作 3］在弹出的“新建主题颜色”对话框中设置给出的颜色方案。

［操作 4］单击“保存”按钮即可。

（8）将演示文稿定义为“演讲者放映（全屏幕）”放映方式。

［操作］选择“幻灯片放映”选项卡中的“设置幻灯片放映”选项，在“设置放映方式”对话框中将演示文稿定义为“演讲者放映（全屏幕）”放映方式，如图 5-23 所示，单击“确定”按钮即可。

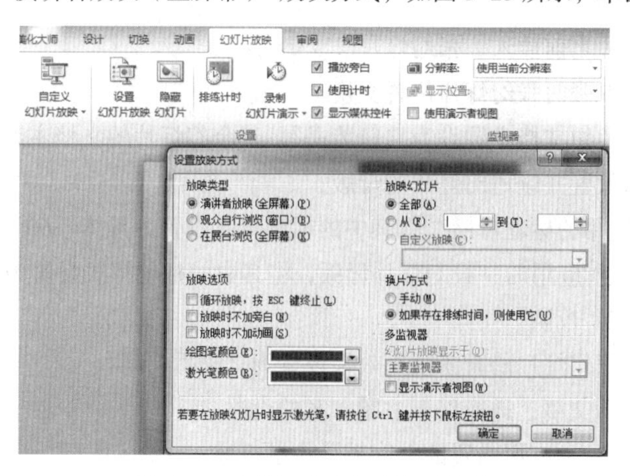

图 5-23 “设置放映方式”对话框

3．演示文稿的保存与放映。

将演示文稿保存在D盘根目录下，文件名为“湖南财政经济学院.pptx”和“湖南财政经济学院.pps”，观察两种格式的文件打开的方式。

［操作］选择“文件”选项卡下的“另存为”选项，在“文件类型”中分别选择“PowerPoint演示文稿”和“PowerPoint 97-2003放映”两种不同的类型保存文档。

整个操作效果如图5-24所示。

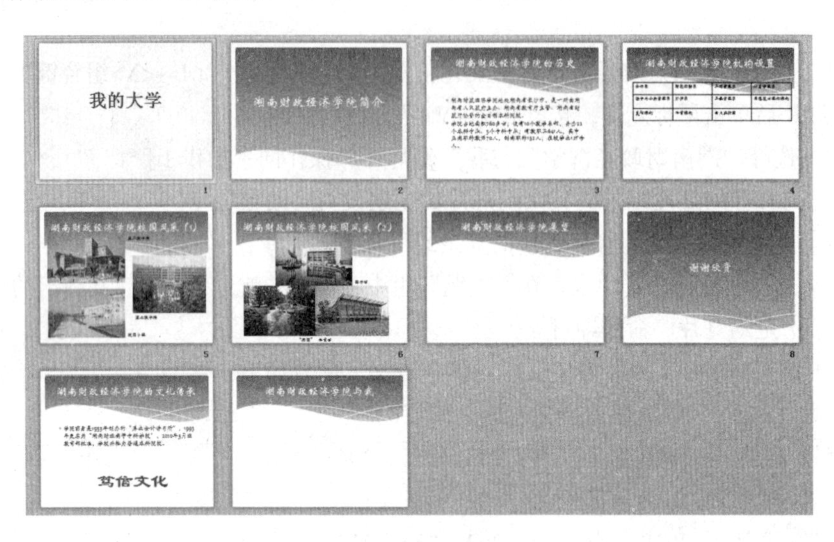

图5-24　设计效果图

五、课后实验

1．使用“空白演示文稿”制作“自我介绍.pptx”演示文稿，内容自定义，篇幅为10页，其中首页标题为“自我简介”，标题文字设置为幼圆、65号字、红色。

2．在该演示文稿的第2张幻灯片中插入文本框，输入文字“自我介绍”，第3张幻灯片中插入图表（学历简介），第4张幻灯片中插入合适的图片，在其他幻灯片合适位置插入声音文件等可视化项目。

3．在第6张幻灯片之前插入一张幻灯片。

4．将第2张、第5张两张幻灯片位置交换。

5．将第1张幻灯片的文档主题设为“精装书”，其余幻灯片的文档主题设为“跋涉”。

6．按照以下要求设置并应用幻灯片的母版：

（1）对于首页所应用的标题母版，将其中的标题样式设置为黑体、60号字。

（2）对于其他页面所应用的一般幻灯片母版，将其中的标题样式设置为楷体、50号字，并插入“湖南财政经济学院”校徽。

7．将其中的第6张幻灯片的背景填充效果设置为“雨后初晴”。

8．对于建立的演示文稿，进行以下主题方案的设置：

（1）对第1张幻灯片，应用内置的“穿越”主题方案；

（2）除第1张幻灯片以外的所有幻灯片，应用内置的“华丽”主题方案。

9. 将演示文稿定义为“演讲者放映（全屏幕）”放映方式。

10. 将演示文稿保存在 D 盘根目录下，文件名为“自我介绍.pptx”。

实验 5-2　PowerPoint 2010 演示文稿的放映

一、实验目的

1. 掌握演示文稿的动画效果的设置。
2. 掌握演示文稿的超链接技术。
3. 掌握演示文稿的多媒体技术。
4. 掌握演示文稿的发布。

二、预备知识

1. 插入音频

幻灯片中插入声音、视频等多媒体项目，可以让整个幻灯片效果更好。

选择“插入”选项卡→媒体→音频，即可选择需要音频文件，如图 5-25 所示。

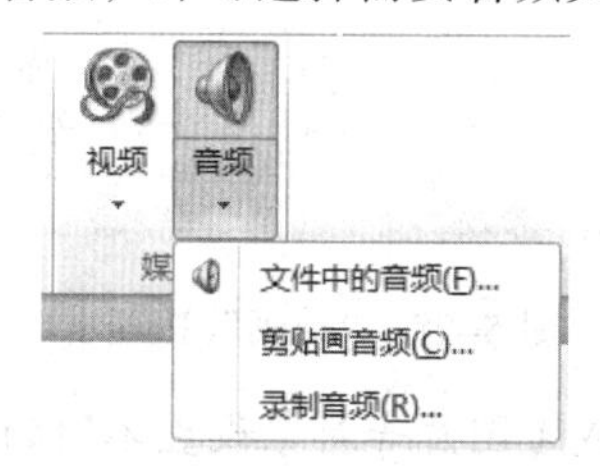

图 5-25　插入音频

2. 设置音频文件

选中需要设置的声音图标→“音频工具/播放”选项卡进行具体的设置，如图 5-26 所示。

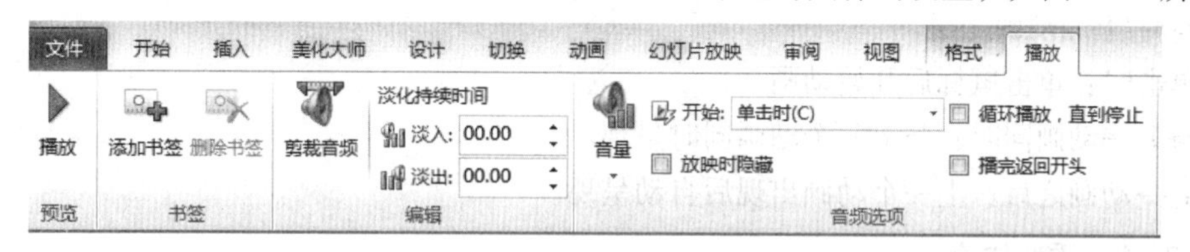

图 5-26　音频文件设置选项

3. 插入视频

PowerPoint 2010 支持的视频格式有：SWF（Flash 动画）、AVI、MPG、WMV 等，其他格式的视频需要转化格式才能插入到幻灯片。

选择“插入”选项卡→媒体→视频，即可选择需要音频文件，操作与插入音频一样。

视频、音频文件和图片文件的区别：

图片文件插入以后，删除硬盘中的图片，在 PowerPoint 中，图片依然存在，但是如果删除硬盘中的视频或音频文件，则 PowerPoint 中对应的文件无法正常放映。

4．调整视频大小、样式并调试

（1）调整视频大小

视频大小的调整方式跟图片大小的调整方式一样。

（2）设置视频样式

选中需要操作的视频→“视频工具/格式”选项卡的“视频样式”选项中进行需要的操作，如图 5-27 所示。

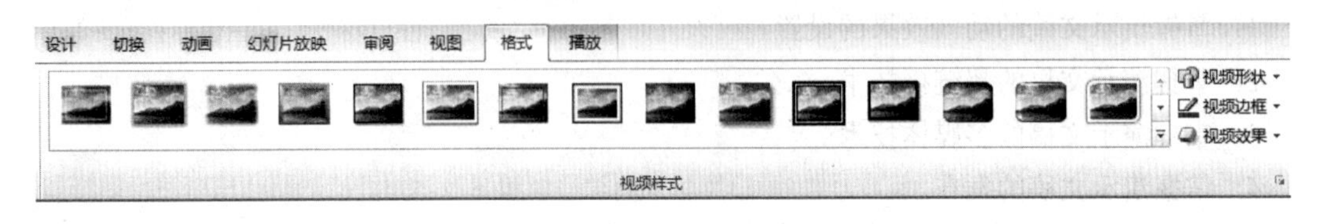

图 5-27　视频文件的样式设置

5．动画设置

选中需要设置动画的文本或图片→选择“动画”选项卡进行相关设置，如图 5-28 所示。

图 5-28　“动画”选项卡

注意：可以同时对同一个文本或者图片等对象设置不同的动画效果，放映时按设置的先后顺序播放。

6．控制动画的开始方式

首先为各个对象设置好动画→选中对象→“动画”选项卡→“计时”组→开始→单击时/与上一动画同时/上一动画之后。

- 单击时：单击鼠标后开始动画。
- 与上一动画同时：与上一个动画同时呈现。
- 上一动画之后：上一个动画出现后自动呈现。

7．对动画重新排序

首先为各个对象设置好入场动画→选中对象→“动画”选项卡→“计时”组→对动画重新排序→向前移动 / 向后移动。

8．删除动画

① 删除对象则对应的动画自动删除。

② 选中设置动画的对象→“动画”选项卡→“高级动画”组→动画窗格→单击所选对象右侧的下三角按钮→删除，如图 5-29 所示。

9．页面切换

选中幻灯片→“切换”选项卡，即可实现幻灯片之间的切换，如图 5-30 所示。

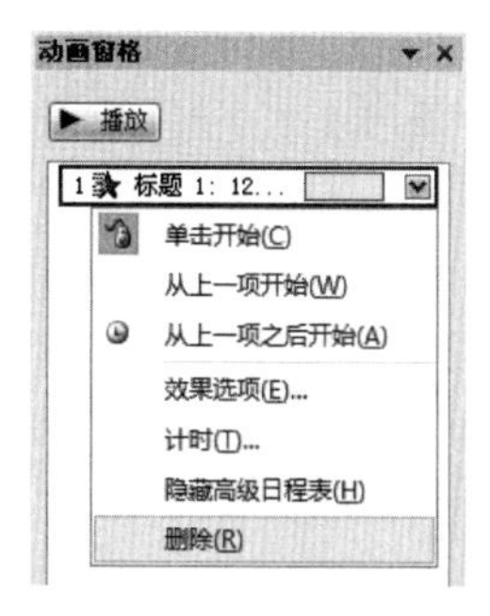

图 5-29　删除动画

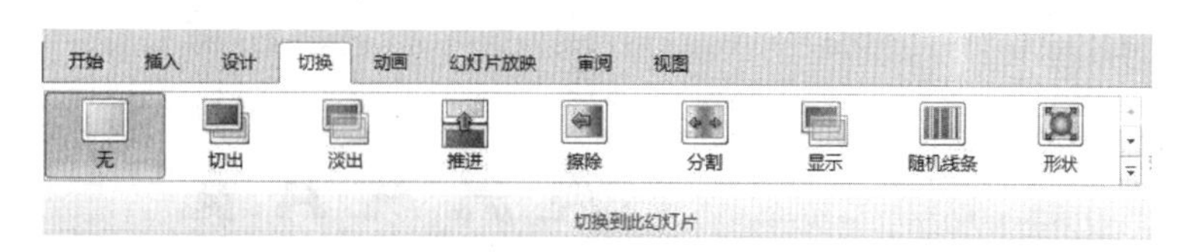

图 5-30　幻灯片切换

三、实验内容

1. 完成太阳进入云层的效果。

2. 完成 5-1 实验内容中“湖南财政经济学院.pptx”演示文稿。

3. 完成“湖南财政经济学院.pptx”演示文稿的发布。

四、实验步骤

1. 完成太阳进入云层的效果。

[操作 1] 使用形状图形中的太阳图形绘制一个太阳，设置颜色为金黄色。

[操作 2] 使用形状图形中的云朵图形绘制云朵，云朵为白色。

[操作 3] 设置整张幻灯片的背景颜色为淡蓝色。

[操作 4] 使用直线动画效果实现太阳向云层的移动，同时设置太阳和云朵的叠放顺序。

2. 完成 5-1 实验内容中“湖南财政经济学院.pptx”演示文稿。

(1) 设置幻灯片切换方式。

[操作 1] 打开“湖南财政经济学院.pptx”演示文稿。

[操作 2] 单击“切换”选项卡。

[操作 3] 在“切换到此幻灯片”组中选择“随机线条”；在“声音”下拉列表框中选择“爆炸”；在“换片方式”中同时选中“单击鼠标时”复选框和“设置自动换片时间”复选框，并输入时间间隔 2 s，则按指定间隔时间或鼠标单击切换幻灯片。

[操作 4] 单击“计时”中的“全部应用”按钮，将上述设置应用到演示文稿的所有幻灯片上。

[操作 5] 切换到幻灯片放映视图或者按<Ctrl>+<F5>组合键，观看放映效果。

(2) 将第 7 张幻灯片中插入艺术字“湖南财政经济学院”，设置其进入的动画效果为“垂直百叶窗”。

[操作 1] 选定第 7 张幻灯片，选择“插入”选项卡下“文本”组中的“艺术字”按钮，如图 5-31 所示，单击选择所需艺术字样式。幻灯片中将出现“请在此放置您的文字”占位符，直接输入“湖南财政经济学院”，调整到合适位置即可。

[操作 2] 选定“湖南财政经济学院”艺术字，选择“动画”选项卡下“高级动画”组下的“添加动画”下拉按钮，在出现的下拉列表中选择“更多进入效果”选项，在其中选择“百叶窗”(见图 5-32)，单击“确定”按钮。

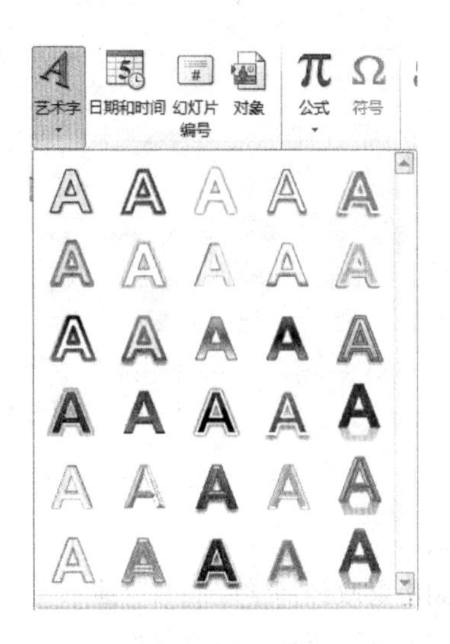

图 5-31　插入艺术字

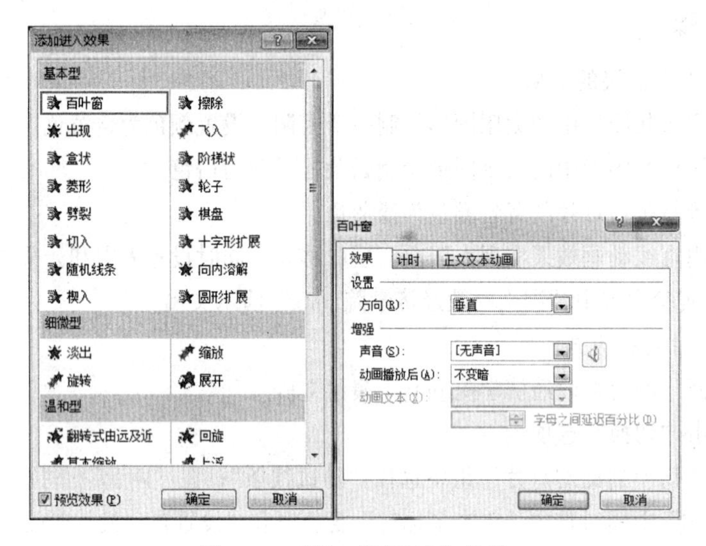

图 5-32　添加“百叶窗”效果

［操作 3］选中设定的动画效果，在效果选项中，将百叶窗的方向由水平改为垂直。

（3）在第 10 张幻灯片中插入一副剪贴画（自选），设置其在单击标题“湖南财政经济学院”时进入，动画效果为“向内溶解”。

［操作 1］选定第 10 张幻灯片，选择“插入”选项卡下“图像”组中的“剪贴画”按钮，在右侧任务窗格中选中一副合适的剪贴画，右击或单击剪贴画右侧的下拉箭头，在弹出的快捷菜单中选择“插入”命令，再将选中的剪贴画拖放到合适的位置即可。

［操作 2］选中［操作 1］中插入的剪贴画，选择“动画”选项卡下“高级动画”组下的“添加动画”下拉按钮，在出现的下拉列表中选择“更多进入效果”选项，选择“向内溶解”选项，单击“确定”按钮。

［操作 3］选择“高级动画”组中的“动画窗格”命令，在右侧出现的“动画”窗格中，选择剪贴画对象，右击，在弹出的快捷菜单中选择“计时”命令，在出现的对话框中单击“触发器”

按钮，在对话框的“开始”下拉列表框中选择“单击时”选项，选中“单击下列对象时启动效果”单选按钮，在其右侧下拉列表中选择“标题 1：湖南财政经济学院的历史”，最后单击“确定”按钮。

（4）在第 3 张幻灯片中，写一个文本“链接至第 5 张幻灯片”，单击后，转到第 5 张幻灯片。在第 5 张幻灯片中，插入一个文本框“返回首页”，单击后，返回到第 1 张幻灯片。

[操作 1] 选择第 3 张幻灯片，插入一个文本框，输入“链接至第 5 张幻灯片”文本。

[操作 2] 右击“文本框”，在弹出的菜单中选择“超链接”选项。

[操作 3] 在“链接到”中选择“本文档中的位置”，在“请选择文档中的位置”中选择第 5 张幻灯片，单击“确定”按钮即可。

[操作 4] 选择第 5 张幻灯片，操作方式如 [操作 1] ～ [操作 3]。

（5）在第 4 张幻灯片中添加一个自定义动作按钮，在其上输入文字“画图软件”，单击该按钮打开 Windows 自带的画图软件。

[操作 1] 选择第 4 张幻灯片。

[操作 2] 选择“插入”选项卡中的“形状”选项，然后在下拉菜单中选择“动作按钮”中的“自定义按钮”，鼠标成十字形状。

[操作 3] 在幻灯片中绘制一个“自定义按钮”，弹出“动作设置”对话框。

[操作 4] 单击“运行程序”选项后的“浏览”按钮，在对话框中找到 Windows 自带的画图软件，路径为 C:\Windows\System32\ mspaint.exe，单击“确定”按钮保存设置。

[操作 5] 右击“自定义按钮”，选择“编辑文字”命令，输入“画图软件”。

（6）设置放映方式为“循环放映，按 Esc 键终止”。

[操作] 选择“幻灯片放映”选项卡中的“设置幻灯片放映”选项，在“设置放映方式”对话框中为演示文稿设置放映方式为“循环放映，按 Esc 键终止”，单击“确定”按钮即可。

3. 完成“湖南财政经济学院.pptx”演示文稿的发布。

[操作] 选择“文件”选项卡中的“保存并发送”命令，如图 5-33 所示，可以实现 PowerPoint 的发布。

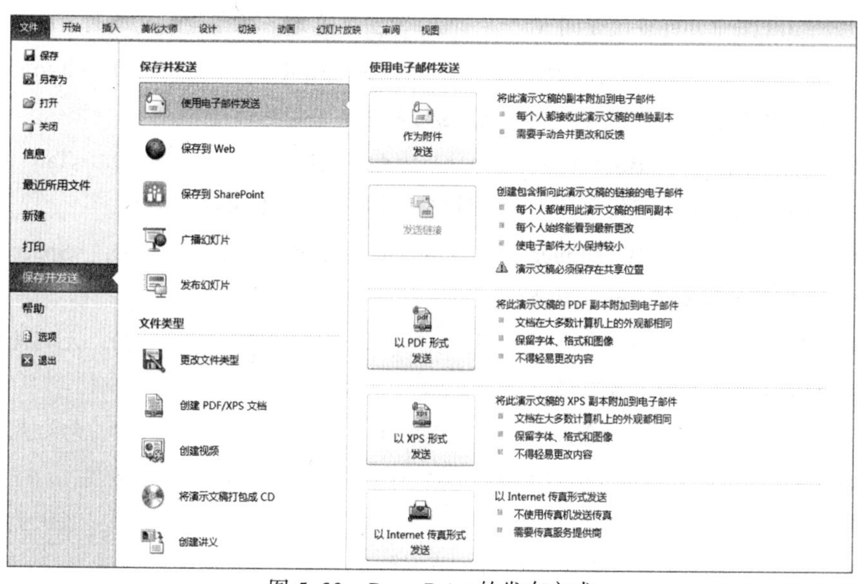

图 5-33　PowerPoint 的发布方式

五、课后实验

对实验 5-1 中提高实验中建立的“自我介绍”演示文稿进行以下操作：

1. 设置幻灯片切换方式，要求：效果为“随机线条”；幻灯片的换页方式为单击或过 2s 自动播放；在切换时，并伴随“爆炸”声；应用到所有的幻灯片，观看放映效果。

2. 设置第 1 张幻灯片中的图片的动画效果，使在放映时伴随着打字机的声音从右侧飞入，观看放映效果。

3. 设置放映方式为“放映时添加旁白”。

4. 对第 1 张幻灯片和第 3 张幻灯片进行循环放映。

5. 在第 1 张幻灯片中，写一个文本“优缺点”，单击后，转到第 3 张幻灯片。

6. 在合适的幻灯片中添加一个动作按钮，要求当单击该按钮时结束放映。

7. 保存文稿，并将文稿发布为 Web。

习题 5　PowerPoint 2010 演示文稿制作软件选择题

1. PowerPoint 2010 默认其文件的扩展名为（　　）。

A. .ppsx　　B. .pptx　　C. .potx　　D. .ppwx

2. 由 PowerPoint 2010 产生的扩展名为（　　）的文件，可以直接在 Windows 环境下双击而直接放映。

A. .ppsx　　B. .pptx　　C. .potx　　D. .ppwx

3. 在幻灯片浏览视图中，以下哪项操作是不能进行的（　　）。

A. 删除幻灯片　　B. 插入幻灯片

C. 复制或移动幻灯片　　D. 修改幻灯片内容

4. 在幻灯片浏览视图中，可多次使用（　　）键+单击来选定多张不连续的幻灯片。

A. <Ctrl>　　B. <Alt>　　C. <Shift>　　D. <Tab>

5. 在幻灯片浏览视图中，可使用（　　）键+拖动来复制选定的幻灯片。

A. <Ctrl>　　B. <Alt>　　C. <Shift>　　D. <Tab>

6. 在演示文稿放映过程中，可使用（　　）键终止放映，回到原来的视图中。

A. <Ctrl>　　B. <Enter>　　C. <Esc>　　D. <Space>

7. 下列哪种视图不是 PowerPoint 2010 的视图方式（　　）。

A. 普通视图　　B. 备注页视图　　C. 页面视图　　D. 大纲视图

8. 下列哪种不是合法的打印内容选项（　　）。

A. 讲义　　B. 备注页　　C. 大纲　　D. 幻灯片预览

9. 在 PowerPoint 2010 中，为所有幻灯片设置统一的、特有的外观风格，应运用（　　）。

A. 母版　　B. 版式　　C. 主题方案　　D. 联机协作

10. 新建 PowerPoint 2010 文稿，默认的幻灯片自动版式是（　　）。

A. 标题和内容　　B. 两栏内容　　C. 比较　　D. 标题幻灯片

11. 在 PowerPoint 2010 中，将某张幻灯片版式更改为“标题和竖排文字”，则应选择的选项卡是（　　）。

A. 开始　　B. 插入　　C. 设计　　D. 视图

12. 在 PowerPoint 2010 中，每个自动版式中都有几个预留区，这些预留区的特点是（　　）。

A. 每个预留区被实线框框起来

B. 每个预留区没有系统提示的文本信息

C. 每个预留区都有系统提示的文本信息

D. 多个预留区用同一实线框框起来

13. 在 PowerPoint 2010 中，不能对个别幻灯片内容进行编辑修改的视图方式是（　　）。

A. 大纲视图　　B. 幻灯片视图

C. 幻灯片浏览视图　　D. 以上三项均不能

14. 在 PowerPoint 2010 中，用户不能设置幻灯片的（　　）。

A. 行距　　B. 字符间距　　C. 段前间距　　D. 段后间距

15. 在 PowerPoint 2010 中，若想在屏幕上查看演示文稿的多张幻灯片，下面的操作能实现的是（　　）。

A. 选择“视图”选项卡中的“开始放映幻灯片”命令

B. 按<F5>键

C. 选择“视图”选项卡中的“幻灯片浏览”命令

D. 选择“视图”选项卡中的“阅读视图”命令

16. 在 PowerPoint 2010 的各种视图中，显示单个幻灯片以进行文本编辑的视图是（　　）。

A. 幻灯片浏览视图　　B. 普通视图　　C. 备注页视图　　D. 阅读视图

17. 在 PowerPoint 2010 的各种视图中，可以对幻灯片进行移动、删除、添加、复制、设置动画效果，但不能编辑幻灯片中具体内容的视图是（　　）。

A. 幻灯片浏览视图　　B. 普通视图　　C. 备注页视图　　D. 阅读视图

18. 在 PowerPoint 2010 中，若在播放时希望跳过某张幻灯片可（　　）。

A. 删除某张幻灯片　　B. 取消某张幻灯片的切换效果

C. 取消某张幻灯片的动画效果　　D. 隐藏某张幻灯片

19. 在 PowerPoint 2010 中，退出幻灯片放映的快捷键是（　　）。

A. <Esc>　　B. <Alt>+<F4>　　C. <Alt>+<Space>　　D. <Space>

20. 演示文稿中每张幻灯片都是基于某种（　　）创建的，它预定义了新建幻灯片的各种占位符布局情况。

A. 视图　　B. 版式　　C. 母版　　D. 模板

21. 在 PowerPoint 2010 中，将动作按钮从一张幻灯片复制到另一张幻灯片后，结果是（　　）。

A. 仅复制动作按钮　　B. 仅复制动作按钮上的文字

C. 仅复制动作按钮上的超链接　　D. 将动作按钮和之上的超链接一起复制

22. 在 PowerPoint 2010 中，演示文稿的放映方式不能设置为（　　）。

A. 演讲者放映（全屏幕）　　B. 窗口放映

C. 观众自行浏览（窗口）　　D. 展台浏览（全屏幕）

23. 在 PowerPoint 2010 中，为了在切换幻灯片时播放声音，可以使用（　　）选项卡下的“声音”命令 。

A. 切换　　B. 幻灯片放映　　C. 插入　　D. 动画

24. 在 PowerPoint 2010 中，双击预留区中的“图表”按钮后启动的是（　　）。

A. Word　　B. Excel　　C. PowerPoint　　D. Access

25. 在 PowerPoint 2010 中，下列说法正确的是（　　）。

A. 只能在动作按钮上设置动作　　B. 不能在图表上设置动作

C. 幻灯片中所有对象都可以设置动作　　D. 不能在组织结构图上设置动作

26. 在 PowerPoint 2010 的“大纲窗格”中，不能进行的操作是（　　）。

A. 插入幻灯片　　B. 删除幻灯片

C. 移动幻灯片　　D. 添加占位符

27. 在 PowerPoint 2010 中，如果需要在所有幻灯片中都插入同一张图片，以下正确的操作是(　　)。

A. 单击“视图”选项卡下的“幻灯片母版”命令

B. 单击“插入”选项卡下的“图片”命令

C. 单击“开始”选项卡下的“版式”命令

D. 单击“插入”选项卡下的“剪贴画”命令

28. 在幻灯片放映中，可以利用绘图笔在幻灯片上做标记，这些标记内容（　　）。

A. 自动保存到演示文稿中　　B. 可以保存在演示文稿中

C. 在本次演示中不可擦除　　D. 在本次演示中可以擦除

29. 在 PowerPoint 2010 中，可以移动一张幻灯片，下面说法正确的是（　　）。

A. 在任意视图下都可以移动

B. 只能在大纲视图下移动

C. 除了幻灯片放映视图的其他任意视图下都可以移动

D. 只能在普通视图下移动

30. 在 PowerPoint 2010 的（　　）下，可以用拖动方法改变幻灯片的顺序。

A. 幻灯片视图　　B. 备注页视图

C. 幻灯片浏览视图　　D. 幻灯片放映

31. 演示文稿的基本组成单元是（　　）。

A. 文本　　B. 图形　　C. 超链接　　D. 幻灯片

32. 在 PowerPoint 2010 中，如需将幻灯片从打印机输出，可以用下列快捷键（　　）。

A. <Shift>+<P>　　B. <Ctrl>+<P>　　C. <Alt>+<P>　　D. <Space>+<P>

33. 要实现在播放时幻灯片之间的跳转，可采用的方法是（　　）。

A. 设置动作按钮　　B. 设置幻灯片切换方式

C. 设置超链接　　D. A 和 C 均可

34. 在 PowerPoint 2010 中，可以用（　　）选项卡下的“隐藏幻灯片”命令将不准备放映的幻灯片隐藏。

A. 视图　　B. 幻灯片放映　　C. 动画　　D. 设计

35. 在 PowerPoint 2010 中，要使幻灯片在放映时能够自动播放，需要为其设置（　　）。
    A. 自定义动画　　B. 动作按钮　　C. 排练计时　　D. 录制旁白
36. 当保存演示文稿时，出现“另存为”对话框，则说明（　　）。
    A. 该文件未保存过　　B. 该文件不能保存
    C. 该文件已经保存过　　D. 该文件不能用原文件名保存
37. 在 PowerPoint 2010 中，按功能键<F7>的功能是（　　）。
    A. 打开文件　　B. 拼写检查　　C. 打印预览　　D. 样式检查
38. 幻灯片的切换方式是指（　　）。
    A. 在编辑新幻灯片时的过渡形式
    B. 在编辑幻灯片时切换不同的视图
    C. 在编辑幻灯片时切换不同的主题
    D. 在幻灯片放映时两张幻灯片间的过渡形式
39. 下列说法正确的是（　　）。
    A. 在 PowerPoint 2010 中，可以同时打开多个演示文稿文件
    B. PowerPoint 2010 演示文稿的打包指的就是利用压缩软件将演示文稿压缩
    C. PowerPoint 2010 提供了幻灯片、备注页、幻灯片浏览、大纲和幻灯片放映共 5 种视图模式
    D. 演示文稿中每张幻灯片必须用同样的背景
40. 在 PowerPoint 2010 中，安排幻灯片对象的布局可选择（　　）来设置。
    A. 应用主题　　B. 幻灯片版式　　C. 背景　　D. 主题颜色
41. 在演示文稿编辑中，若要选定全部对象，可按快捷键（　　）。
    A. <Ctrl>+<S>　　B. <Shift>+<S>　　C. <Shift>+<A>　　D. <Ctrl>+<A>
42. 使用 PowerPoint 2010 时，在大纲视图方式下，输入标题后，若要输入文本，下面操作正确的是（　　）。
    A. 输入标题后，按<Enter>键，再输入文本
    B. 输入标题后，按<Ctrl>+<Enter>键，再输入文本
    C. 输入标题后，按<Shift>+<Enter>键，再输入文本
    D. 输入标题后，按<Alt>+<Enter>键，再输入文本
43. 执行“幻灯片放映”选项卡中的“排练计时”命令对幻灯片定时切换后，又执行“幻灯片放映”选项卡中的“设置幻灯片放映”命令，并在出现的对话框的“换片方式”选项组中，选择“人工”选项，则以下说法不正确的是（　　）。
    A. 放映幻灯片时，单击鼠标换片
    B. 放映幻灯片时，单击鼠标右键弹出快捷菜单，选择其中“下一张”命令进行换片
    C. 放映幻灯片时，单击屏幕左下侧的“->”进行换片
    D. 幻灯片仍然按“排练计时”设定的时间进行换片
44. “切换”选项卡下“计时”组中“换片方式”有自动换片和手动换片，以下说法中正确的是(　　)。
    A. 同时选择“单击鼠标时”和“设置自动换片时间”两种换片方式，但“单击鼠标时”方式不起作用
    B. 可以同时选择“单击鼠标时”和“设置自动换片时间”两种换片方式

C. 只允许在“单击鼠标时”和“设置自动换片时间”两种换片方式中选择一种

D. 同时选择“单击鼠标时”和“设置自动换片时间”两种换片方式，但““设置自动换片时间”方式不起作用

45. 在幻灯片浏览视图下，复制幻灯片，执行“粘贴”命令，其结果是（　　）。

A. 将复制的幻灯片“粘贴”到所有幻灯片的前面

B. 将复制的幻灯片“粘贴”到所有幻灯片的后面

C. 将复制的幻灯片“粘贴”到当前选定的幻灯片之后

D. 将复制的幻灯片“粘贴”到当前选定的幻灯片之前

46. 在 PowerPoint 2010 中，创建新幻灯片是出现的虚线框称为（　　）。

A. 占位符　　B. 文本框　　C. 图片边界　　D. 表格边界

47. 在 PowerPoint 2010 中，要切换到“幻灯片放映”视图模式，可直接按（　　）功能键。

A. <F5>　　B. <F6>　　C. <F7>　　D. <F8>

48. 新建一个演示文稿时第一张幻灯片的默认版式是（　　）。

A. 标题和内容　　B. 仅标题

C. 标题幻灯片　　D. 内容与标题

49. 要真正更改幻灯片的大小，可通过（　　）来实现 。

A. 在普通视图下直接拖动幻灯片的四条边框

B. 在“视图”选项卡中的“显示比例”对话框中选择

C. 选择“开始”选项卡下的“版式”命令

D. 选择“设计”选项卡下的“页面设置”命令

50. 当一个 PowerPoint 2010 窗口被关闭后，被编辑的文件将（　　）。

A. 从磁盘中清除　　B. 从内存中清除

C. 从磁盘或内存中清除　　D. 不会从内存中清除

第6章 计算机网络基础与 Internet

实验　Internet Explorer 浏览器的使用

一、实验目的

1. 了解计算机网络的基本概念和因特网的基础知识。
2. 掌握 IE 的基本操作和常用设置。
3. 熟练掌握从 Internet 检索资源的方法。
4. 掌握 Internet 信息的保存方法。
5. 掌握电子邮件的收发。

二、预备知识

1. 计算机网络基本概念

计算机网络是以能够相互共享资源的方式互连起来的自治计算机系统的集合，即分布在不同地理位置上的具有独立功能的多个计算机系统，通过通信设备和通信线路互相连接起来，实现数据传输和资源共享的系统。

特点：

① 计算机网络提供资源共享的功能。

② 组成计算机网络的计算机设备是分布在不同地理位置的多台独立的“自治计算机”。

2. 计算机网络的形成与发展

第一阶段（20 世纪五六十年代），面向终端的具有通信功能的单机系统。

第二阶段，从 ARPANET 与分组交换技术开始。

第三阶段（20 世纪 70 年代开始），广域网、局域网与公用分组交换网发展。

第四阶段（20 世纪 90 年代开始），Internet、信息高速公路、无线网络与网络安全的迅速发展，信息时代全面到来。

3. 计算机网络的分类及结构

依据地理覆盖范围的大小，计算机网络分为：

① 局域网（Local Area Network，LAN）。

② 城域网（Metropolitan Area Network，MAN）。

③ 广域网（Wide Area Network，WAN）。

计算机网络的拓扑结构包括总线形、星形、环形、网状和混合型5种。

4. 传输介质

局域网中常用的传输介质有同轴电缆、双绞线和光缆。随着无线网的深入研究和广泛应用，无线技术也越来越多地用来进行局域网的组建。

① 网络接口卡（NIC），简称网卡，用于将计算机和通信电缆连接起来，以便经电缆在计算机之间进行高速数据传输。

② 交换机（Switch），局域网的核心设备。交换机支持端口连接的结点之间的多个并发连接，从而增大网络带宽，改善局域网的性能和服务质量。

③ 无线 AP（Access Point），又称为无线访问点或无线桥接器，是有线局域网络与无线局域网络之间的桥梁。通过无线 AP，任何一台装有无线网卡的主机都可以去连接有线局域网络。

④ 路由器（Router），是实现局域网与广域网互连的主要设备。

5. 因特网

因特网是 Internet 的中文译名。

Internet 起源于 ARPANET［美国国防部高级研究计划局（ARPA）提出并资助的网络计划］，其目的是将各地不同的主机以一种对等的通信方式连接起来，最初只有四台主机。

20 世纪 80 年代，世界先进工业国家纷纷接入 Internet，使 Internet 迅速发展。

我国于 1994 年 4 月正式接入因特网，从此中国的网络建设进入了大规模发展阶段。

6. 网络协议

网络协议是最重要的网络软件之一。

TCP/IP 是当前流行的商业化网络协议，被公认为是当前的工业标准或事实标准。

TCP/IP 参考模型的分层结构将计算机网络划分为 4 个层次：应用层、传输层、互联层、主机至网络层。

（1）IP（Internet Protocol）协议

IP 协议是 TCP/IP 协议体系中的网络层协议，它的主要作用是将不同类型的物理网络互联在一起。因此，需要将不同格式的物理地址转换成统一的 IP 地址，将不同格式的帧（物理网络传输的数据单元）转换成“IP 数据报”，从而屏蔽了下层物理网络的差异，向上层传输层提供 IP 数据报，实现无连接数据报传送服务。IP 的另一个功能是路由选择。

（2）TCP（Transmission Control Protocol）协议

TCP 即传输控制协议，位于传输层。TCP 协议向应用层提供面向连接的服务，确保网上所发送的数据报可以完整地接收，TCP 能实现错误重发，以确保发送端到接收端的可靠传输。

依赖于 TCP 协议的应用层协议主要是需要大量传输交互式报文的应用，如远程登录协议 TELNET、简单邮件传输协议 SMTP、文件传输协议 FTP、超文本传输协议 HTTP 等。

7. IP 地址

IP 地址是 TCP/IP 协议中所使用的网络层地址标识。IP 主要有两个版本：IPv4 协议和 IPv6 协议。

IPv4 地址用 32 位（4 字节）表示，分为 4 段，每段 1 字节，用一个十进制数表示，段和段之间用“.”隔开，如图 6-1 所示。

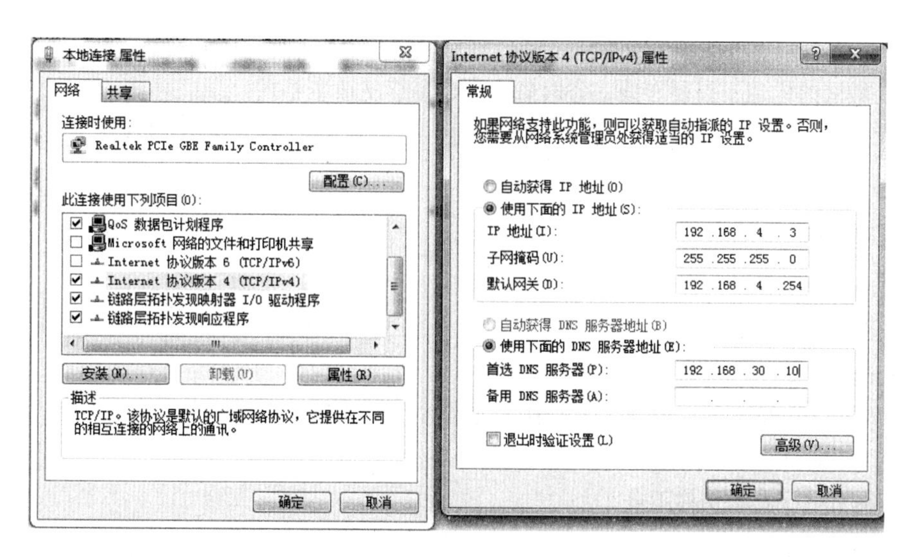

图 6-1　IP 地址

IP 地址由各级因特网管理组织进行分配，它们被分为不同的类别。根据地址的第一段分为 5 类：0～127 为 A 类；128～191 为 B 类；192～223 为 C 类，D 类和 E 类留做特殊用途。

8. 域名

域名（Domain Name）的实质就是用一组由字符组成的名字代替 IP 地址。域名的结构为：

主机名 .……. 第二级域名 . 第一级域名

国际上，第一级域名采用通用的标准代码，它分为组织机构和地理模式两类。由于因特网诞生在美国，所以其第一级域名采用组织机构域名，美国以外的其他国家或地区都采用主机所在地的名称为第一级域名，例如：CN 中国，JP 日本，KR 韩国，UK 英国等。

9. DNS

域名和 IP 地址都表示主机的地址，是一件事物的不同表示。用户可以使用主机的 IP 地址，也可以使用它的域名。从域名到 IP 地址或者从 IP 到域名的转换由域名解析服务器 DNS（Domain Name Server）完成。

10. 接入因特网的方式

通常有：专线连接、局域网连接、无线连接和电话拨号连接 4 种接入方式。

（1）ADSL

目前，ADSL（非对称数字用户线路）对众多个人用户和小单位来说，是最经济、简单、采用最多的一种接入方式。

ADSL 的下行速率为 1.5～8Mbit/s，上行速率一般为 16～640kbit/s。

（2）ISP

要接入因特网，寻找一个合适的 Internet 服务提供商（Internet Service Provider，ISP）是非常重要的。ISP 一般提供的功能主要有：分配 IP 地址和网关及 DNS、提供联网软件、提供各种因特网服务、接入服务。

在中国，有许多 ISP 提供因特网接入服务，如首都在线（263）、126、169、联通、网通、铁通等。

（3）无线连接

无线局域网的构建不需要布线，省时省力，也易于更改维护。

想要无线接入因特网，一台无线 AP 是必需的。通过 AP，装有无线网卡的计算机或支持 Wi-Fi 功能的手机等设备就可以接入因特网。

三、实验内容

1. IE 浏览器的启动与使用。
2. IE 浏览器的相关设置。
3. IE 选项的显示和隐藏。
4. 将湖南财政经济学院网站添加到 IE 的收藏夹。
5. 利用搜索引擎查询信息。
6. IE 网页的保存和文件下载。

四、实验步骤

1. IE 浏览器的启动与使用

[操作 1] 单击“开始”按钮，选择“所有程序”→Internet Explorer 命令，或者单击任务栏上的 IE 图标。

[操作 2] 地址栏中输入 http://www.hufe.edu.cn，进入湖南财政经济学院的首页，如图 6-2 所示。

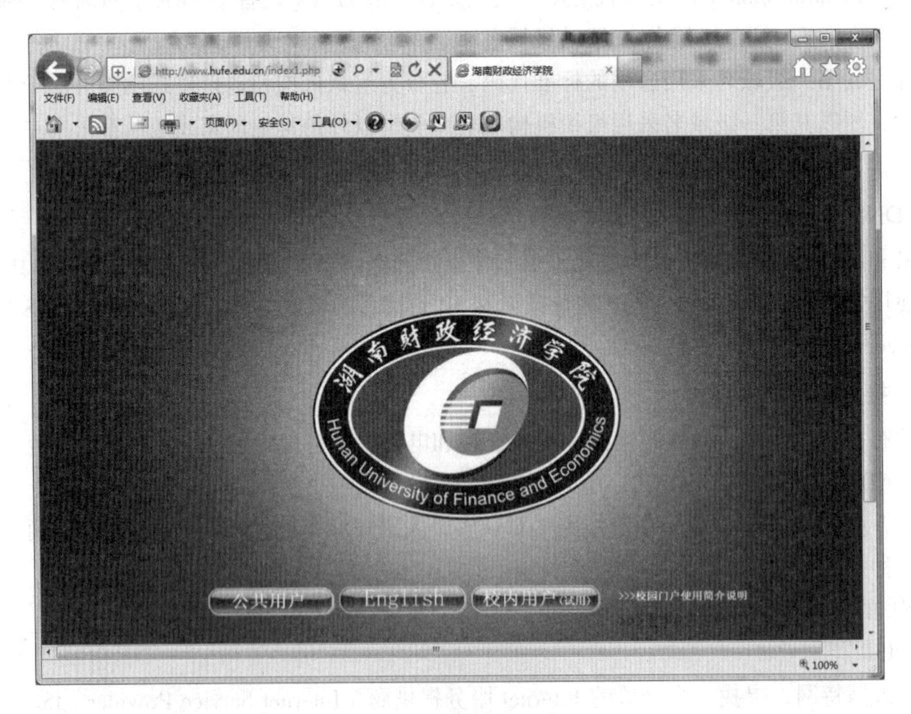

图 6-2　IE 浏览器界面

2. IE 浏览器的相关设置

单击 IE 菜单栏中的“工具”菜单，可以根据需要对 IE 浏览器进行有关设置，如图 6-3 所示。

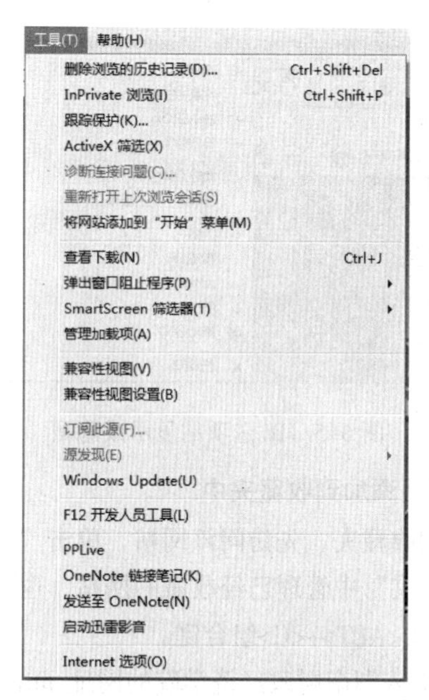

图 6-3　IE 菜单栏中的“工具”菜单

[操作 1] 在“工具”菜单中选择“Internet 选项”选项，接着在弹出的“Internet 选项”对话框中单击“常规”选项卡，在“主页”设置中输入 http://www.hufe.edu.cn，然后单击“使用当前页”按钮将湖南财政经济学院网站首页设置为默认打开页面。

[操作 2] 单击“程序”选项卡进入“默认的 Web 浏览器”设置。

[操作 3] 单击“安全”选项卡，对 IE 浏览器进行安全设置，如图 6-4 所示。

通过对 IE 浏览器进行安全设置，可以节省流量或者提高浏览速度。

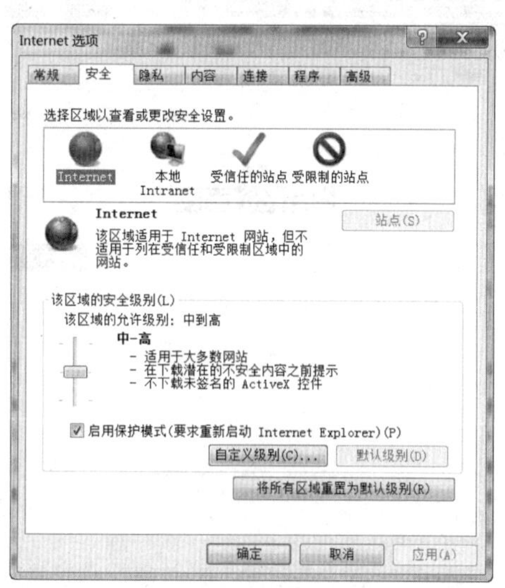

图 6-4　网页多媒体设置

3. IE 选项的显示和隐藏

[操作] 为了使网页显示内容最大化，在默认情况下“文件”菜单会被隐藏，通过在空白的菜单栏区域右击可以进行相关的显示或隐藏设置，如图 6-5 所示。

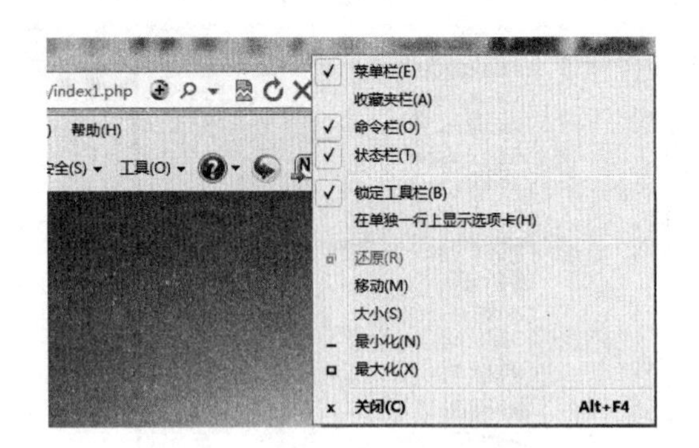

图 6-5　IE 选项的显示或隐藏

4．将湖南财政经济学院网站添加到收藏夹中

如果想要把某个网站添加到收藏夹，先访问该网站，单击“收藏夹”按钮，接着单击“添加到收藏夹”命令。可以在“收藏夹”中管理已经收藏的网站，也可以查看旁边的“查看收藏夹”“源”和“历史记录”选项或者按<ALT>+<C>组合键。

［操作］在 IE 的地址栏中输入湖南财政经济学院的网址 http://www.hufe.edu.cn，按<Enter>键后进入湖南财政经济学院网页，单击“收藏夹”按钮，接着单击“添加到收藏夹”，在随后出来的对话框中单击“添加”按钮即可。

5．利用搜索引擎查询信息

在浏览器中，利用搜索引擎可以很方便地查询信息。

目前，搜索引擎种类较多，国内最为常用的是百度。

［操作 1］在 IE 的地址栏中输入 http://www.baidu.com，即可进入百度搜索页面，如图 6-6 所示。

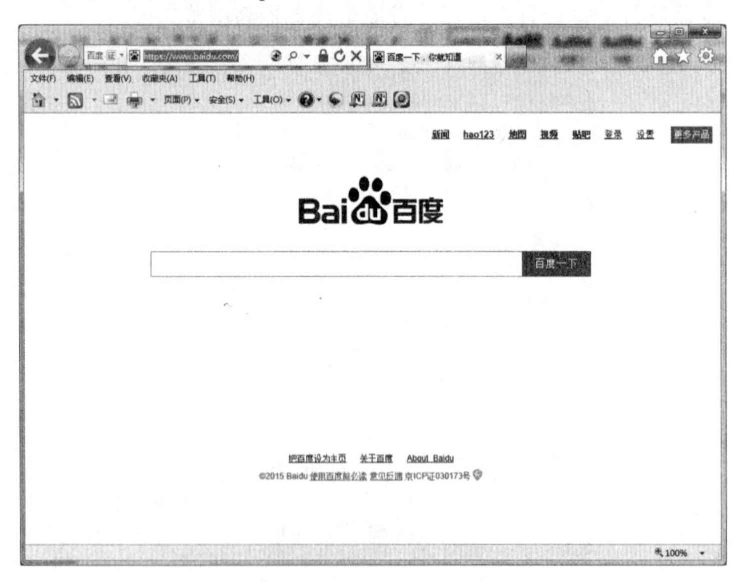

图 6-6　百度搜索页面

［操作 2］例如想搜索有关计算机等级考试的内容，可以在搜索框内输入“计算机考级考试”，按<Enter>键后即可显示搜索到的有关计算机等级考试的内容，如图 6-7 所示。

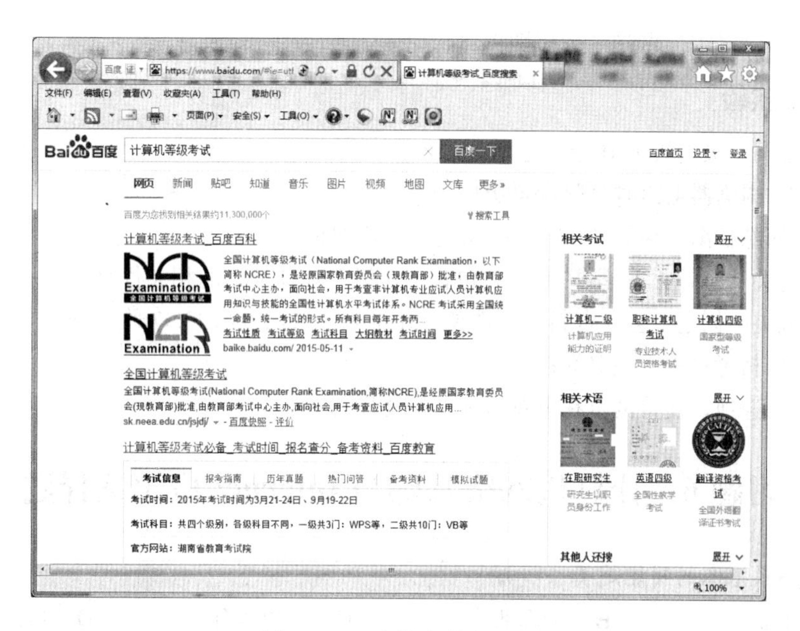

图 6-7　百度搜索结果页面

在搜索时，如果需要更加精确地找到想要找的内容，可以在搜索选项中加入多个关键词，关键词之间用空格隔开。

6. IE 网页保存和文件下载

[操作 1] 在 IE 地址栏中输入网址：http://www.sina.com.cn，按<Enter>键进入新浪网页。

[操作 2] 单击“文件”菜单中的“另存为”命令，显示“保存网页”对话框，如图 6-8 所示，选择保存位置（如：D 盘的“SINA”文件夹），“文件名”文本框中输入“新浪首页”，保存类型为“网页，全部”（选择此选项将保存网页中绝大部分的显示内容），单击“保存”按钮即可。

图 6-8　保存网页信息选项

[操作 3] 对于需要下载的图片，可以直接选中图片，然后右击，选择“另存为”命令即可。

[操作 4] 对于能下载的文件，网页提供下载链接。单击下载链接，出现下载对话框，指定好

路径及文件名后，单击“保存”按钮即可。

五、课后实验

1．将淘宝网主页设置为IE主页。

2．设置IE浏览器退出时删除浏览历史记录。

3．用IE的隐私浏览功能“InPrivate浏览”浏览网页。

4．搜索有关“会计相关证书”，且只包含“初级会计师证”的相关信息。

5．在收藏夹中创建“会计资料”文件夹，并将http://202.99.223.97/收藏到此文件夹中，命名为“全国会计资格考试网上报名系统”。

6．设置IE选项，使得网页在浏览时无法浏览图片。

习题6　计算机网络基础与Internet应用选择题

1．计算机网络最基本的功能是（　　）。

A．数据通信　　B．资源共享　　C．协同工作　　D．以上都是

2．局域网和广域网是以（　　）来划分的。

A．网络的使用者　　B．信息交换方式

C．网络所使用的协议　　D．网络中计算机的分布范围和连接技术

3．缩写WWW表示的是（　　），它是Internet提供的一项服务。

A．局域网　　B．广域网　　C．万维网　　D．网上论坛

4．在拓扑结构中，下列关于环形的叙述正确的是（　　）。

A．环中的数据沿着环的两个方向绕环传输

B．环形拓扑中各结点首尾相连形成一个永不闭合的环

C．环形拓扑的抗故障性能好

D．网络中的任意一个结点或一条传输介质出现故障都不会导致整个网络的故障

5．采用拨号入网的通信方式是（　　）。

A．PSTN公用电话网　　B．DDN专线　　C．FR帧中继　　D．LAN局域网

6．Internet上使用最广泛的标准通信协议是（　　）。

A．TCP/IP　　B．FTP　　C．SMTP　　D．ARP

7．“http://www.sohu.com”中，http表示的是（　　）。

A．协议名　　B．服务器域名　　C．端口　　D．文件名

8．下面的网址写法不正确的是（　　）。

A．http://www.163.com　　B．ftp://ftp.zjxu.edu.cn

C．http://211.100.31.92　　D．www.sohu.com

9．广域网采用的网络拓扑结构通常是（　　）结构。

A．总线形　　B．环形　　C．星形　　D．网状

10．在局域网中不能共享（　　）。

A．硬盘　　B．文件夹　　C．显示器　　D．打印机

11. 在 Internet 中，“政府机构”的常见顶级域名是（　　）。

A. .gov　　B. .int　　C. .edu　　D. .com

12. 局域网的主要特点不包括（　　）。

A. 地理范围有限　　B. 远程访问　　C. 通信速率高　　D. 灵活，组网方便

13. URL 格式中，服务类型与主机名间用下面哪个符号隔开（　　）。

A. /　　B. //　　C. @　　D. ●

14. 下列四项内容中，不属于 Internet（因特网）基本功能的是（　　）。

A. 电子邮件　　B. 文件传输　　C. 远程登录　　D. 实时监测控制

15. 关于 WWW 服务，以下哪种说法是错误的？（　　）

A. WWW 服务采用的主要传输协议是 HTTP

B. WWW 服务以超文本方式组织网络多媒体信息

C. 用户访问 Web 服务器可以使用统一的图形用户界面

D. 用户访问 Web 服务器不需要知道服务器的 URL 地址

16. 在 Internet 上的计算机，下列描述错误的是（　　）。

A. 一台计算机可以有一个或多个 IP 地址

B. 可以两台计算机共用一个 IP 地址

C. 每台计算机都有不同的 IP 地址

D. 所有计算机都必须有一个 Internet 上唯一的编号作为其在 Internet 上的标识

17. Internet 上，传输层的两种协议是（　　）和 UDP。

A. TCP　　B. ISP　　C. IP　　D. HTTP

18. 计算机网络系统中的硬件包括（　　）。

A. 服务器、工作站、连接设备和传输介质　　B. 网络连接设备和传输介质

C. 服务器、工作站、连接设备　　D. 服务器、工作站和传输介质

19. 当网络中任何一个工作站发生故障时，都有可能导致整个网络停止工作，这种网络的拓扑结构为（　　）结构。

A. 星形　　B. 树形　　C. 总线形　　D. 环形

20. 域名与 IP 地址一一对应，Internet 是靠（　　）完成这种对应关系的。

A. TCP　　B. PING　　C. DNS　　D. IP

21. 两个同学正在网上聊天，他们最可能使用的软件是（　　）。

A. IE　　B. Netants　　C. Word　　D. QQ

22. 世界上最大的计算机网络被称为（　　）。

A. OICQ　　B. Internet　　C. www　　D. Cernet

23. 当使用 QQ 进行网络聊天时，用户的计算机必须（　　）。

A. 连入因特网　　B. 装有 Modem　　C. 配备话筒　　D. 以上都要具备

24. 能完成不同的 VLAN 之间数据传递的设备是（　　）。

A. 中继器　　B. L2 交换器　　C. 网桥　　D. 路由器

25. 如果你正在研究某个科研课题，为缺乏资料而发愁时，那么通过（　　）你便可以访问世界上许多图书馆和研究所，轻而易举地得到一些珍贵资料。

A. 电视　　B. 报纸　　C. 网上图书馆　　D. 电话

26. 计算机网络建立的主要目的是实现计算机资源的共享，计算机资源主要指计算机（　　）。

A. 软件与数据库　　B. 服务器、工作站与软件

C. 硬件、软件与数据　　D. 通信子网与资源子网

27. 按覆盖的地理范围进行分类，计算机网络可以分为（　　）三类。

A. 局域网、广域网与 X.25 网　　B. 局域网、广域网与宽带网

C. 局域网、广域网与 ATM 网　　D. 局域网、广域网与城域网

28. OSI 网络结构模型共有 7 层，而 TCP/IP 网络结构主要可以分为 4 层：物理层、网际层、运输层和应用层，其中 TCP/IP 的应用层对应于 OSI 的（　　）。

A. 应用层　　B. 表示层　　C. 会话层　　D. 以上三个都是

29. 目前世界上规模最大、用户最多的计算机网络是 Internet，下面关于 Internet 的叙述中，错误的叙述是（　　）。

A. Internet 网由主干网、地区网和校园网（企业或部门网）等多级网络组成

B. WWW（World Wide Web）是 Internet 上最广泛的应用之一

C. Internet 使用 TCP/IP 协议把异构的计算机网络进行互连

D. Internet 的数据传输速率最高达 10Mbit/s

30. 在以下四个 WWW 网址中，哪一个网址不符合 WWW 网址书写规则（　　）。

A. www.163.com　　B. www.nk.cn.edu

C. www.863.org.cn　　D. www.tj.net.jp

31. 对于下列说法，错误的是（　　）。

A. TCP 协议可以提供可靠的数据流传输服务

B. TCP 协议可以提供面向连接的数据流传输服务

C. TCP 协议可以提供全双工的数据流传输服务

D. TCP 协议可以提供面向非连接的数据流传输服务

32. 某台主机的域名为 PUBLIC.CS.HN.CN，其中（　　）为主机名。

A. PUBLIC　　B. CS　　C. HN　　D. CN

33. 在 Internet 上给在异地的同学发一封邮件，是利用了 Internet 提供的（　　）服务。

A. FTP　　B. E-Mail　　C. Telnet　　D. BBS

34. 某台主机的域名为 www.cisco.com，其中.com 一般表示的是（　　）。

A. 网络机构　　B. 教育机构

C. 商业机构　　D. 政府机构

35. 通过电话线拨号入网，（　　）是必备的硬件。

A. Modem　　B. 光驱　　C. 声卡　　D. 打印机

36. 关于 Internet 中 FTP 的说法不正确的是（　　）。

A. FTP 是 Internet 上的文件传输协议

B. 可将本地计算机的文件传到 FTP 服务器
C. 可在 FTP 服务器下载文件到本地计算机
D. 可对 FTP 服务器的硬件进行维护

37. 当 A 用户向 B 用户成功发送电子邮件后，B 用户电脑没有开机，那么 B 用户的电子邮件将（　　）。
A. 退回给发信人　　B. 保存在服务商的主机上
C. 过一会对方再重新发送　　D. 永远不再发送

38. 在 IE 浏览器中，要重新载入当前页，可单击工具栏上的（　　）按钮。
A. 后退　　B. 前进　　C. 停止　　D. 刷新

39. Internet Explorer 是指（　　）。
A. 统一资源定位器　　B. IP 地址
C. 超文本标记语言　　D. 浏览器

40. http://www.Peopledaily.om.cn/channel/main/welcome.htm 是一个典型的 URL，其中 welcome.htm 表示（　　）。
A. 协议类型　　B. 主机域名
C. 路径　　D. 网页文件名

41. 在 Internet 中，统一资源定位器的英文缩写是（　　）。
A. URL　　B. HTTP　　C. WWW　　D. HTML

42. 在 IE 浏览器中载入新的 Web 页，可通过（　　）操作。
A. 在地址框中输入新的 Web 地址
B. 单击工具栏上的“刷新”按钮
C. 单击工具栏上的“全屏”按钮
D. 单击工具栏上的“停止”按钮

43. 能唯一标识 Internet 网络中每一台主机的是（　　）。
A. 用户名　　B. IP 地址　　C. 用户密码　　D. 使用权限

44. 下面一些因特网上常见的文件类型，一般代表 WWW 页面的文件扩展名是（　　）。
A. .htm　　B. .txt　　C. .gif　　D. .wav

45. 在 Internet Explorer 浏览器中，“收藏夹”收藏的是（　　）。
A. 文件或文件夹　　B. 网站的内容
C. 网页的地址　　D. 网页的内容

46. 在 IE 浏览器中要保存一网址须使用（　　）功能。
A. 历史　　B. 收藏　　C. 搜索　　D. 转移

47. 用 IE 访问网布的时候，鼠标指针移到存在超级链接部位时，形状通常变为（　　）。
A. 闪烁状态　　B. 箭头形状
C. 手形　　D. 旁边出现一个问号

48. 下列属于搜索引擎的是（　　）。
A. Outlook　　B. Yahoo　　C. Excel　　D. Word

49. http://www.peopledaily.com.cn/channel/main/welcome.htm 是一个典型的 URL，其中 www.peopledaily.com.cn 表示（　　）。

A. 协议类型　　B. 主机域名　　C. 路径　　D. 文件名

50. Internet 的两种主要接入方式是（　　）。

A. 广域网方式和局域网方式

B. 专线入网方式和拨号入网方式

C. Windows NT 方式和 Novell 网方式

D. 远程网方式和局域网方式

第 7 章　Outlook 2010

实验　Outlook 2010 的使用

一、实验目的

1. 掌握电子邮箱的申请方法。
2. 掌握 Outlook 2010 电子邮件账户的配置方法。
3. 掌握通过 Outlook 2010 收发邮件的方法。
4. 掌握 Outlook 2010 常用选项的设置方法。

二、预备知识

1. WWW（万维网）

WWW 是一种建立在因特网上的全球性的、交互的、动态的、多平台的、分布式的、超文本超媒体信息查询系统。

WWW 网站中包含很多网页（又称 Web 页）。网页是用超文本标记语言（Hyper Text Markup Language，HTML）编写的，并在 HTTP 协议支持下运行。

每一个网页都有一个唯一的地址（URL）来表示。

2. 超文本和超链接

超文本（Hypertext）中不仅包含文本信息，还可以包含图形、声音、图像和视频等多媒体信息，因此称为“超”文本。更重要的是超文本中还包含着指向其他网页的链接，这种链接叫做超链接（Hyper Link）。

3. 统一资源定位器 URL

WWW 用统一资源定位器（URL）来描述网页的地址和访问它时所用的协议。URL 的格式：协议://IP 地址或域名/路径/文件名

4. 浏览器

浏览器是用于浏览 WWW 的工具，安装在用户端的机器上，是一种客户软件。

目前常用的 Web 浏览器有 Microsoft 公司的 Internet Explorer（简称 IE）等。

5. FTP 文件传输协议

FTP（File Transfer Protocol）即文件传输协议，是因特网提供的基本服务。

FTP 在 TCP/IP 协议体系结构中位于应用层，可以实现因特网上两个站点之间文件的传输。

6. 电子邮件

电子邮件（E-mail）是因特网上使用非常广泛的一种服务。

每个电子邮箱都有一个电子邮件地址，地址的格式为：

<用户标识>@<主机域名>

例如：hncslb@126.com。

电子邮件都有两个基本部分：信头和信体。信头相当于信封，信体相当于信件内容。其中，信头中通常包括如下几项：

① 收件人：收件人的 E-mail 地址。多个收件人地址之间用“;”隔开。

② 抄送：表示同时可以接收到此邮件的其他 E-mail 地址。

③ 主题：类似一本书的章节标题，可以是一句话或一个词。

三、实验内容

1. 申请任意一个电子邮箱账号。
2. 配置 Outlook 2010 电子邮件账户。
3. 和其他同学合作，向同学的电子邮箱中发一封邮件。

四、实验步骤

1. 申请电子邮箱账号

［操作 1］打开 IE 浏览器，在地址栏中输入 http://www.126.com/，按<Enter>键进入 126 免费邮箱申请主页，如图 7-1 所示。

图 7-1　126 免费邮箱申请主页

［操作 2］单击“注册”按钮，进入 126 免费邮箱注册页面，按要求填写相关信息，单击“立即注册”按钮，完成电子邮箱账户注册，如图 7-2 所示。

图 7-2　126 免费邮箱注册页面

[操作 3] 在登录页面使用注册的账号密码进入电子邮箱。

2. 配置 Outlook 2010 电子邮件账户

[操作 1] 首次启动 Outlook 2010 软件，系统弹出 Outlook 2010 启动对话框，单击“下一步”按钮，如图 7-3 所示。

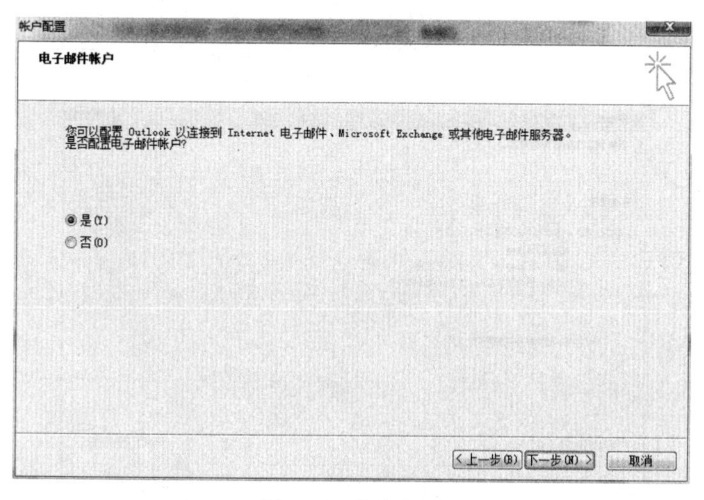

图 7-3　账户配置

[操作 2] 在“添加新账户-自动账户设置”对话框中，填写姓名、电子邮件地址和密码，如图 7-4 所示，单击“下一步”按钮。

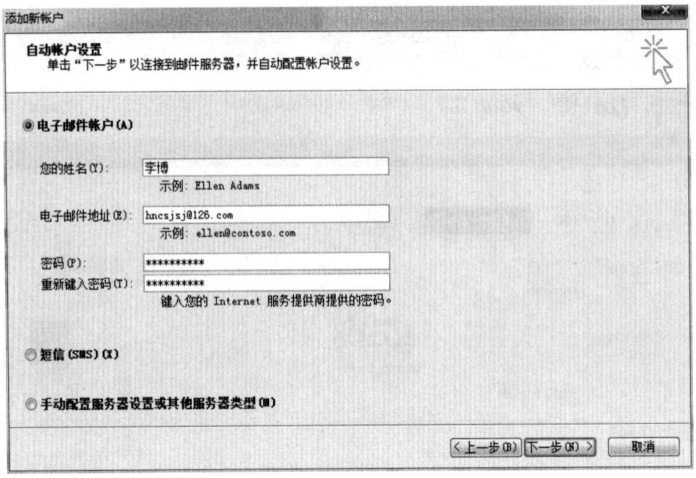

图 7-4 添加新用户

［操作 3］弹出自动添加账户进度指示对话框，弹出对话框时单击“允许”按钮，经过几分钟认证配置后，显示配置成功信息，如图 7-5 所示。

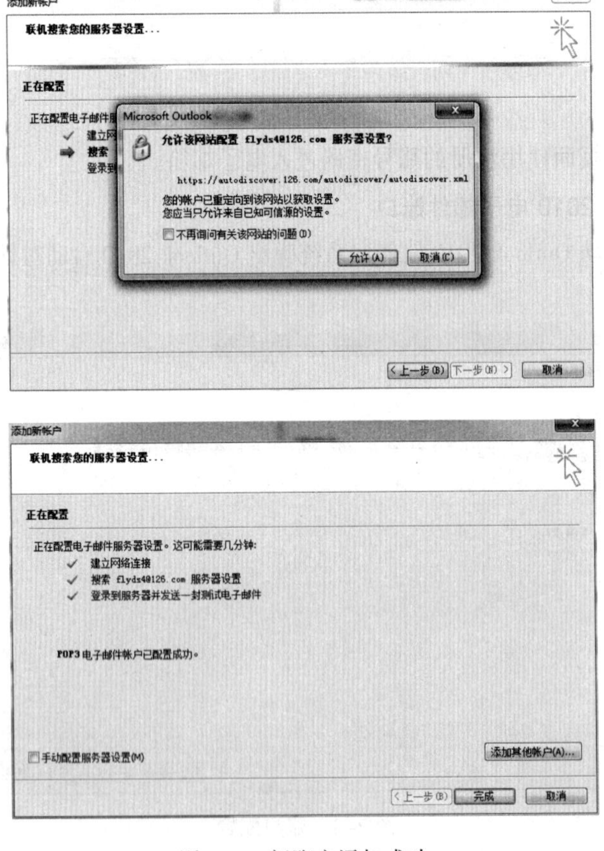

图 7-5 新账户添加成功

［操作 4］单击“完成”按钮，自动进入 Outlook 2010 软件主界面，可以看到 126 邮箱中的所有邮件，如图 7-6 所示。

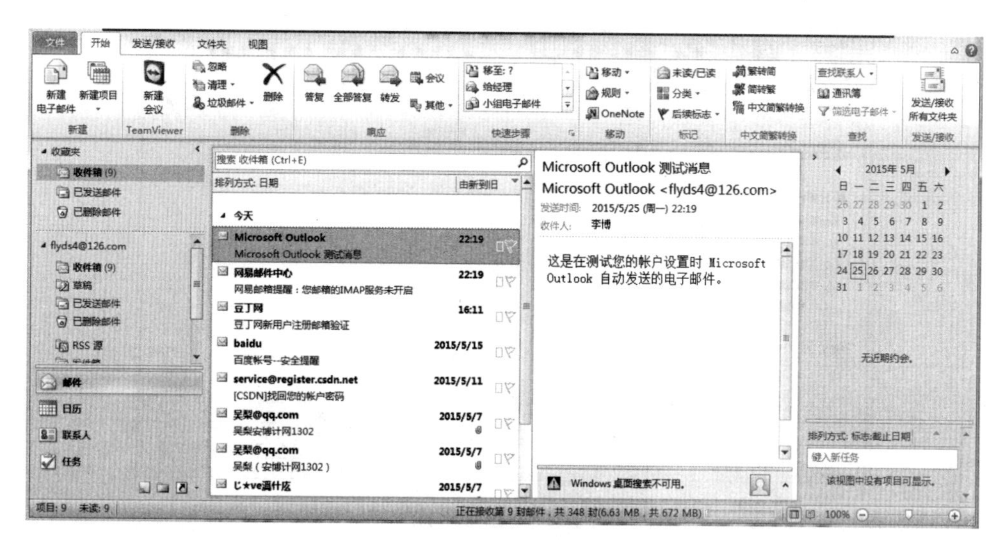

图 7-6　Outlook 主界面

3．和其他同学合作，向同学的电子邮箱中发一封邮件

[操作 1] 单击“新建电子邮件”选项，打开新建电子邮件窗口，在“收件人”文本框中输入 flyds3@126.com，“主题”文本框中输入“同学”，“内容”选项中输入“谢谢查收我发出的邮件，请回函！”，操作如图 7-7 所示。

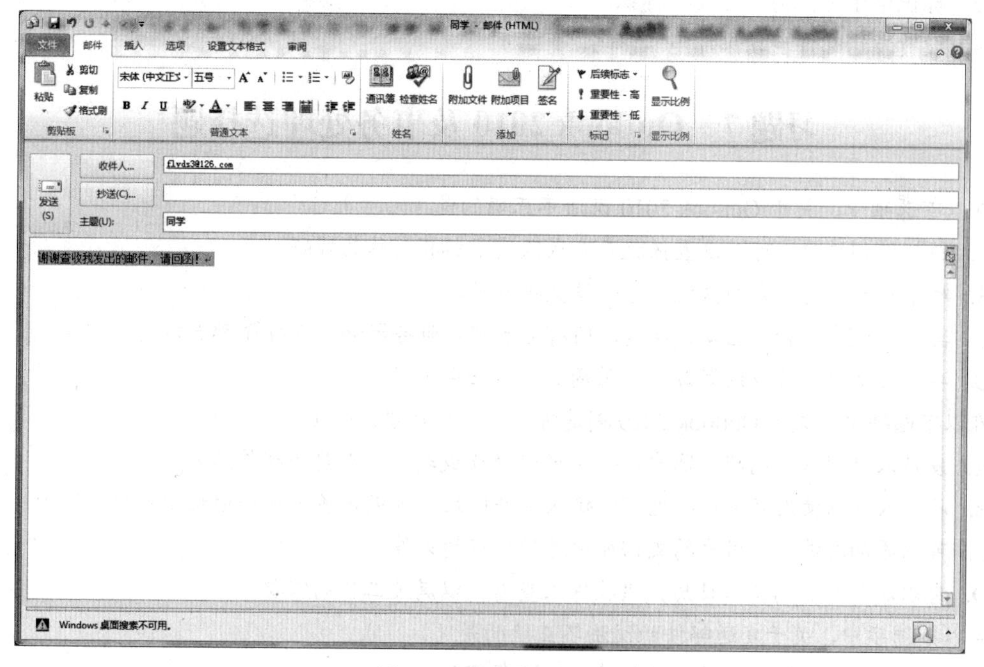

图 7-7　邮件编辑界面

[操作 2] 单击“附加文件”按钮，打开“插入文件”对话框，选择需要发送给同学的文件，单击“插入”按钮添加附件，如图 7-8 所示。

图 7-8　添加附件

［操作 3］单击“发送（S）”按钮发送电子邮件。

五、课后实验

1. 利用配置好的电子邮件账户给同学发送会议或者约会安排。
2. 通过设置 Outlook 2010 使得接收新收件时显示接受提示信息。
3. 标识电子邮件为“已读”标识。
4. 设置发送邮件自动添加电子签名。

习题 7　Outlook 2010 及事务处理选择题

1. 在以下选项中，关于 Outlook 2010 说法不正确的是（　　）。
   A. 新邮件到达时，可以设置播放声音或改变鼠标指针作为提醒
   B. 对于日历中的约会和会议，可以设置提醒时间
   C. 具有“送达”和“已读”功能，所有电子邮件服务器和应用程序都支持发送回执
   D. 安排任务时，可以设置每日或每周的工作任务小时数
2. 在以下选项中，关于 Outlook 2010 创建邮件时的操作错误的是（　　）。
   A. 发件人使用默认的邮件账户，但是可以修改成我们所需要的邮件账户
   B. 收件人可以使用联系人，也可以输入邮件地址，如果是多个邮件地址要用逗号隔开
   C. 可以添加附件，从用户的文档库中选择相应的文件
   D. 可以添加自己的工作日历，供收件人查看，以满足工作的需要
3. 在以下选项中，关于发送邮件的说法不正确的是（　　）。
   A. 答复是以此邮件的发件人为收件人，回复邮件
   B. 全部答复是回复此邮件的发件人以及所有收件人
   C. 转发是以此邮件为内容，发给另外的一个或多个收件人
   D. 约会是日历安排的一种，也可以直接通过邮件发送给其他人

4. 下面哪一项不是创建约会的方法（　　）。
   A. 通过导航窗格种的日历，新建约会
   B. 在日历网格中选择新建约会
   C. 按<Ctrl>+<Shift>+<A>组合键，新建约会
   D. 在电子邮件中，新建约会
5. 在以下选项中，关于创建联系人的说法不正确的是（　　）。
   A. 可以把联系人创建在指定的文件夹中
   B. 可以新建联系人组，然后按组来查找联系人
   C. 创建联系人信息尽量详尽，但邮箱地址必不可少
   D. 创建联系人的名片，作为区分，照片也是必不可少的
6. 在以下选项中，说法错误的是（　　）。
   A. 搜索联系人时，可以按照不同的联系人组来区分联系人
   B. 查看联系人时，可以按名片、地址卡、电话等多种方式浏览
   C. 当收件人不在联系人列表中，系统会自动将该邮件地址列为建议联系人
   D. 可以更改联系人文件夹的视图，但不能应用到其他联系人文件夹
7. 下面说法不正确的是（　　）。
   A. 发送失败的邮件，会自动存到草稿中去
   B. 删除的邮件并没有彻底删除，而是存放在已删除文件夹
   C. 已发送的邮件可以浏览，但附件不能再下载
   D. 可以手动设置不安全发件人，把该邮件存放在垃圾邮件中
8. 在以下选项中，关于创建联系人的说法不正确的是（　　）。
   A. 通讯簿中可以对各个联系人文件夹进行高级查找
   B. 定义发送/接收组，脱机时，无法安排自动定时发送邮件
   C. 在收件夹中，可以自动筛选出未读邮件
   D. 可以将收件箱中的邮件作为附件转发给其他人
9. 创建的任务一般不显示在（　　）。
   A. 日历　　B. 任务　　C. 待办事项栏　　D. 日常任务列表
10. 在以下选项中，关于创建联系人的说法不正确的是（　　）。
    A. 收件箱中的附件可以直接在打开邮件中预览
    B. 可以在同一文件夹下移动邮件，但不能跨文件夹移动
    C. 可以对邮件按照颜色进行分类管理，但类别只有固定几种
    D. 利用后续标志可以对邮件的发送时间进行管理
11. 利用首次启动 Outlook 2010，自动配置邮件账户，默认使用的类型是（　　）。
    A. IMAP　　B. POP3
    C. Microsoft Exchange　　D. 以上都不对
12. 关于邮件地址的书写方式，正确的是（　　）。
    A. sina.com.cn@good_123　　B. gcjing@sina.com.cn
    C. 163.com&good_123　　D. gcjing&163.com

13. 在以下关于发送邮件的说法中，错误的是（　　）。
A. 答复是指回复该邮件的发件人
B. 全部答复是指回复该邮件的发件人和收件人
C. 收件人是邮件的第一接收者，也叫最重要的接收者
D. 发邮件时，抄送的对象不在邮件内容中显示
14. 关于邮件的选项设置错误的是（　　）。
A. 可以设置将未发送成功的邮件自动保存在“草稿”文件夹中
B. 可以设置按<Alt>+<Enter>组合键发送邮件
C. 可以设置“送达”和“已读”回执有助于确认邮件成功接收
D. 新邮件到达时，可以设置“播放声音”作为提醒
15. 关于日历的选项设置，不正确的是（　　）。
A. 可以设置一周的第一天为“星期日”
B. 可以设置日历的提醒时间为 3 周
C. 可以设置在日历上为带有提醒的约会和会议显示铃图标
D. 在“日程安排视图”中时，显示空闲约会
16. 下列选项是 Outlook 2010 支持的邮件账户类型的是（　　）。
A. IMAP　　B. POP3
C. Microsoft Exchange　　D. 以上都是
17. 在以下选项中，说法不正确的是（　　）。
A. 为了区分，可以设置过期任务的颜色和完成任务的颜色
B. 可以设置不自动将属于 Outlook 通讯簿的收件人创建为 Outlook 2010 联系人
C. 可以自定义设置 Outlook 窗格
D. 删除的邮件放在“已删除的邮件”文件夹中，可以设置定时自动删除
18. 关于垃圾邮件管理的说法有误的是（　　）。
A. 可以将某人的邮件地址设置为安全发件人
B. 设置垃圾邮件保护级别，提高安全性
C. 垃圾邮件删除后，不会被放到“垃圾邮件”文件夹中
D. 垃圾邮箱中的邮件可以移动到收件箱中
19. 联系人视图，不能按以下方式排列的是（　　）。
A. 名片　　B. 类别　　C. 时间　　D. 地址
20. 在以下选项中，说法不正确的是（　　）。
A. 创建约会，可以设定该约会的重要性
B. 会议是多人的约会，所以约会和会议都可以通过邮件方式发送给别人
C. 日历可以通过电子邮件的方式共享
D. 任务可以设置私密属性，不让别人看到任务的详细信息

附录 A　中文输入法

中文输入法是指汉字通过计算机的标准键盘，根据一定的编码规则来输入汉字的一种方法，这是最常用而且最简便易行的汉字输入方法。键盘汉字输入法种类繁多，但可将其分类为音码、型码、音形码和序号码 4 类，各种输入法各有各的特点，其中序号码因其编码难于记忆，使用较少，一般只用来输入特殊符号。目前比较常用的输入方法有智能 ABC、微软拼音、搜狗拼音等多种形式的拼音类输入法，有极品五笔、智能五笔和万能五笔等拼型类输入法。

A.1　区位码输入法

区位码属于序号码区位码，是一个 4 位的十进制数，前两位叫做区码，后两位叫做位码。区的编码是从 01～94，位的编码也是从 01～94。每个区位码都对应着一个唯一的汉字或符号，其中 01～15 区是字母、数字、符号，16～18 区是一、二级汉字。使用区位码输入汉字或字符，由于直接输入 4 位数字编码，方法简单且没有重码字。如“0189”代表“※”（符号），“0711”代表“Й”（俄文），“0528”代表“ゼ”（日本语），“0949”代表“┬”（制表符），“2901”代表“健”字，“4582”代表“万”字。

使用区位码输入法输入汉字或字符时，只要在区位码表中查到相应的区位码，并将其从键盘上敲入，则相应的字符或汉字会自动出现在屏幕当前光标处。

A.2　智能 ABC 输入法

智能 ABC 输入法是一种以拼音为基础、以词组输入为主的普及型汉字输入方法。它具有以下特点：

- 易学易用。只要会拼音。了解汉字书写顺序，无需培训就可利用它输入汉字。
- 以词语输入为主，具有较低的重码率和较快的输入速度。
- 提供全拼、简拼、混拼、笔形、音形和双打等多种输入方式。在标准状态下，无须切换即可自动识别，能很好地适应不同用户的需求。
- 能够自动切分音节，即在字符串中自动对音节进行划分。
- 有词条记忆功能。某个词条一旦构造完毕，下一次再遇到该词条时就可以直接使用。
- 允许用户为自定义词组定义编码。

（1）智能 ABC 输入法的输入法状态条

输入法状态条表示当前的输入状态，可以通过单击它来切换状态。其含义如下：

- 中文／英文切换按钮：表示中文输入，A表示英文输入。
- 全拼／双拼输入切换按钮：标准全拼输入状态，双打双拼输入状态。
- 全角／半角切换按钮：表示全角输入，表示半角输入。

在全角输入状态下，字母和标点符号将使用全角符号，每个全角符号和汉字一样，占用一个汉字的位置。

- 中／英文标点切换按钮：表示中文标点，表示英文标点。
- 软键盘开／关切换按钮：打开或关闭软键盘。

在 Windows 7 中，当需要输入一些特殊字符时，可以使用软键盘来进行。Windows 7 提供了 13 种软键盘。在输入法状态条上的按钮上单击鼠标右键，即可打开软键盘选择菜单，如附图 A-1 所示，从菜单中可以选择需要使用的软键盘。

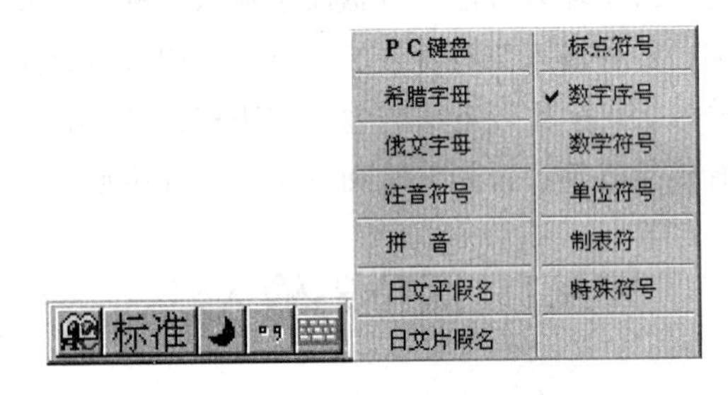

附图 A-1　选择软键盘

（2）智能 ABC 标准输入方式

① 全拼输入方式

对于使用汉语拼音比较熟练且发音较准确的用户，可以使用全拼输入方式。

取码规则：按规范的汉语拼音输入，输入过程和书写汉语拼音的过程完全一致。所有的字和词都使用其完整的拼音。

输入单字或词语的基本操作方法：输入小写字母组成的拼音码，用空格键表示输入码结束，并可通过按<[>和<]>键（或用<+>和<->键）进行上下翻屏查找重码字或词，再选择相应单字或词前面的数字完成输入。

- 单字输入

例：　微 wei　　型 xing　　计 ji　　算 suan　　机 ji

- 词语输入

例：　计算机 jisuanji　　电脑 diannao　　自动化 zidonghua

隔音符号“’”（单引号）的使用有助于进行音节划分，以避免二义性，如“西安 xi’an”不应理解成“现 xian”。

- 句子输入

当句子按词输入时，词与词之间用空格或者标点隔开。如果不会输词，可以一直写下去，超过系统允许的字符个数时，系统将响铃警告。注意隔音符号的使用。

例如：

wo　xiangwei　qin'aide　mama　　dian yi　zhi　haotingde gequ

我　想　为　亲爱的　妈妈　　点　一　支　好听的　歌曲

② 简拼输入方式

对于汉语拼音拼写不甚准确的用户，或者想减少击键的次数，可以使用简拼输入方式。但它只适合输入词组。

取码规则：依次取组成词组的各个单字的第一个字母组成简拼码，对于包含zh、ch、sh（知、吃、诗）的音节，也可以取前两个字母组成。

例：

汉字　　全拼　　　　简拼

计算机　jisuanji　　jsj

长城　　changcheng　cc，cch，chc，chch

提示：

在简拼时，隔音符号的作用进一步扩大。

例如：

汉字　　全拼　　　　简拼　　　　辨析

中华　　zhonghua　　zh h　z h，　简拼为zh不正确，因为它是复合声母“知”。

愕然　　eran　　　　e r　　　　　简拼为er不正确，它是“而”等字的全拼。

③ 混拼输入方式

在输入词语时，如果对词语中某个字的拼音拿不准，只能确定它的声母时，建议采用混拼输入法。

所谓混拼输入法，是指在输入词语时，根据组成词语的每个单字进行编码，有的字取的是其全拼码，而有的字则取其拼音的第一个字母或完整声母。

例：电脑 diann　计算机 jsuanj　天安门 t'am，t'anm，t'amen　知识 z'sh，z's

④ 笔形输入方式

如果不会汉语拼音或者不知道某字的拼音时，可以使用笔形输入法。笔形输入法只适合于输入单字。使用方法是，在输入法状态条上，单击鼠标右键，弹出一个设置菜单。选择“属性设置”项，在弹出的属性设置对话框中选择“笔形输入”。

智能ABC系统将汉字的笔画按基本形状分为8类，如附表A-1所示。

附表A-1　8种基本笔画及笔画代码

笔画代码	笔画	笔画名称	实例	注解
1	一（㇀）	横（提）	二、要、厂、政	“提”也算作横
2	丨	竖	同、师、少、党	
3	丿	撇	但、箱、斤、月	
4	丶（㇏）	点（捺）	写、忙、定、间	“捺”也算作点
5	㇕（㇆）	折（竖弯勾）	对、队、刀、弹	顺时针方面弯曲，多折笔画，以尾折为准，如“了”
6	㇗	弯	匕、她、绿、以	逆时针方面弯曲，多折笔画，以尾折为准，如“乙”
7	十（乂）	叉	草、希、档、地	交叉笔画只限于正叉
8	口	方	国、跃、是、吃	四边整齐的方框

取码时按照笔顺，即写字的习惯，最多取6笔。含有笔形“十（7）”和“口（8）”的结构，

按笔形代码 7 或 8 取码，而不将它们分割成简单笔形代码 1～6。

- 简单汉字（独体字）的取码

取码规则：按照笔画书写顺序取码

例：又 54　目 811　事 1851　手 3115　重 3781　舟 33514

- 复杂汉字（合体字）的取码

合体字是指可分成上下、左右或内外结构的汉字。

取码规则：将合体字按上下、左右、内外结构划分为两个字块，分别取码。每个字块最多取三个笔画对应的笔形码。若第一个字块多于三码，限取三码，然后再取第二个字块的笔形码；若第一个字块不足三码，第二个字块可顺延取码；第二个字块仍可一分为二，按每部分顺延取码。

第一个字块多于三码：

例：船 335 36　动 116 5　算 314 8　命 341 85　氧 311 43　进 113 45

第一个字块不足三码：

例：花 72 32 3　冰 41 553　估 32 78　团 8 153　行 33 21

- 特殊偏旁部首的取码

对于一些特殊的偏旁部首，为避免二义性，约定采用如下编码：

耳 122　非 211　忄 424　火 433　女 631　艹 72

廾 132　开 1132　井 1132　弗 51532　凸 25　凹 26

⑤ 音形混合输入方式

音形混合输入方式分为全拼加笔形、简拼加笔形、混拼加笔形 3 种。其主要目的是为了尽量减少重码。

取码规则：（拼音+［笔形描述］）+（拼音+［笔形描述］）+…+（拼音+［笔形描述］）

其中：

“拼音”可以是全拼、简拼或混拼。对于多音节词的输入，“拼音”一项是必不可少的；“笔形描述”可默认，最多不超过 2 笔。对于单音节词或字，允许纯笔形输入。

例：

汉字	输入码	笔画描述注释	汉字	输入码	笔画描述注释
的	d	简拼，不加笔形	迅速	Xs7	简拼，第二字加 1 笔：叉
对	d5	简拼，加 1 笔：折	现实	Xs44	简拼，第二字加 2 笔：点
刀	d53	简拼，加 2 笔：折、撇	显示	X8s	简拼，第一字加 1 笔：口

⑥ 双打输入方式

在标准输入方式下，全拼输入重码少，但击键次数较多；简拼输入击键次数少，但重码较多。智能 ABC 提供的双打输入方式能较好地解决这一问题。

取码规则：采用双打输入方式输入一个汉字，只需要击键两次：奇次为声母，偶次为韵母。声母直接输入，复合声母和韵母按附表 A-2、附表 A-3 中的约定进行输入。

有些汉字只有韵母，称为零声母音节，奇次输入“O”字母（O 被定义为零声母），偶次输入韵母。虽然击键为两次，但是在屏幕上显示的仍然是一个汉字的拼音，如：儿 or。

附表 A-2 双打复合声母和零声母定义表

键位	E	V	A	O (`)
声母	ch	sh	Zh	零声母

附表 A-3 双打韵母定义表

键位	Q	W	E	R	T	Y	U	I	O	P
定义	ei	ian	e	iu er	uang iang	ing	U	I	ou o	uan ü an
键位	A	S	D	F	G	H	J	K	L	;
定义	a	ong iong	ua ia	en	eng	ang	An	ao	ai	
键位	Z	X	C	V (ü)	B	N		M		
定义	iao	ie		in uai		un (ü n)		ü e(ue)		

（3）智能 ABC 的智能特色

① 自动分词和构词

依照语法规则，把一次输入的拼音字串划分成若干个简单语段，并分别转换成汉字词语的过程，成为自动分词。把这若干个词和词素组合成一个新词条的过程，称为构词。

例如：在“标准”方式下，要输入“计算机系统”一词，首先输入该词的拼音：

标准 jsjxt

按空格键，结果出现：

1.计算机2.九十九3.脚手架4.金沙江

标准 计算机xt

因为系统中没有“计算机系统”一词，所以先分出一个“计算机”，并等待选择纠正。“计算机”一词不用选择，因此直接按空格键后出现：

同样也给予选择的机会，正巧“系统”一词也不用选择。这时，如果按空格键，则分词、构词过程完成，一个新的词“计算机系统”被存入暂存区。在下次输入“jsjxt”时，即可输出词语“计算机系统”。

② 自动记忆

自动记忆通常用来记忆词库中没有的新词，如人名、地名等。它的特点是自动进行或者略加人为干预。自动记忆的词都是标准的拼音词，可以和基本词汇库中的词条一样使用。

允许记忆的标准拼音词最大长度为 9 个字，最大词条容量为 1.7 万条。

刚被记忆的词并不立即存入用户词库中，至少要使用三次后才有资格长期保存。新词栖身于临时记忆栈中，如果栈“客满”而它又还不具备长期保存的资格，就会被后来者挤出。

刚被记忆的词具有高于普通词但低于最常用词的频度。

在自动分词过程中如果结果与用户需要不符，可用<Backspace>键或<Enter>键进行干预。

例如：若想输入“军事技术学习”这个词组，首先输入：

标准 jsjsxx

按空格键后，系统自动分词为：

1.计算机2.九十九3.脚手架4.金沙江

标准 计算机sxx

按<Backspace>键，显示：

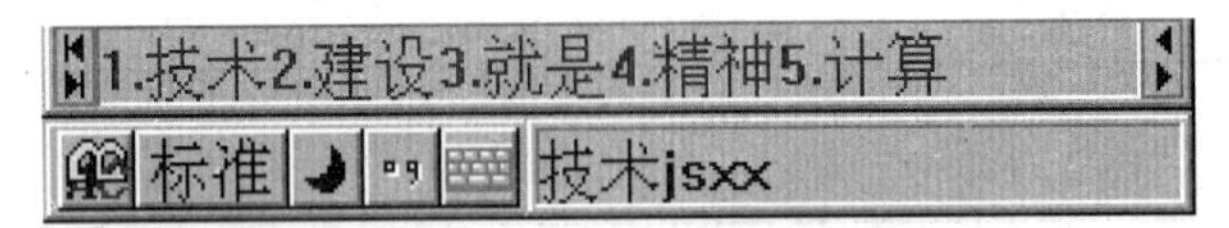

经过向后翻屏 4 页，找到“军事”一词，输入“2”，显示：

“介绍信”是自动分词的结果，但仍不是所需词条，继续干预，按<Backspace>键显示：

不用选择，继续按空格键，显示：

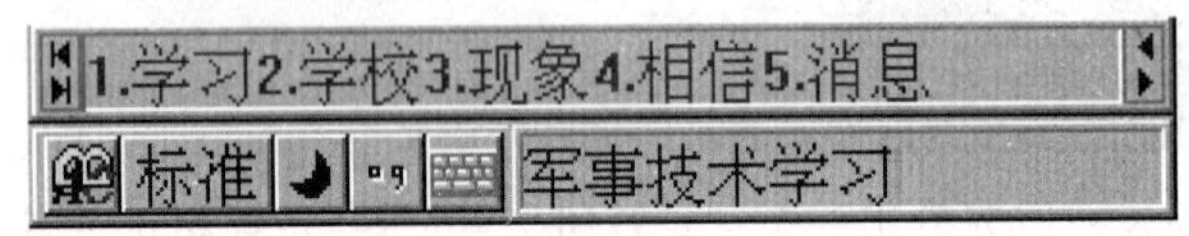

至此，“军事技术学习”一词就形成了。以后只需要输入“jsjsxx”，就可以获得此词条。

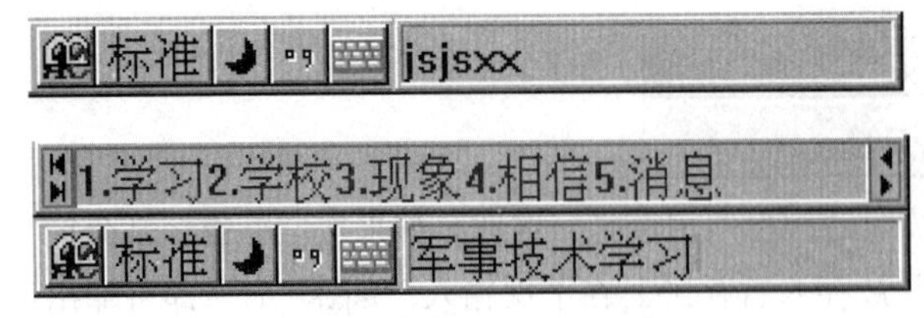

③ 强制记忆

强制记忆一般用来定义那些非标准的汉语拼音词语。利用该功能，可以直接把新词加到用户库中。

强制记忆一个新词，必须输入词条内容和编码两部分。词条的内容，可以是词语或短语，也可以由汉字和其他字符组成。编码可以是汉语拼音或者是用户喜欢的任意标记。

允许定义的非标准词最大长度为 15 个字，输入码最大长度为 9 个字符，最大词条容量为 400 条。

设置强制记忆词条的过程是：

- 将鼠标置于“标准”输入法提示框上，单击鼠标右键，在快捷菜单中选择“定义新词”选项，出现附图 A-2 所示的“定义新词”对话框，系统进入强制记忆过程。

附图 A-2 “定义新词”对话框

- 添加新词：在“新词”框中输入需要记忆的内容，内容没有特殊要求，任何长度小于 30 的新词字串（15 个汉字）都可以。在“外码”框中输入记忆代码，代码最大长度不得大于 9。单击“添加”按钮，如果成功，新词就会出现在“浏览新词”列表框中。一次允许添加多个词条。
- 删除词组：如果要删除某个词条，先在“浏览新词”列表框中选中该词条，再单击“删除”按钮即可完成。

（4）智能 ABC 的特殊功能

① 中文数量词的简化输入

智能 ABC 提供阿拉伯数字和中文大小写数字的转换功能，对一些常用的数量词也可简化输入。

“i”为输入小写中文数字的前导字符。

“I”为输入大写中文数字的前导字符。

例如：输入“i 7 ”就可以得到“七”，输入“I 7 ”就会得到“柒”。

输入“ i 2000”就会得到“二○○○”。

系统中规定的中文数量词与字母的对应关系为：

G（个）	S（十，拾）	B（百，佰）	Q（千，仟）
W（万）	E（亿）	Z（兆）	D（第）
N（年）	Y（月）	R（日）	T（吨）
K（克）	$（元）	F（分）	L（里）
M（米）	N（年）	O（度）	P（磅）
U（微）	I（毫）	A（秒）	C（厘）
X（升）			

例如：要输入“二○○三年六月七日”，只需输入“i2003 n6y7r”。

② 强制记忆词条的输入

事先用强制记忆功能定义了词条，输入时应当以“u”字母打头。

例如，如果在“定义新词”对话框中已经定义“多媒体技术及应用”的外码（汉字输入码）为“dmt”，在输入这个词条时，应输入 udmt 再按<Space>键。

③ 图形符号的输入

如果要输入图形符号，在标准状态下，只要输入“v1”－“v9”就可以输入 GB-2312 字符集 01～09 区各种符号。

例如：要输入“☆”，只需要在中文状态输入框中输入“v1”，然后翻几页就可以看见“☆”了。

④ 中文输入过程中的英文输入

在输入汉字的过程中输入英文，可以不必切换到英文状态。只需输入“v”作为标志符，后面再跟随要输入的英文，最后按空格键即可。

例如：在输入汉字的过程中，如果需要输入英文“windows”，只需输入“vwindows ”再按空格键即可。

A.3　微软拼音输入法

微软拼音输入法是一种使用汉语拼音（全拼或双拼）、以整句或词语为单位的汉字输入法。连续输入汉语句子的拼音，系统会自动选出拼音所对应的最可能的汉字，免去逐字逐词进行同音选择的麻烦。

（1）微软拼音的界面

① 输入法状态条

输入法状态条表示当前的输入状态，可以通过单击它们来切换。其含义是：

- 中文／英文切换按钮：中表示中文输入，英表示英文输入。
- 全角／半角切换按钮：○表示全角输入，◦表示半角输入。
- 中／英文标点切换按钮：◦,表示中文标点，·,表示英文标点。
- 软键盘开／关切换按钮：▦打开或关闭软键盘。
- 简／繁体字切换按钮：简输入简体字，繁输入繁体字。
- 手写输入板切换按钮：✍打开手写识别器。
- 功能设置：▤打开功能菜单。

② 输入法的 3 个窗口

在输入汉字时，会出现如下图所示的 3 个小窗口：

微软

gong_

1共 2工 3供 4公 5功 6宫 7龚 8攻 9贡

- 拼音窗口：用于显示和编辑所输入的拼音代码。此处显示的是 gong。
- 候选窗口：用于提示可能的待选词。此处显示的是“共 工 供 公...”
- 组字窗口：包含的是所编辑的语句（表现为被编辑窗口当前插入光标后的一串带下画线的文本）。此处已有“微软”两字，下面带有虚下画线。

根据自己的喜好可以设置光标跟随或不跟随。在输入法状态条上单击鼠标右键或单击按钮▤，激活功能菜单，选中光标跟随或取消光标跟随。

（2）输入的基本规则

① 整句转换方式

微软拼音输入法是基于句子的输入法，整句转换方式是微软拼音输入法的默认转换方式。在整句转换方式下，用户连续地输入句子的拼音，不必关注每一个字、每一个词的转换，微软拼音输入法会根据用户输入的上下文智能地将拼音转换成汉字。用户输入的句子越完整，微软拼音输入法转换的准确率越高。

对于有歧义的拼音，用户必须输入音节切分符（见下文第9小点）来消除歧义。但在中英文混合输入情况下，用户也可以不输入音节切分符，而让微软拼音输入法去判断。

在完成一个句子的输入以前，输入的结果下面有一条虚线，表示当前句子还未经过确认，处于句内编辑状态。此时可对输入错误、音字转换错误进行修改，待按<Enter>键确认后，才使当前语句进入编辑器的光标位置。

此外，当输入“，”“。”“；”“？”和“！”等标点符号后，系统在下一句的第一个声母输入时，会自动确认该标点符号之前的句子。

② 词语转换方式

微软拼音输入法的整句转换方式虽然能够满足绝大多数用户汉字录入的需要，但在有些情况下，词语转换方式反而灵活便利。比如，填写电子表格，或者输入一些非完整句子的短语，在这些情况下，没有足够的上下文信息提供整句转换，词语转换更能胜任。

微软拼音输入法的词语转换方式具有全新的设计，采用嵌入式拼音窗口，即不存在独立的拼音窗口，拼音和转换后的汉字都显示在这个窗口中。

词语转换方式是以词语为基本输入单位，每输入一个词语的拼音后，按<Space>或<Enter>键将拼音转换成汉字并从候选窗口中选择正确的候选。微软拼音输入法最长支持九字词。

在此方式下，<Backspace>键的作用在不同的情形下有所不同。

- 如果拼音还没被切分，则删除光标左边的拼音字母。
- 如果拼音已经转换成汉字，则从右向左将汉字反转回拼音。
- 如果拼音已被切分或汉字已经反转为拼音，则从右向左删除整个拼音。

注意，词语转换方式下，不支持中英文混合输入，不支持逐键提示。如果启用自造词功能，用户修改过的词语会自动添加到自造词文件中。

③ 全拼输入

在全拼输入模式下，每一个汉语拼音字母由键盘的一个键来输入。比如，输入“yizhikeaidexiaohuamao”，组字窗口中会出现“一只可爱的小花猫”。

④ 双拼输入

在双拼输入模式下，键盘上的一个键既可以代表汉语拼音的一个完整声母，同时也可以代表一个完整的韵母。此时，每一个汉字的输入需要敲两个键，第一个键为声母，第二个键为韵母。比如，使用微软拼音输入法默认的双拼键位方案，输入“yivikeoldexchwmk”，组字窗口中会出现“一只可爱的小花猫”。

使用双拼输入模式虽然可以减少击键次数，提高汉字输入的速度，但是需要一定的记忆量，所以该方法没有得到广泛的使用。另外，在双拼输入模式下，不能使用中英文混合输入和不完整拼音输入。

⑤ 中英文混合输入

中英文混合输入是微软拼音输入法新增加的输入模式。在这种输入模式下，用户可以连续地输入英文单词和汉语拼音，而不必切换中英文输入状态。微软拼音输入法会根据上下文来判断用户输入的是英文还是拼音，然后作相应的转换。这种输入模式最适合输入混有少量英文单词的中文文章。

中英文混合输入模式下，采用嵌入式拼音窗口，即不存在独立的拼音窗口，用户输入的拼音或英文单词显示在组字窗口中，并根据上下文信息进行适当的转换。

在此模式下，用户输入的英文单词有可能被错误地转换成汉字。出现这种情况时，可以用鼠标或左右方向键将光标定位到汉字的右边，然后按<Backspace>键将汉字反转成英文字母。另外，如果光标左边是英文字母，按<Backspace>键则删除这个字母。

注意，中英文混合输入与不完整拼音不能同时使用，也不能在双拼和词语方式下使用。

⑥ 不完整拼音输入

在不完整拼音输入模式下，用户可以只用声母来输入汉字。比如，输入“zhg”，候选窗口会出现“整个”“中国”“这个”等以声母“zh”和“g”开头的词语。 使用不完整拼音输入可以减少击键次数，但会降低微软拼音输入法的转换准确率。

不完整拼音与中英文混合输入不能同时使用，同时，双拼输入模式也不支持不完整拼音。

⑦ 带调输入

在汉语拼音的输入过程中，用户可以在每个拼音的最后加上汉字的声调作为音节切分，同时也减少汉字的重码率。

微软拼音输入法使用数字 1、2、3、4 表示汉语拼音的 4 个声调，用 5 表示轻声。使用带调输入，可以提高微软拼音输入法的转换准确率。但是，在中英文混合输入或逐键提示状态下，不支持带调输入。

⑧ 南方模糊音

对于发音不准的用户，微软拼音输入法提供了对一些模糊音的支持。也就是说，系统可以设置为不区分 z、zh、c、ch 等拼音之间的区别，从而方便了那些带有口音的用户的使用。

目前系统支持的模糊音有：

声母：z=zh，c=ch，s=sh，n=l，l=r，f=h；

韵母：an=ang，en=eng，in=ing，wang=huang。

⑨ 音节切分符

音节切分符用来分隔两个相邻汉字的拼音，在多数情况下，用户可以连续输入拼音串而不必关心音节的切分，因为微软拼音输入法会自动地完成切分工作。但有些情况下，连续输入拼音会导致歧义，比如“西安”，如果连续输入 xian，则会被转换成“先”。

用户可以使用以下 4 种元素作为音节切分符：

- 回车　例如 xi[回车]an。
- 空格　例如 xi[空格]an。
- 单引号　例如 xi'an。
- 音调　例如 xi1an。

⑩ 错字修改

连续输入一串汉语拼音时，微软拼音输入法通过语句的上下文自动选取最优的输出结果。当结果与用户希望不同时，可以直接用鼠标或键盘方向键移动光标到错字处，候选窗口自动打开，用鼠标或键盘从候选中选出正确的字或词。

例如：输入“dadihuanxinchun”（大地焕新春）时，输入法转换为“大地环新春”。将光标移到“环”字的前面时，就出现候选窗口。用鼠标或键盘从候选中选择相应的字即可。

⑪ 拼音错误修改

用户可以修改已转换为汉字的拼音。当转换的语句还未按<Enter>键确认前，可用键盘上的←或→键移动光标到拼音有误的汉字前，按下<` >键（在<Tab>键的上方），输入法弹出拼音窗口，此时可重新输入汉字的正确拼音。注意，只有在候选窗口激活的情况下，<` >才做激活拼音窗口之用，否则，将直接插入字符“`”。若候选窗口没有弹出，应在待修改字前按<Space>键以激活候选窗口。

（3）输入法的功能设置

用鼠标单击状态行上的功能菜单按钮，在弹出的菜单中选择“属性”命令，弹出“微软拼音输入法属性”对话框（见附图A-3），可在对话框中的“常规”选项卡中可以设置不完整输入、全拼或双拼输入、南方模糊音输入、中英文混合输入、自造词、整句或语句输入等功能。

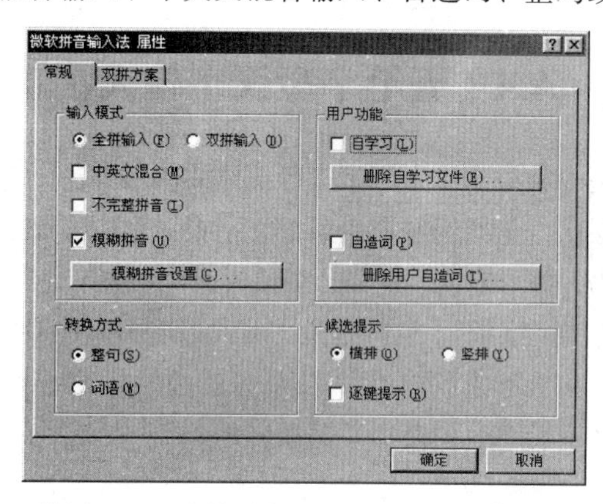

附图A-3 微软拼音输入法属性设置对话框

（4）使用中的技巧

① 候选窗口中第一个词的选中

在非逐键提示状态，按<Space>键选中第一个候选词。在逐键提示状态，按<Space>键用于完成拼音输入。

② 错字修改的技巧

- 整句修改。句子有错，不用忙于修改，最好是在确认前对整句一起修改。因为在输入的过程中，系统会自动根据上下文做出调整，将语句修改为它认为最可能的形式，这样很多错误就会自动消失。
- 若需修改句子，最好从句首开始。
- 输入完一个句子，按右方向键可以快速回到句首。光标移动键的作用是循环的。输入的语句不宜太长，语句越长，转换的速度就越慢。

③ 零声母与音节切分符

汉语拼音中有一些零声母字，即没有声母的字，例如“奥”（ao4），“欧”（ou1）等。在语句中输入这些零声母字时，使用音节切分符可以得到事半功倍的效果。

④ 转换后确认的技巧

- 在输入一个有效拼音后，系统并未立即关闭拼音窗口，以便能够进一步修改输入的拼音；这时要确认刚才输入的拼音，按<Space>键或<Enter>键，拼音代码随后就会转化为汉字。
- 在句子的结尾处，要确认刚才输入的拼音，可以输入一个标点符号，拼音窗口就会消失，拼音代码和标点符号会同时转化为组字窗口中的成分。
- 若整个句子无需修改，在句尾输入一个标点符号（包括“，”、“。”、“；”、“？”和“！”），在输入下一个句子的第一个拼音代码时，前一个句子会自动被确认。
- 语句一旦修改完毕，无论光标在语句的任何位置，直接按<Enter>键即可确认。

⑤ 在线用户自造词典

对于经常使用的词语，可以使用系统提供的在线用户定义词典功能将这些词语定义到用户词典中，以加快日后的输入速度。在附图 A-3 的对话框中复选“自造词”复选框，打开用户自定义词典功能。然后直接在文档中输入包含要定义词组的语句，并在未确认语句之前用鼠标将要定义的词选中，按<Enter>键确认，所定义的词将进入用户定义词典。

A.4 五笔字型汉字输入法

五笔字型汉字输入法是一种根据汉字字型进行编码的输入方法，它的基本思想是将汉字划分为笔形、字根、单字三个层次。笔画组合产生字根，字根拼形构成汉字，按照习惯书写顺序，以字根为基本单位，组字编码，拼形输入。例如，俗话说，“木子李”，“双木林”，这里的“木、子”就是相对不变的结构，称之为“字根”。也就是说，由若干笔画连接形成结构相对不变的字根，再由字根按照一定的位置关系拼合起来就构成了汉字。目前常用的五笔字型汉字输入法有极品五笔、万能五笔和智能五笔等，各有特色，但其原理是相同的。

（1）汉字的 5 种笔画

一次不间断连续写成的一个线段，叫汉字的笔画。笔画是构成汉字的最小单位，汉字的基本笔画为横、竖、撇、捺、折五种。为在字型编码时便于记忆，依次用 1、2、3、4、5 笔画代码来表示，如附表 A-4 所示。以五种笔画为基础，可以把任何汉字分解成为单笔画序列并转换为一串代码。

附表 A-4 汉字的 5 种笔画

笔画代码	笔画名称	笔画走向	笔　形
1	横	从左至右	一
2	竖	从上至下	丨 亅
3	撇	右上至左下	丿
4	捺	左上至右下	丶 乀
5	折	带弯折的	乙 乚 ㇋ ㇉ ㇇

五种笔画组成字根时，笔画之间的关系可分为以下 4 种情况：

单：指五种笔画本身。

散：组成字根的笔画之间有一定的距离，如：三、八、心等。

连：组成字根的笔画之间可以是单笔与单笔相连，也可以是笔笔相连，如：厂、人、尸、弓等。

交：组成字根的笔画之间是相互交叉的，如：十、力、又、车等。

当然，也有混合的情况，即字根的各笔画之间，既有连又有交和散，如："彳"是有连有散，"禾"是有连又有交等。

（2）汉字结构的 3 种类型

根据构成汉字的各字根间的位置关系，可以把成千上万的方块汉字分为三种类型：左右型、上下型、杂合型，依次用 1、2、3 字型代码来表示，如附表 A-5 所示。

附表 A-5 汉字结构的 3 种类型

字 型	字型代码	字 例
左右型	1	汉 湘 结 封
上下型	2	字 莫 花 华
杂合型	3	困 凶 这 司 乘 重 本 年

① 左右型汉字（1 型）

在左右型汉字中，又分为两种情况：

两个部分分列左右，其间有一定的距离，如：汉、化、胡、仍、计等。

3 个部分从左至右排列，或者单独占据一边的部分与另外两部分呈左右排列：如：侧、湘、别、谈等。

② 上下型汉字（2 型）

上下型汉字也有两种情况：

两个部分分列上下，其间有一定距离，如节、安、思、军、愚等。

3 个部分上下排列，或者占一层的部分与另外两个部分上下排列，如：意、想、花等。

③ 杂合型汉字（3 型）

杂合型是指组成汉字的各部分之间没有简单明确的左右或上下型关系，通常有三种情况：

单体型，如：电、果、重、夫等。

内外型，如：图、团、困、国等。

包围型，如：区、句、凶、同、这等。

（3）汉字的 4 种结构

一切汉字都是由基本字根组合的，基本字根在组合成汉字时，按照它们之间的位置关系可分为 4 种结构。

① 单体结构

单体结构本身就是一个字根（成字字根），如：八、用、手、车、马、雨等，它们的取码方法有专门规定，不需要判断字型。

② 离散结构

指构成汉字的基本字根之间有一定距离，可能是左右型或上下型的排列。

③ 连笔结构

指一个基本字根连一个单笔画。如："丿"下连"目"成为"自"，"丿"下连"十"成为"千"，"月"下连"一"成为"且"等，其字型归类于杂合型。

连笔的另一种情况是带单独点结构，例如："勺、术、太、主"等汉字均带有一单独点，五笔字型编码规定，一个基本字根之前或之后的孤立点，一律看成与基本字根相连，并归类为杂合型。

④ 交叉结构

指构成汉字的基本字根笔画相互交叉重叠。如："夫"是由"二、人"，"果"是由"日、木"，"夷"是由"一、弓、人"交叉构成等，也属于杂合型。

（4）字根选取与字根键盘安排

由汉字的5个笔画组成的相对不变的结构称为字根。字根数量很多，通常把组字力强并且在常用汉字中出现频繁的字根称为基本字根。五笔字型输入法根据使用的频率精选出了130多个基本字根，科学地安排在除Z键之外的25个英文字母键上，如附图A-4所示。这当中多数是一些传统汉字部首，但根据需要也选用了一些不是部首的笔画结构。

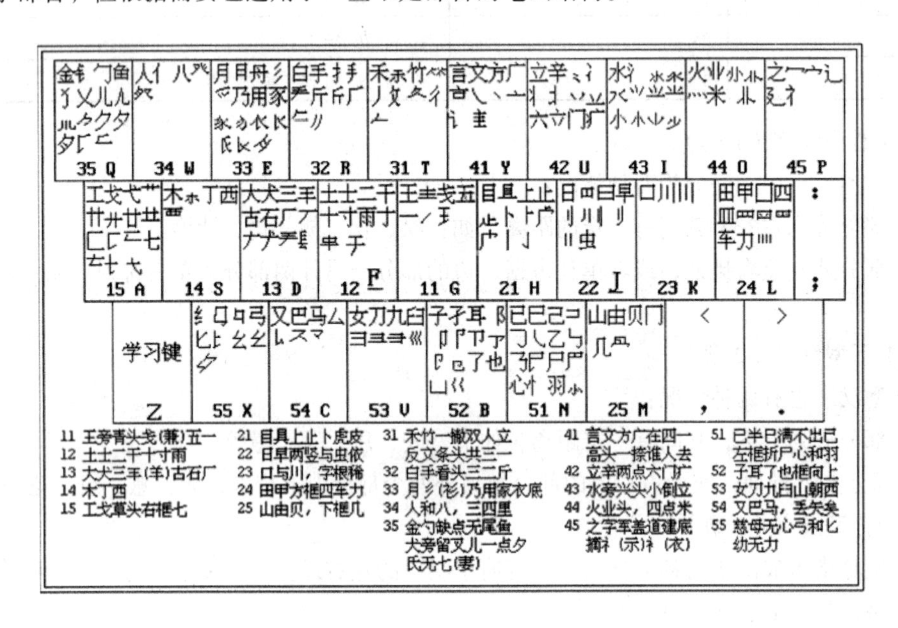

附图 A-4　五笔字型键盘字根总图

五笔字型输入法把基本字根的25个键分为横、竖、撇、捺、折5个区，每个区又分为5个位，用区号位号11～55共25个代码表示，每一个区位号与键盘上的一个英文字母相对应，具体分配情况可见附图A-5基本字根排列表。

每个字根键位左上角的字根称做键名。从附图A-4可以看出，基本字根具有以下特征：

字根的首笔画码与其所在的区号一致，相当一部分字根的次笔画码与键位号一致。如"言、文、方、广"的首笔画都是点，笔画码为4，次笔画是横，笔画码为1，所以它们的字根代码都是41（Y键）。

形态相近或相似的字根安排在同一键上。如"王"字键盘上有"王、青、五"等字根；"日"字键上有"日、曰、虫"等字根。

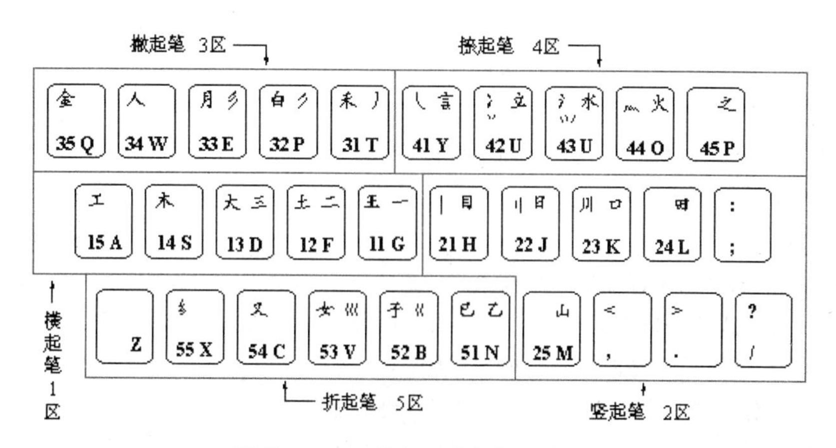

附图 A-5　五笔字型基本字根排列表

由同一笔画构成的字根，首笔画码与其所在的区号一致，而笔画数与键位号一致。如横笔的代号为 1，那么 11 代表一个横笔“一”，12 代表两个横笔“二”，13 代表三个横笔“三”，与此相似，一个点在 41 键上，两个点在 42 键上，三个点在 43 键上，四个点在 44 键上。

偏旁部首与同源成字根安排在同一键。如“金”与“钅”在 Q 键，“水”与“氵”在 I 键，“人”与“亻”在 W 键。

（5）单字的输入

① 键名和成字字根的输入方法

- 键名输入方法

键名都是一些组字频率较高而形体上又有一定代表性的字根，它们中大多数本身就是一个汉字。输入键名汉字时，只要把它们所在的键连击 4 次就可以了。

例如：金（qqqq）　王（gggg）　禾（tttt）　言（yyyy）

- 成字字根输入方法

在字根键位分区图中，每个键位除了键名字根外还有数量不等的几种其他字根，其中有部分本身也是一个汉字，称为成字字根。

成字字根的输入方法是：键名所在键＋首笔画码＋次笔画码＋末笔画码。如果该字根只有两个笔画，则按<Space>键结束。

例如：雨：雨一丨（fghy）　辛：辛一丨（uygh）　丁：丁一丨（sgh 空格）

对于五种单笔画的编码，则按两次所在键后，再按两下 L 键。

例：一：ggll　丨：hhll　丿：ttll　丶：yyll　乙:nnll

② 单字的输入方法

- 拆字原则

汉字编码时需要将汉字拆分成几个基本字根，一般遵循下面拆分原则：

能散不连，能连不交。如果一个单字可以拆为几个基本字根的散的关系，就不要拆成连的关系；能拆成连的关系，就不要拆成交的关系。

如：“天”应该拆分成“一、大”，而不要拆分成“二、人”。

　　“于”应该拆分成“一、十”，而不要拆分成“二、l”。

取大优先，兼顾直观。按书写顺序拆分成几个笔画最多的字根，以拆分后的字根总数越少越好，同时拆分成的基本字根应该有较好的直观性。

如："夫"应该拆分成"二、人"，而不要拆分成"一、大"。

"自"应该拆分成"丿、目"，而不要拆分成"冂、三"。

"世"应该拆分成"廿、乙"，而不要拆分成"一、凵、乙"。

- 输入方法

若汉字拆分后的字根超过4个，则取第一、二、三、末字根进行编码。

如："整"拆分成"一口小止（gkih）"；"攀"拆分成"木乂乂手（sqqr）"

若汉字拆分后的字根正好四个，则依次取码。

如："歪"拆分成"一小一止（gigh）"；"椅"拆分成"木大丁口（sdsk）"

若汉字拆分后的字根不足4个，则先依次取码，再补上"末笔字型识别码"，如果仍不足四码，则补打空格键结束。

注："口"和"八"两个字根，可以组成"只"与"叭"，它们的编码完全相同，要区分它们，只能根据它们的字型；而S键上有"木、丁、西"三个字根，当它们左边加上三点水时，便成为"沐、汀、洒"，它们的编码也完全相同，如果要区分它们，则只能根据它们最后一笔的笔画。为了减少重码，需要引入汉字的"末笔字型识别码"的概念。

如：林：木 木 41（ssy） 晶：日 日 日 12（jjjf） 必：心 丿 33（nte）

（6）简码输入方法

为了减少击键次数，提高汉字输入速度，五笔字型输入法提供了简码输入方式。即对多数常用汉字只需取该字全码的最前面一个、二个或三个字根（码）输入，这就形成了所谓的一、二、三级简码。

① 一级简码

对一些常用的高频字，敲一键后再敲一空格键即能输入一个汉字，这些常用的汉字定为一级简码字。一级简码字共25个，一级简码字与键名的对应关系如附图A-6所示。

键名	Q	W	E	R	T	Y	U	I	O	P
简码	我	人	有	的	和	主	产	不	为	这
键名	A	S	D	F	G	H	J	K	L	
简码	工	要	在	地	一	上	是	中	国	
键名	Z	X	C	V	B	N	M			
简码		经	以	发	了	民	同			

附图A-6 一级简码字与键名的对应关系

② 二级简码

将较为常用的汉字定义为二级简码，输入时只取其全码的前两个字根编码。25个键位最多允许有625个汉字可用二级简码。

二级简码的输入方法：首字根＋次字根＋空格。

如： 天（gs） 左（da） 顾（db）

③ 三级简码

凡前三个字根在编码中是唯一的，都选作三级简码字，约4 300多个。虽敲键次数未减少。

但省去了最后一码的判别工作，仍有助于提高输入速度。

三级简码的输入方法：前三个字根编码+空格

如：解（qev）　情（nge）　赋（mga）。

（7）重码与容错

如果一个编码对应着几个汉字，这几个称为重码字；几个编码对应一个汉字，这几个编码称为汉字的容错码。

在五笔字型中，当输入重码时，重码字显示在提示行中，较常用的字排在第一个位置上，并用数字指出重码字的序号，如果要的就是第一个字，可继续输入下一个字，该字自动跳到当前光标位置。其他重码字要用数字键加以选择。

如："嘉"字和"喜"字，都分解（fkuk），因"喜"字较常用，它排在第一位，"嘉"字排在第二位。若你需要"嘉"字则要用数字键 2 来选择。

为了减少重码字，把不太常用的重码字设计成容错码字即把它的最后一码修改为 L，例如：把"嘉"字的码定义为 fkul，这样用 fkul 输入，则获得唯一的"嘉"字。

在汉字中有些字的书写顺序往往因人而异，为了能适应这种情况，允许一个字有多种输入码，这些字就称为容错字。在五笔字型编码输入方案中，容错字有 500 多种。

（8）词组输入方法

汉字以字作为基本单位，由字组成词。在句子中若把词作为输入的基本单位，则速度更快。五笔字型中的字和词都是四码。因此，词语占用了同一个编码空间。之所以词字能共同容纳于一体，是由于每个字四键，共有 25×25×25×25 种可能的字编码，约 39 万个，大量的码空闲着。对词汇编码而言，由于词和字的字根组合分布规律不同，它们在汉字编码空间中各占据着基本上互不相交的一部分。因此词和字的输入完全一样。其取码规则如下：

- 双字词语：每字取其单字全码中的前两个字根编码组成四个码。

如：系统（txxy）　选择（tfrc）　总结（ukxf）　电脑（jney）　操作（rkwt）

- 三字词语：前两个字各取其第一码，最后一个字取其前二码，共四码。

如：计算机（ytsm）　实验室（pcpg）　联合国（bwlg）　现代化（gwwx）

- 四字词语：每字取第一个字根作为编码。

如：操作系统（rwtx）　科学技术（tirs）　想方设法（syyi）　循序渐进（tyif）

- 多字词语：取前三个字和最后一个字的第一码。

如：中华人民共和国（kwwl）　中央电视台（kmjc）　辨证唯物主义（uyky）

其实，词语的编码规则比单字还简单，更容易掌握。对于大部分常用词语，五笔字型都能用词语输入，只有一小部分不能用词语输入法进行输入。另外，能否用词语输入法来输入词语，还跟机内存储的词汇量有关。

应当特别注意的是：当"键名汉字"和"成字字根"参与词组的时候，一定要从它的全码中取码。

如：工人（aaww）　大家（ddpe）　马克思主义（cdly）　西文（sgyy）

（9）万能键"Z"

用五笔字型输入汉字时，如果对某个字的编码没有把握，或不知道识别码是什么时，都可以用万能键"Z"来代替所不知道的那个输入码。例如：要输入"脑"字，但不知道它的第三个字根应该怎么取，便可输入“eyz”，屏幕行出现提示：

五笔：eyz　1：脑 eyb　2：脏 eyf　3：及 eyi　4：脐 eyj　5：膻 eylg

输入 1，“脑”字就会显示到光标当前位置上。

如果提示行显示的汉字中没有所要的字，可按“＝”或“－”前后翻页查找。

A.5　中文标点的输入

（1）中英文标点输入状态的转换

- 鼠标操作

鼠标左键单击输入法状态窗口中的中英文标点切换按钮。

- 键盘操作

键盘<Ctrl>+.（句号）键切换。

（2）中文标点的输入方法

在中文标点状态下直接按相应的键就可输入中文标点。在中文标点状态下，中文标点符号与键位的对照关系如附表 A-6 所示。

附表 A-6　中文标点符号与键位的对照关系

中文标点	键　位	说　明	中文标点	键　位	说　明
。句号	.		）左括号	)	
，逗号	,		〈《单双书名号	<	自动嵌套
；分号	;		〉》单双书名号	>	自动嵌套
：冒号	:		……省略号	^	双符处理
？问号	?		——破折号	-	双符处理
！感叹号	!		、顿号	\	
“”双引号	“	自动配对	·间隔号	@	
‘’单引号	‘	自动配对	—连接号	&	
（左括号	(		￥人民币符号	$